Evgeni E. Nikitin · Lutz Zülicke

Theorie chemischer Elementarprozesse

REIHE WISSENSCHAFT

Die REIHE WISSENSCHAFT ist die wissenschaftliche Handbibliothek des Naturwissenschaftlers und Ingenieurs und des Studenten der mathematischen, naturwissenschaftlichen und technischen Fächer. Sie informiert in zusammenfassenden Darstellungen über den aktuellen Forschungsstand in den exakten Wissenschaften und erschließt dem Spezialisten den Zugang zu den Nachbardisziplinen.

Evgeni E. Nikitin · Lutz Zülicke

Theorie chemischer Elementarprozesse

Mit 67 Abbildungen und 16 Tabellen

Friedr. Vieweg & Sohn
Braunschweig/Wiesbaden

Verfasser:

Prof. Dr. Evgeni E. Nikitin

Institut für chemische Physik
der Akademie der Wissenschaften der UdSSR, Moskau

Prof. Dr. sc. Lutz Zülicke

Zentralinstitut für physikalische Chemie
der Akademie der Wissenschaften der DDR, Berlin

CIP-Kurztitelaufnahme der Deutschen Bibliothek

Nikitin, Evgeni E.:
Theorie chemischer Elementarprozesse/
Evgeni E. Nikitin; Lutz Zülicke. — Braunschweig;
Wiesbaden: Vieweg, 1985.
(Reihe Wissenschaft)
ISBN-13: 978-3-528-06869-1 e-ISBN-13: 978-3-322-86329-4
DOI: 10.1007/978-3-322-86329-4
NE: Zülicke, Lutz

1985

Softcover reprint of the hardcover 1st edition 1985
Lizenzausgabe für
Friedr. Vieweg & Sohn Verlagsgesellschaft mbH, Braunschweig,
mit Genehmigung des Akademie-Verlags Berlin, DDR
Herstellung: VEB Druckhaus „Maxim Gorki", DDR - 7400 Altenburg

ISBN-13: 978-3-528-06869-1

Vorwort

Die moderne chemische Grundlagenforschung ist wesentlich durch das Bestreben gekennzeichnet, chemische Phänomene soweit wie möglich auf molekularer Ebene zu erklären. Hierzu werden mit immer mehr verfeinerten experimentellen und theoretischen molekülphysikalischen Methoden die Struktur und die physikalisch-chemischen Eigenschaften von Atomen und Molekülen sowie ihre Wechselwirkungen untersucht; insbesondere sind die elementaren Vorgänge bei chemischen Reaktionen zu einem weltweit intensiv bearbeiteten Forschungsgegenstand geworden.

Elementare chemische Prozesse sind mit dem Austausch von Energie sowie von Atomen oder Atomgruppen zwischen molekularen Spezies verbunden. Der Ablauf solcher Prozesse hängt stark vom Aggregatzustand des Systems ab, und ihre theoretische Beschreibung wird um so leichter möglich, je einfacher die Bedingungen sind, unter denen sie vor sich gehen. In verdünnten Gasen ist die Zeitdauer der Wechselwirkung in einem Stoß zwischen zwei Atomen bzw. Molekülen viel kürzer (unterhalb 10^{-12} s) als die Zeit zwischen zwei aufeinanderfolgenden Stößen (im Mittel bei Normalbedingungen etwa 10^{-9} s); die mikroskopische Dynamik kann daher getrennt vom statistischen Problem behandelt werden. Das bedeutet eine ganz erhebliche Vereinfachung. Die Theorie von Gasphasenprozessen ist daher heute bereits verhältnismäßig weit entwickelt; hierzu haben nicht nur neue theoretische Methoden und Berechnungsverfahren beigetragen, die vor allem im zurückliegenden Jahrzehnt ausgearbeitet worden sind, sondern auch neue, außerordentlich verfeinerte experimentelle Techniken wie Molekularstrahl-, Chemilumineszenz- und Lasermethoden, die zu einer Vielzahl detaillierter Informationen über Prozesse zwischen Atomen und Molekülen geführt haben. Gerade das vereinte Bemühen, die wirksame gegenseitige Stimulierung von Experiment und Theorie auf diesem Gebiet muß als Grundlage für die erfolgreiche Forschung der letzten Jahre besonders hervorgehoben werden. Im Ergebnis dessen ist die Theorie der Elementarprozesse in der Gasphase gegenwärtig dabei, ein Niveau zu erreichen, das nicht nur allgemeine Angaben, sondern auch qualitative und quantitative Voraussagen fur konkrete einfache Systeme erlaubt.

Die Forschung auf diesem Gebiet wird künftig außer ihrer fundamentalen Bedeutung auch praktisch wichtig werden. Der Grund dafür ist leicht zu erkennen: Die zunehmend erschwerte Verfügbarkeit von Rohstoffen und Energiequellen, der Bedarf an Substanzen und Werkstoffen mit neuen Eigenschaften sowie die wachsende Umweltbelastung durch die chemische Industrie und eine Vielzahl von Chemieprodukten zwingen dazu, neue chemische Verfahren für die Erzeugung neuartiger Produkte zu entwickeln bzw. bekannte Verfahren rationeller und umweltfreundlicher zu gestalten. Neue Möglichkeiten der Reaktionsführung versucht man u. a. dadurch zu erschließen, daß man neue Katalysatoren einsetzt oder Reaktionen unter extremen Bedingungen sowie mit nichtthermischer Aktivierung ablaufen läßt und damit zu Nichtgleichgewichtsbedingungen übergeht. Derartige Reaktionen werden dann nicht mehr, wie bei thermischer Aktivierung, nur durch wenige makroskopische Parameter wie Temperatur und Druck, sondern durch eine größere Anzahl molekularer Parameter zu beeinflussen sein — hierfür muß man natürlich den molekularen Mechanismus detailliert kennen.

In Anbetracht dieser Situation sollte nicht nur jeder theoretische Chemiker und Molekülphysiker, sondern auch jeder Chemiker einiges über molekulare Stoßprozesse und ihre theoretische Beschreibung wissen. Solche Kenntnisse zu vermitteln, ist das Ziel des vorliegenden Bandes. Es werden die wesentlichen Annahmen und Näherungen erläutert, anhand von Beispielen (größtenteils neueren Forschungsergebnissen) die gegenwärtigen Berechnungsmöglichkeiten illustriert und aktuelle Trends angegeben, einschließlich noch bestehender Schwierigkeiten. Dabei wird versucht, die Darstellung so anschaulich wie möglich zu halten und mathematische Details auf ein Minimum zu reduzieren.

Das gesamte Material ist in sieben Kapitel untergliedert. Das erste, einführende Kapitel stellt kurz die Grundgedanken der theoretischen Behandlung von molekularen Elementarprozessen sowie die dabei gebräuchliche Terminologie zusammen: Prozeßtypen, Begriff des Wirkungsquerschnitts und die Verbindung mit makroskopischen Größen. Im zweiten Kapitel werden einige fundamentale Schritte bei der Formulierung der Theorie diskutiert, insbesondere die Separation der Massenmittelpunktsbewegung, die BORN-OPPENHEIMER-Separation von Kern- und Elektronenbewegung sowie das Konzept der Potentialhyperflächen, die adiabatische Näherung, der Begriff des Reaktionskanals sowie eine phänomenologische Beschreibung einiger typischer Stoßmechanismen.

Nach diesen allgemeineren Erörterungen wird im dritten Kapitel die Topographie und die Berechnung adiabatischer Potentialhyperflächen einschließlich ihres Verhaltens in Bereichen echter oder vermiedener Kreuzungen behandelt. Das vierte Kapitel befaßt sich dann mit Methoden zur Berechnung der Dynamik atomarer und molekularer Stoßprozesse. Dabei werden ausführlich die klassische Trajektoriennäherung sowie einige Grundzüge quantenmechanischer Näherungsmethoden dargestellt. Einbezogen sind zwei Verfahren, die es erlauben, im Rahmen einer im wesentlichen klassischen Beschreibung, bei weitgehender Erhaltung ihrer Einfachheit und Anschaulichkeit, Quanteneffekte zu berücksichtigen (quasiklassische bzw. semiklassische Näherung). Anwendungen dieser Methoden auf die Berechnung einfacher elektronisch adiabatischer Stoßprozesse vom Typ A + BC werden im fünften Kapitel besprochen. Im sechsten Kapitel folgt eine Diskussion der Dynamik elektronisch nichtadiabatischer Prozesse, die in vielen Reaktionen eine dominierende Rolle spielen, theoretisch jedoch sehr schwierig zu behandeln sind.

Den Abschluß bildet ein Kapitel über Methoden, die durch Einführung statistischer Annahmen die Behandlung der Dynamik des Stoßprozesses ganz oder teilweise umgehen und dadurch (unter Verzicht auf Details) die theoretische Beschreibung sehr vereinfachen. In diesem Zusammenhang wird u. a. auf neuere Entwicklungen der Theorie des Übergangszustandes eingegangen.

Der Leser sollte nicht erwarten, die Theorie molekularer Stöße umfassend dargestellt zu finden; ein solches Vorhaben ließe sich nur in einer umfangreichen Monographie verwirklichen. Für eine detailliertere Information sowie bezüglich hier nicht behandelter Aspekte muß daher auf die Spezialliteratur verwiesen werden.

Teile des Manuskriptes, insbesondere der ersten Kapitel, gehen zurück auf Vorlesungen, die von einem der Autoren (L. Z.) während zweier Herbstschulen 1974 in Kühlungsborn/DDR (zusammen mit Dr. Ch. ZUHRT und Dr. U. HAVEMANN) und 1975 in Jabłonna/VR Polen gehalten wurden. Beide Autoren gemeinsam haben das Material im Sommer 1976 in Moskau überarbeitet und ergänzt; diese Fassung wurde auf einer internationalen Schule über Quantenchemie im Herbst 1976 in Kühlungsborn/DDR vorgetragen und in der Reihe "Lecture Notes in Chemistry" des Springer-Verlages, Berlin/Heidelberg/New York 1978 publiziert. Der vorliegende Text stellt eine in den Jahren 1981–1983 wesentlich erweiterte und aktualisierte Neufassung jenes Bandes 8 der Lecture Notes dar. Beide Autoren hoffen, hiermit hauptsächlich den theoretischen Chemikern und Molekülphysikern, aber auch allen theoretisch interessierten und praktisch arbeitenden Chemikern und Physikochemikern ein brauchbares Arbeitsmaterial und einen Leitfaden zur Spezialliteratur in die Hand geben zu können.

Herzlicher Dank gilt den Mitarbeitern des Laboratoriums für Elementarprozesse im Institut für chemische Physik der Akademie der Wissenschaften der UdSSR in Moskau sowie der Abteilung Theoretische Chemie im Zentralinstitut für physikalische Chemie der Akademie der Wissenschaften der DDR in Berlin für viele nützliche Diskussionen und für die Überlassung unveröffentlichter Ergebnisse. Auch durch die einem der Autoren (L. Z.) im Institut für chemische Physik 1976/77 gewährten guten Arbeitsmöglichkeiten ist das gemeinsame Vorhaben wesentlich gefördert worden. Den größten Teil der Schreibarbeiten hat Frau *I. Krüger* ausgeführt; in der abschließenden Phase war auch Frau *I. Piontek* beteiligt. Von Frau *U. Schulz* wurden die Zeichnungen angefertigt. Ihnen allen sei für die sorgfältige Arbeit herzlich gedankt. Hervorzuheben ist schließlich die angenehme und verständnisvolle Zusammenarbeit mit dem Lektorat Chemie des Akademie-Verlages Berlin bei der Vorbereitung der Publikation.

E. E. Nikitin
L. Zülicke

Inhalt

1. Einführung

Die systematische experimentelle Erforschung chemischer Reaktionen begann verhältnismäßig spät in der Geschichte der Chemie. Nach vereinzelten Untersuchungen zu Anfang des 19. Jahrhunderts (KIRCHHOFF 1812) sind die ersten eigentlichen kinetischen Messungen und die mathematische Formulierung der gefundenen Gesetzmäßigkeiten ab 1850 in Arbeiten von WILHELMY, BERTHELOT, HARCOURT und ESSON und anderen durchgeführt worden.

Im Jahre 1867 zeigten GULDBERG und WAAGE den Zusammenhang zwischen den kinetischen Gleichungen und der Gleichgewichtskonstanten; später fanden VAN'T HOFF (1884) und ARRHENIUS (1889) den in der Reaktionskinetik fundamentalen Ausdruck für die Temperaturabhängigkeit der Geschwindigkeitskonstanten chemischer Reaktionen.

Mit seinen klassischen Arbeiten, u. a. über die Iodwasserstoffreaktion, legte in den 90er Jahren des vorigen Jahrhunderts BODENSTEIN den Grund für die moderne Gasphasenkinetik und ihre phänomenologische Beschreibung — ein Gebiet, das in der Folgezeit besonders von SEMENOV und seiner Schule weiter ausgebaut und bereichert wurde. Die Ausführungen des vorliegenden und der folgenden Kapitel werden sich im wesentlichen auf Reaktionen in der Gasphase beschränken, da dort die Verhältnisse am übersichtlichsten und die theoretischen Methoden am weitesten entwickelt sind.

1.1. Phänomenologische Beschreibung chemischer Reaktionen

Unter einer chemischen Reaktion versteht man einen makroskopisch beobachtbaren Umwandlungsvorgang von Stoffen X_1, X_2, ... (*Reaktanten*) in Stoffe X_1', X_2', ... (*Produkte*), der nach einer *stöchiometrischen Gleichung*

$$\nu_1 X_1 + \nu_2 X_2 + \cdots \xrightarrow{(M)} \nu_1' X_1' + \nu_2' X_2' + \cdots \tag{1.1}$$

abläuft; dabei sind gegebenenfalls ein oder mehrere weitere Stoffe M beteiligt, die aus der Reaktion unverändert hervorgehen, aber auf deren Ablauf einen Einfluß haben (Katalysatoren, Inhibitoren u. dgl.). Die Zahlenfaktoren $\nu_1, \nu_2, \ldots$ sowie $\nu_1', \nu_2', \ldots$ (*stöchiometrische Faktoren*) geben die Anzahlen der miteinander reagierenden Mengeneinheiten (z. B. Mol) an.

Der Ablauf einer chemischen Reaktion kann durch Messung der Zeitabhängigkeit der Konzentrationen $[X_1]$, $[X_2]$, $[X_1']$, ... der reagierenden Stoffe direkt oder anhand bestimmter charakteristischer Eigenschaften (z. B. Spektren) der Reaktanten oder der Produkte verfolgt werden; Abb. 1 zeigt das Schema einer entsprechenden Apparatur.

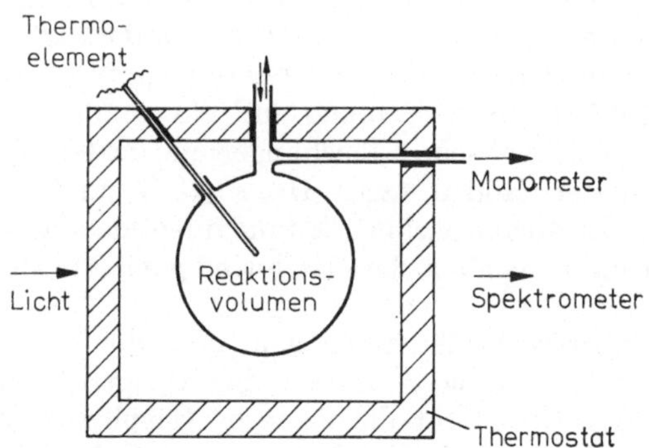

Abb. 1. Schema einer konventionellen kinetischen Meßapparatur

Die Geschwindigkeit der Abnahme der Konzentration eines Reaktanten oder der Zunahme der Konzentration eines Produktes wird als *Reaktionsgeschwindigkeit* $\mathcal{R}$ bezeichnet; wir definieren diese durch [1, 2]

$$\mathcal{R} \equiv -\frac{1}{\nu_1}\frac{d[X_1]}{dt} = -\frac{1}{\nu_2}\frac{d[X_2]}{dt} = \cdots = \frac{1}{\nu_1'}\frac{d[X_1']}{dt} = \frac{1}{\nu_2'}\frac{d[X_2']}{dt} = \cdots \tag{1.2}$$

Im allgemeinen hängt $\mathcal{R}$ von den Konzentrationen der Reaktanten und von der Temperatur ab, zuweilen auch von den Konzentrationen der Produkte sowie der Katalysatoren[1]):

$$\mathcal{R} \equiv \mathcal{R}([X_1], [X_2], \ldots, [M], \ldots, [X_1'], [X_2'], \ldots; T). \quad (1.3)$$

Häufig läßt sich diese funktionale Abhängigkeit in der Form

$$\mathcal{R} = k(T) \cdot [X_1]^{a_1} \cdot [X_2]^{a_2} \cdot \ldots [M]^{a_M} \quad (1.4)$$

durch einen von der Temperatur, nicht aber von den Konzentrationen abhängigen Faktor — die makroskopische *Geschwindigkeitskonstante* (auch kinetischer Koeffizient genannt) — sowie die Konzentrationen von Reaktanten und Katalysatoren ausdrücken. Die Dimension von k ist allgemein $(\mathrm{cm^3\,mol^{-1}})^{a-1}\,\mathrm{s^{-1}}$. Den Exponenten a_1 nennt man die *Ordnung* der Reaktion bezüglich des Reaktanten X_1, a_2 die Ordnung bezüglich X_2 usw.; $a = a_1 + a_2 + \ldots$ wird als die (totale) Ordnung der Reaktion bezeichnet.

Als Beispiele betrachten wir einige Reaktionen von Stickstoff-Sauerstoff-Verbindungen, die in der Gasphase ablaufen (vgl. hierzu die Monographie von JOHNSTON [1]). Für die Bildung von Stickstoffpentoxid aus Stickstoffdioxid und Ozon haben wir die stöchiometrische Gleichung

$$2\,NO_2 + O_3 \rightarrow N_2O_5 + O_2. \quad \text{(I)}$$

Experimentelle Daten zeigen eine lineare Abhängigkeit der Größe $\ln([NO_2]/[O_3])$ von der Zeit, was einem Geschwindigkeitsgesetz zweiter Ordnung,

$$-\frac{d[O_3]}{dt} = k_I[NO_2]\,[O_3],$$

entspricht; die Geschwindigkeitskonstante k_I hat bei 300 K einen Wert von $4{,}7 \cdot 10^7\,\mathrm{cm^3\,mol^{-1}\,s^{-1}}$.

Der durch Stickstoffpentoxid katalysierte Zerfall von Ozon,

$$2\,O_3 \xrightarrow{(N_2O_5)} 3\,O_2, \quad \text{(II)}$$

verläuft gemäß

$$-\frac{1}{2}\,\frac{d[O_3]}{dt} = k_{II}[O_3]^{2/3}\,[N_2O_5]^{2/3}$$

---

[1]) Im Prinzip kann die Reaktionsgeschwindigkeit auch von der Zeit abhängen; solche Fälle wollen wir hier jedoch nicht betrachten.

nach einem Geschwindigkeitsgesetz von nicht-ganzzahliger Ordnung.

Für die Reaktion

$$NO + N_2O_5 \rightarrow 3NO_2 \tag{III}$$

wurde empirisch eine Geschwindigkeitsgleichung

$$-\frac{d[N_2O_5]}{dt} = k[N_2O_5]\frac{[NO]}{[NO] + \alpha[NO_2]}$$

gefunden, die nicht die in Gl. (1.4) angegebene Form hat, so daß in diesem Falle keine Reaktionsordnung definiert werden kann.

Für die Temperaturabhängigkeit der Koeffizienten $k(T)$ in einem Geschwindigkeitsgesetz des Typs (1.4) läßt sich unter der Voraussetzung eines vollständigen thermodynamischen Gleichgewichts ein einfacher approximativer Ausdruck herleiten (van't Hoff 1884, Arrhenius 1889). Nehmen wir an, eine Reaktion

$$X_1 + X_2 \rightleftharpoons X_1' + X_2' \tag{1.5}$$

verlaufe in beiden Richtungen gemäß Gl. (1.4), und zwar mit der Geschwindigkeit $k_+[X_1][X_2]$ von links nach rechts und mit der Geschwindigkeit $k_-[X_1'][X_2']$ von rechts nach links; dann ist die Geschwindigkeit für die Bildung beispielsweise des Produktes X_1' durch

$$\mathcal{R} = \frac{d[X_1']}{dt} = k_+[X_1][X_2] - k_-[X_1'][X_2'] \tag{1.6}$$

gegeben. Im kinetischen Gleichgewicht ist $\mathcal{R} = 0$, die Konzentrationen der Spezies ändern sich nicht mehr, und für die *Gleichgewichtskonstante* der Reaktion (1.5) ergibt sich

$$K(T) = \frac{[X_1'][X_2']}{[X_1][X_2]} = \frac{k_+}{k_-} \tag{1.7}$$

(Guldberg und Waage 1867). Für die Temperaturabhängigkeit der Gleichgewichtskonstanten (vgl. [3]) gilt $d \ln K/dT \sim 1/T^2$, so daß mit der Beziehung (1.7) eine lineare Abhängigkeit des Logarithmus der Geschwindigkeitskonstanten von der reziproken Temperatur folgt (Arrhenius 1889):

$$k(T) = A \exp(-E_{akt}/k_B T); \tag{1.8}$$

die Größe E_{akt} bezeichnet man als empirische *Aktivierungsenergie* der Reaktion (sie ist natürlich für beide Richtungen der Reaktion (1.5) im allgemeinen verschieden), k_B ist die BOLTZMANN-Konstante. Der nach der Herleitung zunächst als konstant anzusehende sogenannte *Präexponentialfaktor* A erweist sich ebenso wie die Aktivierungsenergie als in der Regel schwach temperaturabhängig.

1.2. *Chemische Elementarreaktionen*

Die in Gl. (1.4) definierten Reaktionsordnungen $a_1, \ldots$ stimmen mit den stöchiometrischen Faktoren $v_1, \ldots$ überein, wenn die Reaktion (1.1) in einem einzigen Schritt abläuft, d. h. ohne Bildung von Zwischenprodukten unmittelbar von den Reaktanten zu den Produkten. In einem solchen Fall sprechen wir von einer chemischen *Elementarreaktion*; als komplex wird eine Reaktion bezeichnet, wenn sie mehrere, chemisch verschiedene Stufen umfaßt. Geht man von der später noch genauer zu behandelnden Vorstellung aus, daß Stoßprozesse zwischen den Atomen bzw. Molekülen zu der makroskopisch beobachteten chemischen Reaktion führen, so tragen zu einer Elementarreaktion (1.1) Stoßprozesse bei, an denen jeweils $v_1 + v_2 + \ldots$ Moleküle $X_1, X_2, \ldots$ zugleich beteiligt sind. Da schon Dreierstöße (und erst recht Mehrfachstöße) selten auftreten, werden im allgemeinen zwei Reaktanten gemäß Gl. (1.5) miteinander reagieren.

Man gelangt so zu einer Klassifikation chemischer Elementarreaktionen als monomolekular, bimolekular, trimolekular, ... je nachdem, ob die Umwandlung an den einzelnen Reaktanten oder bei der Wechselwirkung zweier, dreier, ... Reaktanten vor sich gehen. Beispiele sind etwa monomolekulare Zerfalls- und Isomerisierungsreaktionen

$$\mathrm{A} \begin{array}{l} \nearrow \mathrm{C} + \mathrm{D} \\ \searrow \mathrm{A}' \end{array}, \tag{1.9a}$$

bimolekulare Austauschreaktionen

$$\mathrm{A} + \mathrm{BC} \rightarrow \mathrm{AB} + \mathrm{C}, \tag{1.9b}$$

trimolekulare Assoziationsreaktionen (der dritte Reaktionspartner führt die bei der Zusammenlagerung freiwerdende Energie ab):

$$A + B + C \rightarrow AB + C, \tag{1.9c}$$

wobei A, B und C hier irgendwelche Atome, Atomgruppen (z. B. CH_3) oder Moleküle bezeichnen. Monomolekulare Reaktionen eines stabilen Moleküls A gemäß (1.9a) erfordern eine Aktivierung, um die chemische Veränderung auszulösen.

In einer Bezeichnung wie „bimolekulare Elementarreaktion" sind makroskopische und mikroskopische Aspekte kombiniert: Die *Molekularität* ist eine mikroskopische Größe, während sich der Begriff der Elementarreaktion auf den makroskopischen Vorgang bezieht. Bei einer echten Elementarreaktion ist die Molekularität gleich der stöchiometrischen Ordnung $v = v_1 + v_2 + \ldots$; beide sind gleich der Reaktionsordnung $a = a_1 + a_2 + \ldots$

Das Vorliegen einer *komplexen Reaktion* wird man immer dann vermuten, wenn die Geschwindigkeitsgleichung eine komplizierte Form hat wie bei Reaktion III. Aber auch bei mathematisch einfachen Geschwindigkeitsgleichungen kann die Reaktion aus mehreren Schritten zusammengesetzt sein; so umfaßt die Reaktion I zwei Stufen:

$$NO_2 + O_3 \rightarrow NO_3 + O_2 \tag{Ia}$$

$$NO_3 + NO_2 \rightarrow N_2O_5. \tag{Ib}$$

Überall dort, wo eine bestimmte Elementarreaktion als Teilschritt einer komplexen Reaktion auftritt, läuft sie in der gleichen Weise nach derselben Reaktionsgleichung mit derselben Geschwindigkeitskonstanten $k(T)$ ab. Beliebige Reaktionen lassen sich somit aus Elementarreaktionen wie aus Bausteinen zusammensetzen. Die Art und Weise, wie sie eine komplexe Reaktion aus Elementarreaktionen zusammenfügt, bezeichnet man als den *Reaktionsmechanismus*. Ist dieser Mechanismus bekannt, so läßt sich die Reaktionsgeschwindigkeit der komplexen (Brutto-)-Reaktion aus den Geschwindigkeitskonstanten der beteiligten Elementarreaktionen berechnen.

1.3. Grenzen der phänomenologischen Beschreibung

Für viele chemische Reaktionen ist die phänomenologische Beschreibung auf der Grundlage der Beziehungen (1.1) bis (1.8) über einen weiten Bereich von Temperaturen und Drücken ausreichend.

Es gibt jedoch Fälle, in denen man damit auf Schwierigkeiten stößt:

In der Regel ist es im Rahmen der phänomenologischen Beschreibung nicht oder zumindest nicht eindeutig möglich, Rückschlüsse auf den Mechanismus der Reaktion zu ziehen. Ein eindrucksvolles Beispiel dafür stellt die Iodwasserstoffreaktion $H_2 + I_2 \rightarrow 2HI$ dar; sie wurde seit BODENSTEIN als klassischer Fall einer elementaren (einstufigen) Reaktion angesehen, bis SULLIVAN 1967 zeigte, daß sie über mindestens eine Zwischenstufe verläuft (vgl. Abschn. 5.1.3.). Die Fortschritte bei der experimentellen Aufklärung von Reaktionsmechanismen werden hauptsächlich durch die Möglichkeiten bestimmt, schnell ablaufende Vorgänge zu verfolgen und kurzlebige Zwischenprodukte nachzuweisen. Die dafür verfügbaren experimentellen Methoden können hier nicht beschrieben werden; einige Hinweise findet man z. B. in [2].

Die phänomenologische Beschreibung versagt bei Reaktionen unter extremen Bedingungen, also bei Reaktionen, die innerhalb sehr kurzer Zeiten, bei hohen Temperaturen, unter ungleichmäßigen Druckverhältnissen, in schneller Strömung oder in starken äußeren elektromagnetischen Feldern ablaufen. Solche Bedingungen hat man u. a. in Stoßwellen, Explosionen, im Plasma bzw. hocherhitzten Gas und bei biologischen Vorgängen. Charakteristisch ist hierbei, daß sich die Systeme nicht im thermischen Gleichgewicht befinden und die Reaktion gewissermaßen direkt von den zwischen den einzelnen Atomen und Molekülen ablaufenden Vorgängen bestimmt wird; das Konzept der chemischen Elementarreaktion als eines makroskopischen summarischen Ereignisses ist dann nicht mehr anwendbar.

Zur umfassenden Aufklärung der Kinetik chemischer Reaktionen ist somit eine detaillierte, experimentell und theoretisch gesicherte Kenntnis der elementaren Vorgänge im atomar-molekularen Bereich notwendig.

1.4. *Chemisch-physikalische Elementarprozesse*

Eine makroskopische Elementarreaktion ist das Resultat (im Sinne statistischer Summen und Mittelwerte) einer Überlagerung vielfältiger mikroskopischer Elementarprozesse, die zwischen den einzelnen Atomen bzw. Molekülen der beteiligten Stoffe vor sich gehen. Im folgenden beschränken wir uns auf zwei Reaktanten, betrachten also bimolekulare chemische Elementarreaktionen des Typs (1.5),

$$X_1 + X_2 \rightarrow X_1' + X_2' + \ldots, \tag{1.5'}$$

die in der Gasphase ablaufen mögen; dabei beziehen wir auch den Fall ein, daß X_1 und/oder X_2 positive oder negative Ionen sind.

Ein stabiles freies Molekül ist im wesentlichen charakterisiert durch die Angabe der Quantenzustände der Elektronenhülle sowie der Schwingungen und Rotationen des Kerngerüstes vermittels entsprechender Quantenzahlen n bzw. v bzw. j[1]); zusammenfassend bezeichnen wir einen solchen *inneren Zustand* eines Moleküls durch einen Buchstaben $i \equiv (n, v, j)$. Ein Stoßprozeß zwischen einem Molekül X_1 (im Zustand i_1) und einem Molekül X_2 (im Zustand i_2) kann in sehr unterschiedlicher Weise ablaufen je nach der Art der Wechselwirkungskräfte zwischen den Stoßpartnern, der Geschwindigkeit, mit der sie sich aufeinander zubewegen, und ihrer räumlichen Orientierung zueinander. Ändert sich beim Stoß weder die Zusammensetzung der Moleküle noch ihr innerer Zustand, sondern nur die Richtung ihrer relativen Bewegung, so sprechen wir von einem *elastischen* Prozeß. Behalten die Moleküle ihre Zusammensetzung und ändert sich der innere Zustand, so heißt der Prozeß *inelastisch*. Entstehen beim Stoß durch Umlagerung der Bestandteile (Atome, Atomgruppen) von X_1 und X_2 oder durch Aufbrechen von Bindungen chemisch veränderte Partikeln X_1', X_2', ..., so haben wir es mit einem *reaktiven* bzw. *dissoziativen* Prozeß zu tun:

$$\begin{array}{lll} & \nearrow X_1(i_1) + X_2(i_2) & \text{elastischer Prozeß} \\ X_1(i_1) + X_2(i_2) & \rightarrow X_1(i_1') + X_2(i_2') & \text{inelastischer Prozeß} \\ & \searrow X_1'(i_1') + X_2'(i_2') + \ldots & \text{reaktiver bzw. dissoziativer Prozeß.} \end{array} \tag{1.10}$$

Isomerisierung und Ladungsübertragung zählen wir zu den reaktiven Prozessen.

---

[1]) Die Buchstaben n, v, j stehen im allgemeinen jeweils für mehrere Quantenzahlen; so beinhaltet beispielsweise n die Angabe der räumlichen Symmetrie des Elektronenzustandes, den Elektronenspin etc., und v bedeutet die Gesamtheit der Quantenzahlen der Normalschwingungen. Vom Kernspin sehen wir ab.

Man bezeichnet gelegentlich (vgl. [1]) elastische und inelastische Prozesse als „physikalische Elementarreaktionen" (nur Austausch von Energie) und reaktive Prozesse als „chemisch-physikalische Elementarreaktionen" (Austausch von Atomen und Energie) im Unterschied zu den makroskopischen „chemischen Elementarreaktionen".

Bei einer gegebenen Energie der Relativbewegung (Stoßenergie) und gegebenen inneren Zuständen der Reaktantmoleküle können im allgemeinen mehrere solcher Elementarprozesse ablaufen.

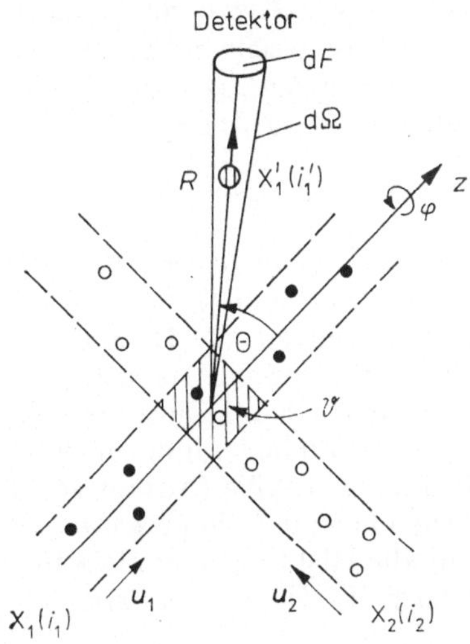

Abb. 2. Schema eines idealisierten Molekularstrahlexperiments (Bezeichnungen s. Text)

Ein Maß für die relative Häufigkeit (Wahrscheinlichkeit), mit der ein Prozeß auftritt (grob gesprochen: die „Ausbeute"), ist der *Wirkungsquerschnitt*. Zur Erläuterung dieses Begriffes betrachten wir ein idealisiertes Experiment (s. Abb. 2) und stellen uns vor, zwei homogene Strahlen von Teilchen X_1 und X_2 mit einheitlichen Geschwindigkeiten u_1 bzw. u_2, einheitlichen Richtungen und in definierten inneren Zuständen i_1 bzw. i_2 treffen aufeinander. Die Teilchendichten mögen genügend klein sein, um Wechselwirkungen zwischen den Teilchen innerhalb der Strahlen vernachlässigen zu können. Mit einem beweglichen Detektor im Abstand R vom Wechselwirkungsvolumen $\mathcal{V}$ wird festgestellt, welche Produkte in welchen inneren Zuständen entstehen und mit welchen Geschwindigkeiten sie sich in welche Richtungen bewegen. Für die Anzahl $d\mathcal{R}_1'$ der pro Zeiteinheit durch die Detektoröffnung dF hindurchtretenden Produktmoleküle $X_1'(i_1')$ läßt sich in Analogie zu Gl. (1.4) bzw. (1.6) die folgende Beziehung formulieren:

$$d\mathcal{R}_1' = k(i_1 i_2 \,|u|\, i_1' i_2' \,\|\, \Omega)\, V\, d\Omega\, [X_1(i_1)]\,[X_2(i_2)], \quad (1.11)$$

wobei $d\Omega = dF/R^2$ das durch die Detektoröffnung dF bestimmte Raumwinkelelement bezeichnet. Der Faktor k, den man als „detaillierte differentielle Geschwindigkeitskonstante" auffassen kann, hängt von den inneren Zuständen der Reaktanten und Produkte ab sowie von der Relativgeschwindigkeit $u \equiv |\boldsymbol{u}_1 - \boldsymbol{u}_2|$ der Reaktanten und dem Streuwinkel $\Omega \equiv (\theta, \varphi)$ in bezug auf ein geeignet gewähltes Koordinatensystem. Die Größe

$$q(i_1 i_2 \,|u|\, i_1' i_2' \,\|\, \Omega) \equiv (1/u)\, k(i_1 i_2 \,|u|\, i_1' i_2' \,\|\, \Omega) \quad (1.12)$$

nennt man den *differentiellen Wirkungsquerschnitt* (im Falle eines reaktiven Prozesses: Reaktionsquerschnitt); er hat die Dimension einer Fläche. Aus den Beziehungen (1.11) und (1.12) folgt, daß man den differentiellen Wirkungsquerschnitt $q(\Omega)$ auch als das Verhältnis des Stromes der Produktmoleküle (Anzahl von Molekülen pro Zeiteinheit) in den Einheitsraumwinkel in Richtung Ω zur Stromdichte der Reaktantmoleküle (Anzahl von Molekülen pro Zeiteinheit und Flächeneinheit) definieren kann.

Durch Summation der in alle Richtungen emittierten Produktteilchen erhält man den *totalen Wirkungsquerschnitt*

$$\sigma(i_1 i_2 \,|u|\, i_1' i_2') \equiv \iint d\Omega\, q(i_1 i_2 \,|u|\, i_1' i_2' \,\|\, \Omega) \quad (1.13)$$

des betrachteten Prozesses.

Die Wirkungsquerschnitte (1.12) und (1.13) für Prozesse mit bestimmten Quantenzuständen von Reaktanten und Produkten sowie mit einer genau fixierten Relativgeschwindigkeit der Stoßpartner sind sehr detaillierte Kenngrößen; ihre experimentelle Bestimmung ist bisher erst in ganz wenigen Fällen gelungen. Praktisch hat man es meist mit Bedingungen zu tun, bei denen einige oder alle Quantenzustände und/oder die Relativgeschwindigkeiten der Reaktanten in bestimmten Verteilungen vorliegen. Haben wir z. B. für die inneren Reaktantzustände thermisches Gleichgewicht, so wird ein gemittelter totaler Wirkungsquerschnitt gemessen:

$$\sigma(u \mid i_1' i_2') \equiv \sum_{i_1} \sum_{i_2} w_{i_1} w_{i_2} \sigma(i_1 i_2 \,|u|\, i_1' i_2') \quad (1.14)$$

mit den BOLTZMANN-Faktoren

$$w_i = \exp(-E_i^{\text{int}}/k_B T) / \sum_i \exp(-E_i^{\text{int}}/k_B T) \qquad (1.14\text{a})$$

als Gewichtsfaktoren; hier bezeichnen E_i^{int} die innere Energie im Zustand i, k_B die BOLTZMANN-Konstante und T die Temperatur.

Werden die Produkte nicht nach ihren Quantenzuständen unterschieden, so ist über alle Quantenzahlen i_1' und i_2' zu summieren. Sind die Geschwindigkeiten der Reaktanten thermisch verteilt, so muß der Wirkungsquerschnitt mit den MAXWELL-Verteilungsfunktionen $f_1^0(\boldsymbol{u}_1, T)$ und $f_2^0(\boldsymbol{u}_2, T)$ gemittelt werden. Bei Voraussetzung thermischer Verteilungen in allen Reaktantfreiheitsgraden gelangt man auf diese Weise, wenn man anstelle von u die kinetische Energie der Relativbewegung (Stoßenergie) $E^{\text{tr}} = \mu u^2/2$ mit der reduzierten Masse $\mu \equiv m_1 m_2/(m_1 + m_2)$ des Reaktantpaares $X_1 - X_2$ (Massen m_1 bzw. m_2) einführt, zu folgendem Ausdruck für die thermische Geschwindigkeitskonstante:

$$k(T) = (1/k_B T)(8/\pi\mu k_B T)^{1/2} \int_0^\infty dE^{\text{tr}}\, \bar{\sigma}(E^{\text{tr}})\, E^{\text{tr}} \times \exp(-E^{\text{tr}}/k_B T). \qquad (1.15)$$

Hierbei bezeichnet $\bar{\sigma}(E^{\text{tr}})$ den über thermische Verteilungen der Reaktantzustände gemäß Gl. (1.14) gemittelten und über die Produktzustände $i_1'i_2'$ summierten Wirkungsquerschnitt:

$$\bar{\sigma}(E^{\text{tr}}) = \sum_{i_1'} \sum_{i_2'} \sum_{i_1} \sum_{i_2} w_{i_1} w_{i_2} \sigma(i_1 i_2 \,|E^{\text{tr}}|\, i_1' i_2'). \qquad (1.16)$$

Damit haben wir einen Zusammenhang zwischen den mikroskopischen Kenngrößen (Wirkungsquerschnitte molekularer Stoßprozesse) und makroskopischen Kenngrößen (Geschwindigkeitskonstanten von Elementarreaktionen) hergestellt — allerdings unter den ziemlich einschränkenden Voraussetzungen eines verdünnten Gases und thermischer Verteilungen. Im allgemeinen Fall muß man eine sogenannte verallgemeinerte BOLTZMANN-Gleichung verwenden [4], aus der sich die Verteilungsfunktionen $f_X(i_X, \boldsymbol{u}_X)$ der Moleküle X nach ihren inneren Quantenzuständen i_X und den Geschwindigkeiten $\boldsymbol{u}_X$ ergeben. Diese Verteilungen werden sowohl durch reaktive Prozesse als auch durch nichtreaktive Stöße der Moleküle untereinander und mit nicht an der Reaktion beteiligten Gasmolekülen beeinflußt. Als Parameter gehen in die BOLTZMANN-Gleichung die Wirkungsquerschnitte der verschiedenen Stoßprozesse ein; mit ihrer Bestimmung und Interpretation auf der Grundlage der zwischen den Atomen eines molekularen Systems bestehenden Wechselwirkungskräfte befassen sich die folgenden Kapitel.

Die Überlegungen dieses Abschnittes wie auch die der folgenden Kapitel beziehen sich in der Regel auf bimolekulare Prozesse; es wird sich jedoch zeigen, daß die grundlegenden Konzepte der Theorie auch auf monomolekulare Prozesse angewendet werden können. Wir werden daher diesen Fall, der sich formal durch Weglassen des Reaktanten $X_2(i_2)$ in der Beziehung (1.10) ergibt, meist nicht gesondert untersuchen. Stellt man sich unter X_2 einen Atomcluster als Modell für einen Festkörperausschnitt vor, so lassen sich auch Elementarprozesse an Festkörperoberflächen mit dem hier verfügbaren theoretischen Formalismus behandeln.

2. Grundlagen. Adiabatische Näherung

Bereits die vom Standpunkt des Chemikers einfachsten molekularen Systeme — denken wir etwa an ein Deuteriumatom D in Wechselwirkung mit einem Wasserstoffmolekül H_2 — stellen Mehrteilchensysteme dar (im Falle $D + H_2$ sind es drei Atomkerne und drei Elektronen), deren strenge theoretische Behandlung auf außerordentlich große Schwierigkeiten stößt. Die Lage wäre hier völlig hoffnungslos, wenn es nicht gelänge, Vereinfachungen vorzunehmen und Näherungen einzuführen, die das Problem traktabel machen und dabei zu so kleinen Fehlern führen, daß noch zuverlässige Ergebnisse erhalten werden.

In der allgemeinsten Beschreibung haben wir ein System zweier wechselwirkender Atome oder Moleküle, X_1 und X_2, als Aggregat von Atomkernen und Elektronen zu betrachten, zwischen denen elektrostatische (Coulombsche) und magnetische (insbesondere spinabhängige) Wechselwirkungen bestehen; letztere werden wir allerdings im folgenden meist vernachlässigen (nichtrelativistische Näherung)[1]). Weiterhin setzen wir voraus, daß das System $\{X_1, X_2\}$ isoliert, d. h. keinen äußeren Kräften (herrührend etwa von anderen Molekülen oder elektromagnetischen Feldern) ausgesetzt ist.

---

[1]) Spinabhängige Wechselwirkungen (als wichtigste die Spin-Bahn-Kopplung der Elektronen) treten erst in einer relativistischen Theorie auf [5].

Wir führen nun irgendein raumfestes kartesisches Koordinatensystem („Laborsystem", abgekürzt L-System) ein, in dem die Positionen der N_k Kerne durch die Ortsvektoren $\boldsymbol{R}_1, \boldsymbol{R}_2, \ldots$ und die Positionen der N_e Elektronen durch die Ortsvektoren $\boldsymbol{r}_1, \boldsymbol{r}_2, \ldots$ gegeben sind; zur Vereinfachung der Schreibweise werden wir häufig diese Ortsvektoren zusammenfassend durch die entsprechenden Vektoren ohne Index bezeichnen: $\{\boldsymbol{R}_1, \boldsymbol{R}_2, \ldots\} \equiv \boldsymbol{R}$ bzw. $\{\boldsymbol{r}_1, \boldsymbol{r}_2, \ldots\} \equiv \boldsymbol{r}$. Obwohl in nichtrelativistischer Näherung keine spinabhängigen Wechselwirkungen vorkommen, ist es zweckmäßig, den Elektronenspin explizite als Freiheitsgrad zu berücksichtigen. Wir bezeichnen die Spinvariable mit s; häufig werden wir Ortsvektor $\boldsymbol{r}$ und Spinvariable s zu einem Symbol $\xi \equiv (\boldsymbol{r}, s)$ zusammenfassen. Da es sich bei Kernen und Elektronen um Mikroteilchen handelt, müssen wir zunächst davon ausgehen, daß ihre Bewegung durch die Quantenmechanik beschrieben wird [5]. Die klassische HAMILTON-Funktion, die (in der betrachteten nichtrelativistischen Näherung) alle dynamischen Eigenschaften des molekularen Systems beinhaltet, setzt sich aus fünf Anteilen zusammen,

$$H(\boldsymbol{R}, \boldsymbol{r}) = T^{k}(\boldsymbol{P}) + T^{e}(\boldsymbol{p}) + V^{kk}(\boldsymbol{R}) + V^{ke}(\boldsymbol{R}, \boldsymbol{r}) + V^{ee}(\boldsymbol{r}), \tag{2.1}$$

welche (in dieser Reihenfolge) die kinetische Energie der Kerne und der Elektronen sowie die elektrostatischen Wechselwirkungsenergien der Kerne untereinander, der Kerne mit den Elektronen und der Elektronen untereinander repräsentieren:

$$T^{k}(\boldsymbol{P}) = (1/2) \sum_{a=1}^{N_k} (\boldsymbol{P}_a^2/m_a), \tag{2.1 a}$$

$$T^{e}(\boldsymbol{p}) = (1/2m_e) \sum_{\varkappa=1}^{N_e} \boldsymbol{p}_\varkappa^2, \tag{2.1 b}$$

$$V^{kk}(\boldsymbol{R}) = \sum_{a\,<}^{N_k-1} \sum_{b=1}^{N_k} (\bar{e}^2 Z_a Z_b/|\boldsymbol{R}_a - \boldsymbol{R}_b|), \tag{2.1 c}$$

$$V^{ke}(\boldsymbol{R}, \boldsymbol{r}) = \sum_{a=1}^{N_k} \sum_{\varkappa=1}^{N_e} (\bar{e}^2 Z_a/|\boldsymbol{R}_a - \boldsymbol{r}_\varkappa|), \tag{2.1 d}$$

$$V^{ee}(\boldsymbol{r}) = \sum_{\varkappa\,<}^{N_e-1} \sum_{\lambda=1}^{N_e} (\bar{e}^2/|\boldsymbol{r}_\varkappa - \boldsymbol{r}_\lambda|). \tag{2.1 e}$$

Hierbei bezeichnen m_a, Z_a und $\boldsymbol{P}_a$ die Masse, die Kernladungszahl und den zu $\boldsymbol{R}_a$ kanonisch-konjugierten Impuls des a-ten Kerns, $\boldsymbol{p}_\varkappa$ den zu $\boldsymbol{r}_\varkappa$ kanonisch-konjugierten Impuls des $\varkappa$-ten Elektrons; m_e ist die Elektronenmasse und $\hat{e}$ der Betrag der Elementarladung. Alle Kerne und Elektronen werden als Punktmassen (ohne Struktur und ohne Ausdehnung) behandelt. Beim Übergang zur Quantenmechanik sind die Impulse $\boldsymbol{P}_a$ und $\boldsymbol{p}_\varkappa$ durch Operatoren zu ersetzen: $\boldsymbol{P}_a \to (\hbar/\mathrm{i}) \nabla_a$ bzw. $\boldsymbol{p}_\varkappa \to (\hbar/\mathrm{i}) \nabla_\varkappa$, wobei ∇_a und $\nabla_\varkappa$ die auf die Koordinaten des a-ten Kerns bzw. des $\varkappa$-ten Elektrons wirkenden Nabla-Operatoren bedeuten; $\hbar \equiv h/2\pi$ ist die durch 2π dividierte PLANCKsche Konstante. Aus den Funktionen (2.1a) und (2.1b) werden damit Operatoren:

$$\hat{T}_{\boldsymbol{R}}^{\mathrm{k}} = -(\hbar^2/2) \sum_{a=1}^{N_\mathrm{k}} (\nabla_a^2/m_a), \tag{2.2a}$$

$$\hat{T}_{\boldsymbol{r}}^{\mathrm{e}} = -(\hbar^2/2m_\mathrm{e}) \sum_{\varkappa=1}^{N_\mathrm{e}} \nabla_\varkappa^2; \tag{2.2b}$$

der resultierende Operator

$$\hat{H}(\boldsymbol{R}, \boldsymbol{r}) = \hat{T}_{\boldsymbol{R}}^{\mathrm{k}} + \hat{T}_{\boldsymbol{r}}^{\mathrm{e}} + V^{\mathrm{kk}}(\boldsymbol{R}) + V^{\mathrm{ke}}(\boldsymbol{R}, \boldsymbol{r}) + V^{\mathrm{ee}}(\boldsymbol{r}) \tag{2.3}$$

heißt HAMILTON-Operator.

2.1. Separation der Massenmittelpunktsbewegung

Unter den hier gemachten Voraussetzungen (keine äußeren Kräfte beeinflussen die beiden wechselwirkenden Atome bzw. Moleküle X_1 und X_2) läßt sich stets eine Vereinfachung vornehmen, die keine Näherung beinhaltet, sondern exakt durchführbar ist; sie besteht darin, die Translationsbewegung des molekularen Systems $\{X_1, X_2\}$ als Ganzes in bezug auf das raumfeste Koordinatensystem zu eliminieren. Die wesentlichsten Aspekte eines molekularen Stoßprozesses — die entstehenden Produkte, deren innere Zustände, die totalen Wirkungsquerschnitte — werden ausschließlich durch die Bewegungen der Kerne und Elektronen relativ zueinander bestimmt und hängen nicht davon ab, ob das gesamte wechselwirkende molekulare System eine gleichförmige Translation ausführt.

Daß es sich nur um eine gleichförmige Translation handeln kann, wird deutlich, wenn man den sogenannten *Massenmittelpunkt* des Systems $\{X_1, X_2\}$ bestimmt und dessen Bewegung untersucht. Dieser Massenmittelpunkt ist durch den Ortsvektor

$$\boldsymbol{S} = \left(\sum_{a=1}^{N_k} m_a \boldsymbol{R}_a + \sum_{\varkappa=1}^{N_e} m_e \boldsymbol{r}_\varkappa\right) \Big/ M \tag{2.4}$$

gegeben; er stellt einen gemittelten Ortsvektor dar, wobei der Ortsvektor jedes Teilchens mit dem Anteil der Masse des Teilchens an der Gesamtmasse $M = \sum_a m_a + N_e m_e$ gewichtet wird. Man kann nun neue Koordinaten einführen, von denen drei die Position des Massenmittelpunktes festlegen. Für die Wahl der übrigen $3N_k + 3N_e - 3$ Koordinaten gibt es verschiedene Möglichkeiten (s. Abschn. 8.1.), für die man sich je nach Zweckmäßigkeit entscheidet. Beispielsweise kann man die Positionen der Elektronen auf den Massenmittelpunkt $\boldsymbol{S}$ und die der Kerne auf einen (beliebig) ausgewählten Kern, etwa den N_k-ten beziehen:

$$\begin{aligned} \boldsymbol{r}_\varkappa' &= \boldsymbol{r}_\varkappa - \boldsymbol{S} (\varkappa = 1, 2, \ldots, N_e), \\ \boldsymbol{R}_a' &= \boldsymbol{R}_a - \boldsymbol{R}_{N_k} \, (a = 1, 2, \ldots, N_k - 1); \end{aligned} \tag{2.5}$$

die Lage des N_k-ten Kerns in bezug auf den Massenmittelpunkt läßt sich aus den gestrichenen Vektoren (2.5) berechnen. Schreibt man die HAMILTON-Funktion (2.1) auf die neuen Koordinaten $\boldsymbol{S}, \ldots$ um, so nimmt der kinetische Anteil die Form

$$T^k(\boldsymbol{P}) + T^e(\boldsymbol{p}) = T(\boldsymbol{P}_S) + T^k(\boldsymbol{P}') + T^e(\boldsymbol{p}') \tag{2.6}$$

an mit

$$T(\boldsymbol{P}_S) = \boldsymbol{P}_S^2/2M, \tag{2.6a}$$

wobei $\boldsymbol{P}_S$ den zu $\boldsymbol{S}$ kanonisch-konjugierten Impuls bezeichnet. Die übrigen Anteile schreiben wir hier nicht auf (s. Abschn. 8.1.); wichtig ist nur, daß sie $\boldsymbol{S}$ und $\boldsymbol{P}_S$ nicht enthalten. Die potentiellen Energieanteile (2.1c) bis (2.1e), die nur von den Teilchenabständen abhängen, bleiben bei Koordinatentransformationen dieser Art invariant (d. h. sie sehen in den neuen Koordinaten geschrieben genauso aus wie in den alten). Die Bewegung des Massenmittelpunktes läßt sich nun sehr leicht ermitteln. Die klassischen HAMILTONschen Bewegungsgleichungen (vgl. Abschn. 4.3.2.) für die Variablen $\boldsymbol{S}$ und $\boldsymbol{P}_S$ ergeben $\dot{\boldsymbol{S}} = \boldsymbol{P}_S/M$ und $\dot{\boldsymbol{P}}_S = 0$, woraus folgt:

$\dot{\boldsymbol{S}} = \text{const}$, d. h. der Massenmittelpunkt bewegt sich geradlinig und gleichförmig. In der quantenmechanischen Behandlung erhält man ein analoges Resultat: Die SCHRÖDINGER-Gleichung $\hat{H}\Xi = i\hbar(\partial/\partial t)\,\Xi$ mit dem HAMILTON-Operator $\hat{H}$, von dem nur der Term $\hat{T}_{\boldsymbol{S}} = (-\hbar^2/2M)\,\nabla_{\boldsymbol{S}}^2$ auf die Massenmittelpunktskoordinaten wirkt, ist separierbar, d. h. läßt sich durch einen Produktansatz $\Xi = \Gamma(\boldsymbol{S}) \cdot \theta(\boldsymbol{R}', \boldsymbol{r}')$ lösen, in welcher der Faktor $\Gamma(\boldsymbol{S})$ die Form einer ebenen Welle (oder einer Superposition ebener Wellen) hat und einer kräftefreien, geradlinig-gleichförmigen Bewegung des Massenmittelpunktes entspricht [5, 6].

Die physikalisch irrelevante Massenmittelpunktsbewegung läßt sich aus der Betrachtung eliminieren, indem man zu einer HAMILTON-Funktion

$$H' = H - T(\boldsymbol{P}_S) \tag{2.7}$$

bzw. einem HAMILTON-Operator

$$\hat{H}' = \hat{H} - \hat{T}_{\boldsymbol{S}} \tag{2.8}$$

für die „innere" Bewegung übergeht, in denen die Massenmittelpunktskoordinaten und -impulse nicht mehr vorkommen; die Anzahl der Freiheitsgrade ist damit um drei reduziert. Diese innere Bewegung liefert alle physikalisch signifikanten Informationen über den Stoßprozeß. Natürlich sieht die Bewegung in Laborkoordinaten bzw. Relativkoordinaten verschieden aus — z. B. haben die Streuwinkel unterschiedliche Werte, und die differentiellen Wirkungsquerschnitte haben unterschiedliche Form. Aus den Transformationsgleichungen der Koordinaten folgen entsprechende Transformationsbeziehungen für die differentiellen Wirkungsquerschnitte, die wir hier nicht aufschreiben wollen (vgl. z. B. [7]). Die totalen Wirkungsquerschnitte sind invariant bei einem Wechsel des Koordinatensystems.

Wir erwähnen noch, daß es im Prinzip möglich ist, auch die Gesamtrotation des molekularen Systems $\{X_1, X_2\}$ für sich zu behandeln und so das Problem auf die Bewegung der Teilchen relativ zueinander, d. h. um weitere drei Freiheitsgrade, zu reduzieren (drei Winkelangaben legen die Orientierung einer Teilchenanordnung im Raum fest). Die resultierenden Bewegungsgleichungen werden jedoch dann sehr kompliziert [6].

2.2. Separation von Elektronen- und Kernbewegung. Adiabatische Näherung

2.2.1. Heuristische Betrachtungen

Die Aufgabe, elementare Stoßprozesse zwischen zwei Atomen oder Molekülen X_1 und X_2 zu beschreiben, würde man intuitiv so auffassen, daß die Bewegung der Atomkerne (deren Massen praktisch mit den Massen der Atome übereinstimmen) mit den „daranhängenden" Elektronenwolken zu verfolgen ist. Wir veranschaulichen zunächst anhand einer heuristischen Betrachtung, wovon die diese Bewegung bestimmenden Kräfte herrühren [6, 8].

Bei großer Entfernung zwischen X_1 und X_2 ist die Wechselwirkung beider Partner vernachlässigbar klein; die freien Teilchen X_1 und X_2 sind durch den Zustand ihrer Elektronenhüllen sowie (falls es sich um Moleküle handelt) durch ihren Rotations- und Schwingungszustand charakterisiert. Kommen sich X_1 und X_2 näher, so beeinflussen sich zunächst die äußeren Bereiche der Elektronenhüllen, und die Elektronen von X_1 unterliegen zunehmend auch der Anziehung durch die Kerne von X_2 und umgekehrt. Es bildet sich eine gemeinsame Elektronenhülle des gesamten Systems $\{X_1, X_2\}$; dabei wird die Ladungsdichte umverteilt und übt ihrerseits auf die Kerne des Systems veränderte Kräfte aus. Die auf jeden der Kerne wirkenden resultierenden Kräfte, die von der Elektronenhülle und den jeweils übrigen Kernen herrühren und attraktiv oder auch repulsiv sein können, bestimmen den Ablauf des Stoßprozesses.

Die theoretische Beschreibung dieses komplizierten Zusammenspiels von Wechselwirkungen läßt sich anhand der folgenden halbklassischen Überlegung vereinfachen: Die im Vergleich zu den Elektronen viel schwereren Kerne (es ist $m_a/m_e > 10^3$) bewegen sich bei nicht zu hohen Stoßenergien (< 1 eV) im Mittel wesentlich langsamer als die Elektronen; sie spielen daher für die Elektronenbewegung die Rolle positiver Punktladungen, deren räumliche Anordnung sich sehr langsam ändert. Es wird daher gerechtfertigt sein anzunehmen, daß sich die Elektronenverteilung der jeweiligen Kernkonfiguration momentan anpaßt (d. h. sich zu jedem Zeitpunkt in einem stationären Zustand befindet, welcher der augenblicklichen Kernanordnung entspricht) und daß sich der Quantenzustand der Elektronenhülle bei Änderung der Kernkonfiguration nicht ändert. Man bezeichnet dies als *adiabatische Näherung* [6, 9]. Die Bewegung der Kerne andererseits wird unter diesen Voraussetzungen (klassisch betrachtet) nicht durch die momentane räumliche Verteilung der Elektronen, sondern durch ein über viele Perioden der Elektronenbewegung gemitteltes Kraftfeld der gesamten Elektronenhülle bestimmt.

Auf Grund einer solchen Betrachtung gelangen wir für den Fall, daß die adiabatische Näherung gilt, leicht zu einem approximativen Ausdruck für das Potential der Kernbewegung. Die Gesamtenergie $\mathcal{E}$ des Systems setzt sich aus drei Anteilen zusammen – aus der kinetischen Energie $T^{\mathrm{k}}(\boldsymbol{R})$ und der elektrostatischen Abstoßungsenergie $V^{\mathrm{kk}}(\boldsymbol{R})$ der Kerne sowie der Gesamtenergie $E_n^{\mathrm{e}}(\boldsymbol{R})$ der Elektronenhülle im elektrostatischen Feld der Kernanordnung $\boldsymbol{R} \equiv \{\boldsymbol{R}_1, \boldsymbol{R}_2, \ldots\}$, und zwar in demjenigen Quantenzustand n, der asymptotisch (d. h. bei sehr großem Abstand $\mathrm{X}_1 - \mathrm{X}_2$) in den Elektronenterm für das separierte System $\mathrm{X}_1 + \mathrm{X}_2$ übergeht:

$$\mathcal{E} = T^{\mathrm{k}}(\boldsymbol{R}) + V^{\mathrm{kk}}(\boldsymbol{R}) + E_n^{\mathrm{e}}(\boldsymbol{R}). \tag{2.9}$$

Faßt man diesen Ausdruck als die über viele Perioden der Elektronenbewegung gemittelte Energie der Kernbewegung auf, so ist

$$U_n(\boldsymbol{R}) = V^{\mathrm{kk}}(\boldsymbol{R}) + E_n^{\mathrm{e}}(\boldsymbol{R}) \tag{2.10}$$

als potentielle Energie der Kernbewegung anzusehen. In der adiabatischen Näherung stellt also die Elektronenenergie $E_n^{\mathrm{e}}(\boldsymbol{R})$ das mittlere Potential der durch die Elektronenhülle auf die Kerne ausgeübten Kräfte dar. Wie derartige Potentialfunktionen aussehen und wie man sie berechnet, wird im Kap. 3. beschrieben. In den folgenden Abschnitten geben wir zunächst eine strengere Formulierung des Bewegungsproblems, untersuchen die Gültigkeitsgrenzen der adiabatischen Näherung und weisen auf Verallgemeinerungen hin.

2.2.2. Born-Oppenheimer-*Separation*

Die heuristischen Betrachtungen des vorangegangenen Abschnittes lassen vermuten, daß auf Grund des großen Unterschiedes in den Massen und damit in den charakteristischen Zeiten[1]) von Kernen

[1]) Unter charakteristischen Zeiten wollen wir im folgenden (klassisch betrachtet) Bewegungsperioden bzw. Wechselwirkungszeiten verstehen (s. Abschn. 2.2.4.).

und Elektronen eine getrennte Behandlung der Bewegungen beider Teilchenarten möglich ist und zu Vereinfachungen führt. Eine konsequente Durchführung dieses Konzeptes müßte von dem nach Eliminierung der Massenmittelpunktsbewegung erhaltenen HAMILTON-Operator $\hat{H}'$ (Gl. (2.8)) ausgehen; um jedoch komplizierte Ausdrücke zu vermeiden, werden wir den ursprünglichen HAMILTON-Operator $\hat{H}$ (Gl. (2.3)) im raumfesten Koordinatensystem zugrunde legen.

Die Wellenfunktion $\Xi(\boldsymbol{R}, \xi; t)$ des Gesamtsystems $\{X_1, X_2\}$ in raumfesten Koordinaten genügt der zeitabhängigen SCHRÖDINGER-Gleichung

$$\hat{H}\Xi(\boldsymbol{R}, \xi; t) = i\hbar(\partial/\partial t)\, \Xi(\boldsymbol{R}, \xi; t). \tag{2.11}$$

Den totalen HAMILTON-Operator (2.3) schreiben wir in der Form

$$\hat{H} = \hat{T}^{\mathrm{k}}_{\boldsymbol{R}} + \hat{H}^{\mathrm{fix}}(\xi, \boldsymbol{R}), \tag{2.12}$$

wobei

$$\hat{H}^{\mathrm{fix}}(\xi, \boldsymbol{R}) \equiv \hat{T}^{\mathrm{e}}_{\boldsymbol{r}} + V^{\mathrm{ke}}(\boldsymbol{R}, \xi) + V^{\mathrm{ee}}(\xi) + V^{\mathrm{kk}}(\boldsymbol{R}) \tag{2.12a}$$

die sogenannte *Näherung fixierter Kerne* ($\hat{T}^{\mathrm{k}}_{\boldsymbol{R}} = 0$) definiert.

Der HAMILTON-Operator für die Elektronenbewegung allein, $\hat{H}^{\mathrm{e}}(\xi, \boldsymbol{R})$, umfaßt die ersten drei Terme; er hängt ebenso wie $\hat{H}^{\mathrm{fix}}$ parametrisch von den Kernkoordinaten $\boldsymbol{R}$ ab. Die Eigenfunktionen $\Phi_n(\xi, \boldsymbol{R})$ von $\hat{H}^{\mathrm{e}}$ zu den Eigenwerten (Elektronenenergien) $E^{\mathrm{e}}_n(\boldsymbol{R})$ sind auch Eigenfunktionen von $\hat{H}^{\mathrm{fix}}$,

$$\hat{H}^{\mathrm{fix}}\Phi_n(\xi, \boldsymbol{R}) = U_n(\boldsymbol{R})\, \Phi_n(\xi, \boldsymbol{R}), \tag{2.13}$$

zu den Eigenwerten $U_n(\boldsymbol{R}) = E^{\mathrm{e}}_n(\boldsymbol{R}) + V^{\mathrm{kk}}(\boldsymbol{R})$, Gl. (2.10), da der Term V^{kk} einen für eine feste Kernanordnung $\boldsymbol{R}$ konstanten additiven Anteil liefert.

Wir nehmen nun an, die Lösungen $U_n(\boldsymbol{R})$, $\Phi_n(\xi, \boldsymbol{R})$ der Gl. (2.13) seien einschließlich ihrer Abhängigkeit von den Kernkoordinaten $\boldsymbol{R}$ bekannt. Ferner wird vorausgesetzt, das Spektrum von $\hat{H}^{\mathrm{e}}$ bzw. $\hat{H}^{\mathrm{fix}}$ sei rein diskret und die Eigenfunktionen $\Phi_n(\xi, \boldsymbol{R})$ seien orthonormiert[1]):

$$\int \Phi_n{}^*(\xi, \boldsymbol{R})\, \Phi_{n'}(\xi, \boldsymbol{R})\, \mathrm{d}\tau \equiv \langle \Phi_n \mid \Phi_{n'} \rangle = \delta_{nn'}; \tag{2.14}$$

---

[1]) Mit $d\tau$ bezeichnen wir das Volumenelement des gesamten Ort-Spin-Konfigurationsraumes der Elektronen. Brackets $\langle \ldots \mid \ldots \rangle$ bedeuten Integration über die Elektronenkoordinaten und Summation über die verschiedenen möglichen Spineinstellungen.

eine Verallgemeinerung auf teilweise kontinuierliche Spektren bereitet keine prinzipiellen Schwierigkeiten.

Da die Eigenfunktionen $\Phi_n(\xi, \boldsymbol{R})$ von $\hat{H}^{\mathrm{e}}$ bzw. $\hat{H}^{\mathrm{fix}}$ ein vollständiges Funktionensystem bilden, kann die Gesamtwellenfunktion $\Xi(\boldsymbol{R}, \xi; t)$ gemäß

$$\Xi(\boldsymbol{R}, \xi; t) = \sum_{n'} \Phi_{n'}(\xi, \boldsymbol{R})\, \Psi_{n'}(\boldsymbol{R}; t) \tag{2.15}$$

entwickelt werden [10]. Setzen wir diesen Ansatz in die SCHRÖDINGER-Gleichung (2.11) ein, differenzieren die Produkte $\Phi_{n'}(\xi, \boldsymbol{R}) \times \Psi_{n'}(\boldsymbol{R}; t)$ zweimal nach den Kernkoordinaten (Operator $\hat{T}^{\mathrm{k}}_{\boldsymbol{R}}$, Gl. (2.2a)), multiplizieren die Gleichung von links mit Φ_n, integrieren über die Elektronenkoordinaten unter Berücksichtigung der Orthonormierung (2.14), so resultiert ein gekoppeltes Gleichungssystem,

$$\{\hat{T}^{\mathrm{k}}_{\boldsymbol{R}} + U_n(\boldsymbol{R})\}\, \Psi_n + \sum_{n'} \hat{C}_{nn'} \Psi_{n'} = \mathrm{i}\hbar(\partial/\partial t)\, \Psi_n$$
$$(n = 0, 1, 2, \ldots), \tag{2.16}$$

für die Bestimmung der Koeffizientenfunktionen $\Psi_n(\boldsymbol{R}; t)$, welche die Kernbewegung beschreiben. Die Kopplungsoperatoren $\hat{C}_{nn'}$ sind durch

$$\hat{C}_{nn'} \equiv \langle \Phi_n |\hat{T}^{\mathrm{k}}_{\boldsymbol{R}}| \Phi_{n'}\rangle - \sum_a (\hbar^2/m_a) \langle \Phi_n |\nabla_a| \Phi_{n'}\rangle \cdot \nabla_a \tag{2.17}$$

und die effektiven Potentiale $U_n(\boldsymbol{R})$ durch Gl. (2.10) definiert. Damit ist eine getrennte Behandlung der Elektronenbewegung und der Kernbewegung erreicht, indem zuerst die adiabatischen Elektronenwellenfunktionen $\Phi_n(\xi, \boldsymbol{R})$ als parametrisch von $\boldsymbol{R}$ abhängende Lösungen der Gl. (2.13) und dann die Kernwellenfunktionen $\Psi_n(\boldsymbol{R}; t)$ aus dem Gleichungssystem (2.16) bestimmt werden.

Diesem Verfahren müssen nicht unbedingt die adiabatischen Elektronenwellenfunktionen $\Phi_n(\xi, \boldsymbol{R})$ zugrunde gelegt werden, es läßt sich auch mit irgendeinem anderen vollständigen orthonormierten Satz von Funktionen $\mathring{\Phi}_n(\xi, \boldsymbol{R})$ durchführen, die wir als Näherungslösungen der Gl. (2.13) auffassen können (vgl. Abschn. 3.1.2. und 6.1.). Es ergeben sich dann ebenfalls Kernwellengleichungen vom Typ (2.16).

Sind für einen Elektronenzustand n die Kopplungsterme (2.17) sämtlich vernachlässigbar klein, so hat man für n eine einzelne ungekoppelte SCHRÖDINGER-Gleichung

$$\{\hat{T}^{\mathrm{k}}_{\boldsymbol{R}} + U_n(\boldsymbol{R})\}\, \Psi_n = \mathrm{i}\hbar(\partial/\partial t)\, \Psi_n. \tag{2.18}$$

Befindet sich das System in diesem Elektronenzustand n, so verbleibt es während der gesamten Kernbewegung in diesem Zustand — wir haben es mit einem sogenannten elektronisch adiabatischen Prozeß zu tun. Die Wellenfunktion reduziert sich auf einen einzigen Term:

$$\Xi(\xi, \boldsymbol{R}; t) \approx \Phi_n(\xi, \boldsymbol{R})\, \Psi_n(\boldsymbol{R}; t); \tag{2.19}$$

die Kernbewegung wird bestimmt durch das Potential $U_n(\boldsymbol{R})$, das sich aus der Elektronenenergie $E^{\mathrm{e}}_n(\boldsymbol{R})$ und dem Kernabstoßungspotential $V^{\mathrm{kk}}(\boldsymbol{R})$ zusammensetzt.

Diese *einfache adiabatische Näherung* (auch als BORN-OPPENHEIMER-Näherung bezeichnet) entspricht somit gerade der heuristischen Betrachtung des vorangegangenen Abschnittes. Der Diagonalterm $\hat{C}_{nn}$ des Ausdrucks (2.17) bildet eine meist kleine Korrektur zu $U_n(\boldsymbol{R})$.

Sind für einen Elektronenzustand n die Kopplungsterme $\hat{C}_{nn'}$ nicht vernachlässigbar, so können im Verlauf der Kernbewegung Übergänge in andere Elektronenzustände erfolgen. Derartige Prozesse bezeichnet man als elektronisch nichtadiabatisch; ihre theoretische Behandlung ist sehr kompliziert (vgl. Kap. 6.).

Nach der Separation von Kern- und Elektronenbewegung im raumfesten Koordinatensystem, wie sie hier vorgenommen wurde, wird üblicherweise die Bewegung des Massenmittelpunktes der Kerne allein separiert. Bei dieser Verfahrensweise wird der (meist kleine) Einfluß der Elektronenmasse auf die Kernbewegung vernachlässigt; es ergeben sich im Vergleich zum Verfahren der Massenmittelpunktseparation *vor* der BORN-OPPENHEIMER-Separation analoge, aber etwas einfachere Gleichungen für die Kernbewegung. An den allgemeinen Schlußfolgerungen ändert sich nichts [6].

2.2.3. *Gültigkeit der adiabatischen Näherung. Verallgemeinerungen*

Durch eine detaillierte Untersuchung der Struktur der Kopplungsoperatoren (2.17) kann man zu Kriterien gelangen, die angeben, wann die adiabatische Näherung gerechtfertigt ist. Wir wollen hier eine vereinfachte Argumentation verwenden.

Die Überlegungen, die in Abschn. 2.2.1. zur adiabatischen Näherung führten, beruhten auf der Annahme, daß sich die (schnelle) Elektronenbewegung der (langsam) veränderten Kernanordnung praktisch momentan anpaßt, ihr „adiabatisch" folgt. Wir nehmen als charakteristische Zeit τ_e für die Elektronenbewegung das Reziproke der Übergangsfrequenz $\Delta U_{nn'}(\boldsymbol{R})/\hbar = |E_n^e(\boldsymbol{R}) - E_{n'}^e(\boldsymbol{R})|/\hbar$ zwischen dem Zustand n und einem benachbarten Zustand n' für eine bestimmte Kernanordnung $\boldsymbol{R}$, als charakteristische Zeit τ_k für die Kernbewegung die Durchgangszeit durch einen Bereich von Kernanordnungen in der Umgebung von $\boldsymbol{R}$, über den sich die Elektronenwellenfunktionen Φ_n bzw. $\Phi_{n'}$ wesentlich ändern: $\tau_e(\boldsymbol{R}) = \hbar/\Delta U_{nn'}(\boldsymbol{R})$ und $\tau_k(\boldsymbol{R}) = l(\boldsymbol{R})/u(\boldsymbol{R})$, wobei l die Ausdehnung des genannten Kernkonfigurationsbereiches und u eine mittlere Kerngeschwindigkeit bezeichnen. Die Größe

$$\gamma(\boldsymbol{R}) \equiv \tau_k(\boldsymbol{R})/\tau_e(\boldsymbol{R}) = \Delta U_{nn'}(\boldsymbol{R}) \cdot l(\boldsymbol{R})/\hbar u(\boldsymbol{R}), \tag{2.20}$$

der sog. MASSEY-*Parameter*, gibt das Verhältnis der beiden charakteristischen Zeiten an. In Bereichen mit $\gamma(\boldsymbol{R}) \gg 1$ sollte die adiabatische Näherung berechtigt sein. Dort jedoch, wo $\gamma(\boldsymbol{R})$ nicht mehr groß ist, d. h. bei Kernanordnungen $\boldsymbol{R}$, in denen adiabatische Elektronenterme $E_n^e(\boldsymbol{R})$ einander nahekommen oder überschneiden ($\Delta U_{nn'}$ klein), adiabatische Elektronenwellenfunktionen $\Phi_n(\xi, \boldsymbol{R})$ sich in Abhängigkeit von $\boldsymbol{R}$ stark ändern (l klein) oder die Kernbewegungen mit hoher Geschwindigkeit ablaufen (u groß), werden nichtadiabatische Übergänge $n \to n'$ erfolgen. Man kann einen solchen Sachverhalt auch so ausdrücken, daß bei $\tau_k \approx \tau_e$ eine Art Resonanz vorliegt und die Übertragung von Energie zwischen Elektronen- und Kernbewegung begünstigt wird. In solchen $\boldsymbol{R}$-Bereichen verlieren die Funktionen $U_n(\boldsymbol{R})$ ihre Bedeutung als Potential der Kernbewegung, und man muß anstelle einer einzigen Bewegungsgleichung (2.18) das Gleichungssystem (2.16) lösen. Auch dann jedoch bietet die Behandlungsweise noch Vorteile, da in der Regel jeweils nur einige Zustände gekoppelt sind und sich das unendliche Gleichungssystem (2.16) auf wenige Gleichungen (oft nur zwei) reduziert.

Die Argumentation auf der Grundlage charakteristischer Zeiten für verschiedene Bewegungsformen eines molekularen Systems, wie sie hier für Kern- und Elektronenbewegung angewendet wurde, läßt sich verallgemeinern. Nehmen wir an, die Bewegungen eines Systems lassen sich in zwei Gruppen — „schnelle" und „langsame"

– einteilen; die entsprechenden Freiheitsgrade $\boldsymbol{q} \equiv \{q_1, \ldots\}$ bzw. $\boldsymbol{Q} \equiv \{Q_1, \ldots\}$ bezeichnen wir als das schnelle bzw. das langsame Subsystem und die charakteristischen Zeiten als τ_q bzw. τ_Q: es gelte $\tau_q \ll \tau_Q$. Die Bewegungen der beiden Subsysteme können dann adiabatisch separiert werden; die Formulierung einer solchen Näherung erfolgt analog zur Elektronen-Kern-Separation mit $\boldsymbol{q}$ anstelle von $(\boldsymbol{r}, s) \equiv \xi$ und $\boldsymbol{Q}$ anstelle von $\boldsymbol{R}$. Beispielsweise ist es zuweilen gerechtfertigt, die Elektronenfreiheitsgrade gemeinsam mit den Kernschwingungsfreiheitsgraden als schnelles Subsystem und Rotationen gemeinsam mit relativen Translationsbewegungen von Systemteilen als langsames Subsystem zu nehmen. Die Zustände des schnellen Subsystems bezeichnet man dann als vibronisch adiabatisch. Auch eine Folge adiabatischer Separationen ist möglich, z. B.

1. Elektronenbewegung – Kernbewegung,
2. Kernschwingungen – Rotationen und Translationen.

2.3. *Streukanäle*

Zur Charakterisierung der verschiedenen Elementarprozesse, die bei einem Stoß $X_1 + X_2$ ablaufen können, dient der Begriff des Streukanals (vgl. z. B. [9]). Unter einem *Streukanal* versteht man eine mögliche Zerlegung des Gesamtsystems $\{X_1, X_2\}$ in stabile Teilsysteme, die jeweils durch einen Satz von Quantenzahlen für die inneren Zustände gekennzeichnet sind; ein Streukanal wird im folgenden durch einen griechischen Buchstaben $\alpha, \beta, \ldots$ angegeben.

Betrachten wir als Beispiele die Prozesse (1.10). Die getrennten Reaktanten $X_1(i_1) + X_2(i_2)$ bilden den Eingangskanal (elastischer Kanal), die Produkte $X_1(i_1') + X_2(i_2')$ einen der vielen möglichen inelastischen Kanäle und die Produkte $X_1'(i_1') + X_2'(i_2')$ einen der reaktiven Kanäle (oder Reaktionskanäle).

Aus Gründen der Energieerhaltung ist bei einem Stoß zweier Reaktanten X_1 und X_2 in bestimmten inneren Zuständen i_1 bzw. i_2 (Eingangskanal α) mit bestimmter Energie E_α^{tr} der Relativbewegung[1]) nur eine begrenzte Anzahl von Prozessen realisierbar. Die Gesamtenergie des Systems (nach Eliminierung der Massen-

---

[1]) Die Energie E_α^{tr} der relativen Translationsbewegung von X_1 und X_2 (Massen M_1 bzw. M_2) ist gegeben durch $\mu_\alpha u_\alpha^2/2$, wobei $\mu_\alpha \equiv M_1 M_2/(M_1 + M_2)$ die *reduzierte Masse* des Teilchenpaares $X_1 - X_2$ und u_α den Betrag der Relativgeschwindigkeit $X_1 - X_2$ bezeichnen.

mittelpunktsbewegung) ist

$$\mathscr{E} = E_\alpha^{\text{tr}} + E_\alpha^{\text{int}}, \tag{2.21}$$

wobei E_α^{int} die Summe der inneren Energien der Reaktanten bezeichnet:

$$E_\alpha^{\text{int}} = E^{\text{int}}(X_1(i_1)) + E^{\text{int}}(X_2(i_2)). \tag{2.22}$$

Bei einem Prozeß, der zu den Produktmolekülen X_1' und X_2' in den inneren Zuständen i_1' bzw. i_2' (Produktkanal β) führt, fordert der Energiesatz:

$$E_\beta^{\text{tr}} + E_\beta^{\text{int}} = \mathscr{E} \tag{2.23}$$

mit analog zu Gl. (2.22) definierter innerer Energie E_β^{int}. Da $E^{\text{tr}} \geqq 0$ gilt, kann ein solcher Prozeß nur dann ablaufen, wenn die Bedingung

$$\mathscr{E} - E_\beta^{\text{int}} > 0 \tag{2.24}$$

erfüllt ist. Alle Kanäle, die dieser Bedingung genügen, heißen *offene Kanäle*, die übrigen *geschlossene Kanäle*.

2.4. *Klassifizierung von Elementarprozessen. Mikromechanismus*

Im Verlauf eines Stoßprozesses zweier Moleküle X_1 und X_2 halten sich für eine gewisse Zeit alle Bestandteile des Systems dicht beieinander in einem Bereich von molekularer Ausdehnung (einige 10^{-10} m) auf; man spricht davon, daß sich ein *Stoßkomplex* oder *Übergangskomplex* bildet:

$$X_1 + X_2 \to \mathscr{K}^* \to X_1' + X_2'. \tag{2.25}$$

Ist die Lebensdauer $\Delta\tau^*$ dieses Stoßkomplexes (die Zeitspanne, innerhalb derer er in die Produkte zerfällt) größer als die Periode der langsamsten in einem solchen System möglichen Bewegungsformen, also der Rotation des Gesamtsystems oder der inneren Torsionsschwingungen,

$$\Delta\tau^* > \text{einige } 10^{-12} \ldots 10^{-11}\ \text{s}, \tag{2.26}$$

so kann auf Grund der Wechselwirkungen ein Energieaustausch zwischen Freiheitsgraden erfolgen. Der weitere Ablauf des Prozesses wird dann hauptsächlich von den Eigenschaften des Stoßkomplexes und von der statistischen Verteilung der Energie auf seine Freiheitsgrade bestimmt [11], nicht aber von der Vorgeschichte (*komplexer Mechanismus*). Die theoretische Behandlung läßt sich in diesem Falle durch Anwendung statistischer Methoden wesentlich vereinfachen (s. Kap. 7.).

Das Auftreten *langlebiger Stoßkomplexe* ist für Systeme mit vielen Freiheitsgraden wahrscheinlicher als für solche mit wenigen Freiheitsgraden. Der indirekte experimentelle Nachweis solcher langlebiger Komplexe gelang erstmalig HERSCHBACH 1967 mit der Molekularstrahlmethode bei der Untersuchung reaktiver Elementarprozesse Cs + RbCl → CsCl + Rb; bei Vorliegen eines komplexen Mechanismus besitzt nämlich der differentielle Wirkungsquerschnitt im Schwerpunktsystem (S-System) eine zu 90° gegen die Richtung der Relativbewegung symmetrische Form (s. Abb. 3a).

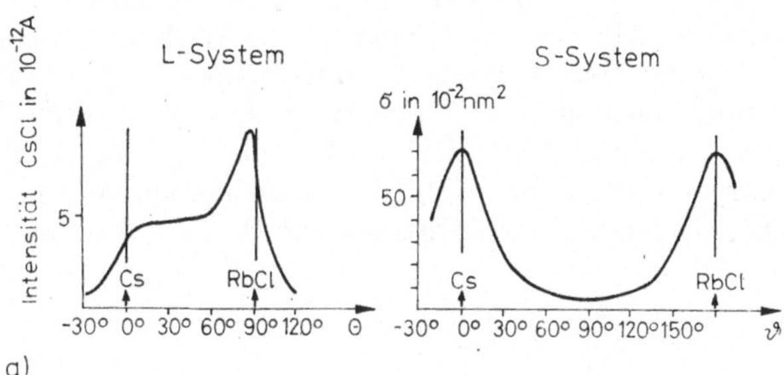

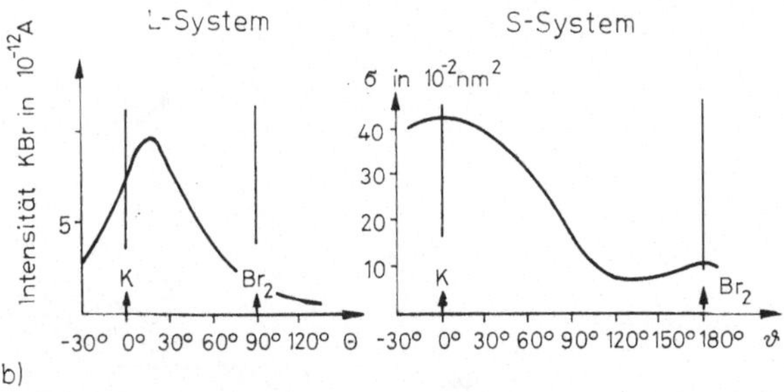

Abb. 3. Winkelverteilungen der Produkte für (a) den Prozeß Cs + RbCl → CsCl + Rb mit einem komplexen Mechanismus und (b) den Prozeß K + Br_2 → KBr + Br mit einem direkten Mechanismus.
Die linken Diagramme zeigen die Produktverteilung (Detektorstrom I) im Laborsystem, die rechten Diagramme die differentiellen Streuquerschnitte im Schwerpunktsystem

Bei sogenannten direkten Prozessen, die über einen *kurzlebigen Stoßkomplex* unmittelbar von den Reaktanten zu den Produkten verlaufen,

$$\Delta\tau^* < 10^{-12}\,\mathrm{s}, \tag{2.27}$$

verlieren die Bestandteile des Systems nicht die „Erinnerung“ an ihre Vorgeschichte; in diesen Fällen muß die Dynamik des Stoßvorganges untersucht und die Bewegung der Atome berechnet werden. Hiermit befassen sich die folgenden Kapitel.

Die differentiellen Wirkungsquerschnitte für *direkte Prozesse* weisen eine ausgeprägte Asymmetrie auf (s. Abb. 3b). Betrachten wir Stöße von Atomen A mit zweiatomigen Molekülen BC, so lassen sich verschiedene Prototypen von Stoßmechanismen unterscheiden. Bei einem Abprallmechanismus (rebound mechanism), wie er etwa bei Stößen K + HBr → KBr + H vorherrscht, wird das neugebildete Molekül AB in die Anflugsrichtung von A zurückgeschleudert auf Grund der starken Abstoßungskräfte zwischen AB und C (s. Abb. 4a); der differentielle Wirkungsquerschnitt im S-System zeigt einen Peak bei Streuwinkeln nahe 180° gegen die Anflugsrichtung von A gemessen. Der Abstreifmechanismus (stripping mechanism), der z. B. bei K + Br_2 → KBr + Br beobachtet wird, rührt von der anziehenden Wechselwirkung A—B her; es erfolgt eine Mitnahme von B durch A in die Vorwärts-

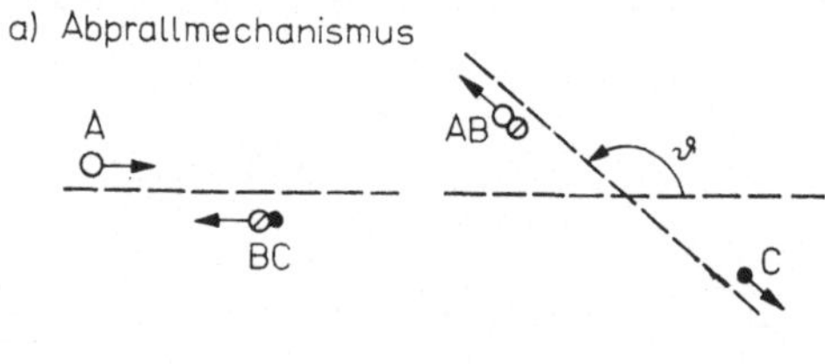

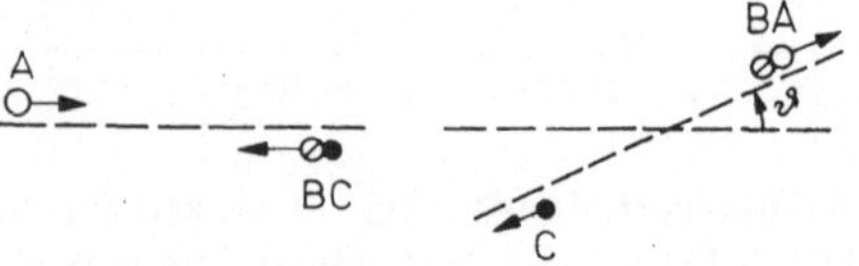

Abb. 4. Typische Stoßmechanismen bei direkten Umlagerungsprozessen A + BC → AB + C.

richtung (s. Abb. 4b), so daß der differentielle Wirkungsquerschnitt einen Peak bei 0° aufweist (vgl. Abb. 3b).

Mechanismen dieser Art treten in der Regel nicht rein in Erscheinung; sie werden bestimmt durch den Typ der Wechselwirkungen zwischen den Atomen des Systems sowie durch die Stoßenergie E^{tr} und die inneren Zustände der Reaktanten. Der Einfluß der Stoßenergie ist ohne weiteres einleuchtend: Bei wachsendem E^{tr} wird ein komplexer Stoßmechanismus häufig in einen direkten übergehen, und ein Prozeß, der bei niedrigen Stoßenergien nach einem Abprallmechanismus verläuft, folgt bei höheren Stoßenergien mehr einem Abstreifmechanismus.

3. Molekulare Wechselwirkungspotentiale

Die Born-Oppenheimer-Separation (s. Abschn. 2.2.) zerlegt die theoretische Behandlung eines molekularen Systems in zwei Stufen: die Berechnung der Elektronenzustände in ihrer Abhängigkeit von der Kernanordnung und die Berechnung der Kernbewegung unter dem Einfluß effektiver Potentiale $U_n(\boldsymbol{R})$, die sich nach Gl. (2.10) in guter Näherung additiv aus der Elektronenenergie E_n^e (als Funktion der Kernkoordinaten) und dem elektrostatischen Kernabstoßungspotential V^{kk} zusammensetzen. Die folgenden Abschnitte befassen sich mit den Eigenschaften und der Bestimmung derartiger Potentiale.

3.1. *Potentialkurven und Potentialhyperflächen*

Wir setzen zunächst voraus, die Elektronenenergie $E_n^e(\boldsymbol{R})$ sei als Funktion der Kernkoordinaten $\boldsymbol{R} \equiv \{\boldsymbol{R}_1, \boldsymbol{R}_2, \ldots\}$ bekannt, und untersuchen die Eigenschaften der resultierenden Funktion $U_n(\boldsymbol{R}) = E_n^e(\boldsymbol{R}) + V^{kk}(\boldsymbol{R})$. Bei unendlich großen Kernabständen (getrennte Atome) möge das Potential auf Null normiert sein:

$$\lim_{\text{alle } |\boldsymbol{R}_a - \boldsymbol{R}_b| \to \infty} U_n(\boldsymbol{R}_1, \boldsymbol{R}_2, \ldots) = 0. \tag{3.1}$$

Ferner ist anschaulich klar (und natürlich auch streng beweisbar), daß das einfache adiabatische Potential $U_n(\boldsymbol{R})$ nur von der gegenseitigen Lage der Kerne abhängen kann, nicht aber von der Position und der Drehlage der Kernanordnung als Ganzes im

Raum. Für nichtlineare Systeme mit $N_k > 2$ Kernen sind daher nicht $3N_k$, sondern nur $3N_k - 6$ Angaben nötig, um die relative Anordnung der Kerne zueinander und damit den jeweiligen Potentialwert festzulegen; von den verbleibenden sechs Koordinaten geben drei die Position des Schwerpunktes der Kerne und drei die Drehlage in bezug auf ein mit dem Schwerpunkt verbundenes Koordinatensystem mit raumfesten Achsen an.[1]) Wir werden im folgenden meist mit fortlaufend numerierten Koordinaten $\boldsymbol{Q} \equiv \{Q_1, Q_2, \ldots Q_{3N_k}$ bzw. $Q_{3N_k-6}\}$ arbeiten; die Aussagen gelten dann auch für allgemeinere adiabatische Näherungen (s. Abschn. 2.2.3.).

3.1.1. *Wechselwirkungsenergie molekularer Systeme in Abhängigkeit von der Kernanordnung*

3.1.1.1. *Qualitative Diskussion*

Der $3N_k$- bzw. $(3N_k - 6)$-dimensionale Raum, in dem jeder Kernkonfiguration ein Punkt — der *repräsentative Punkt* oder *Systempunkt* — entspricht, wird als *Konfigurationsraum* der Kerne bezeichnet.

Eine Funktion $U_n(\boldsymbol{Q})$, welche eine Verknüpfung der $3N_k - 6$ Werte $Q_1, Q_2, \ldots, Q_{3N_k-6}$, U_n herstellt, definiert eine Hyperfläche in einem $(3N_k - 5)$-dimensionalen Raum — die sogenannte *Potentialhyperfläche* (auch einfach als Potentialfläche bezeichnet). Zu jeder Kernanordnung gehört ein Potentialwert, d. h. ein Punkt auf der Potentialhyperfläche.

Für ein zweiatomiges System AB ist U_n eine Funktion des Kernabstandes $R \equiv R_{AB}$; die Abbn. 5a, b zeigen zwei typische Potentialkurven, die einer attraktiven chemischen bzw. einer repulsiven Wechselwirkung neutraler Atome entsprechen. Es lassen sich drei Abstandsbereiche unterscheiden, in denen charakteristische Wechselwirkungstypen vorherrschen: Bei großen Kernabständen ($\gtrsim 1$ nm) besteht eine schwache Anziehung; das Potential senkt sich ungefähr proportional zu $-R^{-6}$ ab und kann flache Mulden von im allgemeinen weniger als 10^{-3} eV Tiefe ausbilden (s. Abb. 5b). Diese schwach attraktive, langreichweitige VAN-DER-WAALS-Wechselwirkung tritt stets auf. Mittlere Kernabstände (um 0,1 nm) bilden den Bereich chemischer Wechsel-

[1]) Bei linearen Kernanordnungen hängt U_n von $3N_k - 5$ Koordinaten ab.

wirkungen, die von der gegenseitigen Durchdringung der äußeren Teile der atomaren Elektronenhüllen herrühren. Falls die Atome chemische Bindungen eingehen können (eine notwendige Bedingung hierfür ist, daß mindestens einer der Partner eine nichtab-

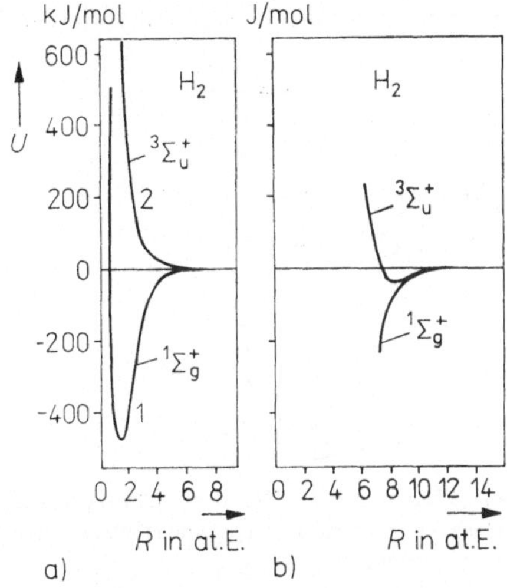

Abb. 5. Potentialkurven für den tiefsten attraktiven (Kurve 1) und den tiefsten repulsiven Zustand (Kurve 2) des H_2-Moleküls. Die Darstellungen (a) und (b) unterscheiden sich durch den Ordinatenmaßstab

geschlossene Elektronenschale besitzt), tritt eine starke Potentialabsenkung ein. Bei kleinen Abständen ($< 0{,}1$ nm), bei denen sich abgeschlossene innere Elektronenschalen durchdringen, herrscht stets eine starke Abstoßung; das Potential wächst steil an, etwa proportional zu $\exp(-\alpha R)$. Im Falle attraktiver Wechselwirkung im mittleren Abstandsbereich bilden sich Mulden von meist mehreren eV Tiefe aus, die einer chemischen Bindung entsprechen (vgl. Abb. 5a).

Im Falle mehratomiger Systeme ($N_k > 2$) werden die Potentialfunktionen wesentlich komplizierter. Die entsprechenden Potentialhyperflächen im $(3N_k - 5)$-dimensionalen Raum lassen sich als Ganzes nicht mehr anschaulich erfassen; bildlich darstellen kann man nur noch „Schnitte" durch die Potentialfläche, die sich ergeben, wenn man von den $3N_k - 6$ Variablen $3N_k - 8$ oder $3N_k - 7$ konstant hält.

Für drei Atome A, B und C ist die Potentialfunktion bei ∢ ABC = 180° (lineare Anordnung) in den Abbn. 6 und 7 als Blockdiagramm (U_n als Funktion der beiden Kernabstände R_{AB} und R_{BC} über der Ebene (R_{AB}, R_{BC})) bzw. als Höhenliniendiagramm (Linien gleichen Potentials in der Ebene (R_{AB}, R_{BC})) wiedergegeben. Bei weit entferntem Atom A liegt ein freies Molekül BC

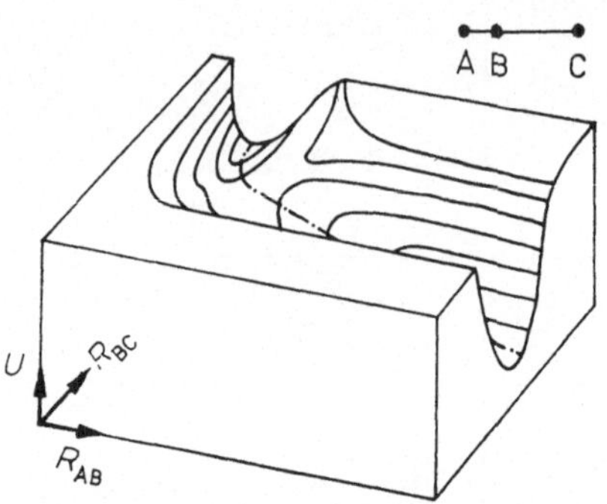

Abb. 6. Potentialfläche für die Wechselwirkung dreier Atome A, B und C in linearer Anordnung (perspektivische dreidimensionale Darstellung, „Blockdiagramm“)

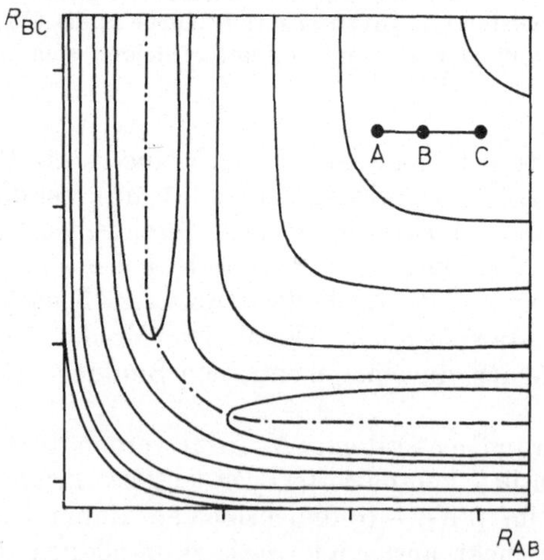

Abb. 7. Potentialfläche für die Wechselwirkung dreier Atome A, B und C in linearer Anordnung (Äquipotentialliniendiagramm, Höhenliniendiagramm, Konturdiagramm)

vor; ein Schnitt durch die Potentialfläche senkrecht zur Achse R_{AB} ergibt eine Kurve der im unteren Teil der Abb. 5a dargestellten Form. Nähert sich A, so wird diese Potentialkurve $U_{mol}^{BC}(R_{BC})$ auf Grund einsetzender Wechselwirkung mit A verzerrt. Die Potentialwerte entlang des Minimums (sog. *Minimumweg*, strichpunktierte Linie) wachsen bei dem in den Abbn. 6 und 7 dargestellten Falle an, bis ein Sattelpunkt der Fläche erreicht ist; hier halten sich alle drei Atome nahe beieinander auf. Eine solche Konfiguration würde man intuitiv mit dem in Abschn. 2.4. eingeführten Stoßkomplex identifizieren. Eine weitere Verringerung der Abstände ist energetisch unvorteilhaft, das Potential steigt steil an. Eine Potentialabsenkung tritt ein, wenn der Abstand R_{AB} wieder größer wird; dies entspricht einem nichtreaktiven Prozeß, bei dem die Ausgangsspezies A und BC zurückerhalten werden. Energetisch bevorzugt ist im vorliegenden Beispiel aber auch eine Vergrößerung des Abstandes R_{BC}, also ein reaktiver Prozeß, der Atomaustausch A + BC → AB + C. Bei großen Abständen R_{BC} ergibt ein Schnitt durch das Potential senkrecht zur Achse R_{BC} die Potentialkurve $U_{mol}^{AB}(R_{AB})$ des freien Moleküls AB. Liegt das Potentialminimum von AB höher als das von BC[1]) oder/und weist das Potential wie im vorliegenden Beispiel eine Barriere (Sattelpunkt) zwischen „Reaktanttal" (A + BC) und „Produkttal" (AB + C) auf, dann kann der Umlagerungsprozeß A + BC → AB + C nur ablaufen, wenn das System genügend Energie besitzt (relative Translationsenergie der Partner A und BC oder innere Energie des Moleküls BC), um die Potentialdifferenz zu überwinden. Ist das System so energiereich, daß Kernkonfigurationen realisiert werden können, in denen sowohl R_{AB} als auch R_{BC} groß sind (d. h. die Bindung BC aufgebrochen werden kann, ohne daß durch gleichzeitige Bildung der Bindung AB Energie zurückgewonnen wird), so ist eine Dissoziation A + BC → A + B + C möglich.

Die hier diskutierte Form des Potentials ist nur eine unter mehreren möglichen. Beispielsweise kann es sein, daß die drei Atome A, B und C imstande sind, ein stabiles dreiatomiges Molekül zu bilden; dem entspräche dann auf der Potentialfläche

---

[1]) In diesem Falle nennt man den Prozeß *endoergisch*, im umgekehrten Falle *exoergisch*. Befinden sich Reaktanten und Produkte auf gleichem Potentialniveau, so heißt der Prozeß energetisch *neutral*. Strenggenommen muß man allerdings in diese Definition auch die inneren Energien von Reaktanten und Produkten einbeziehen.

eine Mulde anstelle eines Sattelpunktes im Bereich starker Wechselwirkung. Bei mehratomigen Systemen wird die Vielfalt möglicher Prozesse und stabiler oder metastabiler Strukturen größer.

3.1.1.2. Topographische Eigenschaften von Potentialhyperflächen

Wie die Diskussion im vorangegangenen Abschnitt zeigt, werden Potentialhyperflächen wesentlich durch Art und Lage gewisser ausgezeichneter Punkte (insbesondere Minima und Sattelpunkte) sowie Kurven (insbesondere Kurven minimalen Potentials) charakterisiert. Diese Potentialkenngrößen lassen sich anhand des Verhaltens der Ableitungen des Potentials nach den Kernkoordinaten definieren. Wir beschreiben die Positionen der N_k Kerne durch $3N_k$ kartesische Koordinaten $X_1, \ldots, X_{3N_k}$. Mit $\nabla U(\boldsymbol{X})$ bezeichnen wir den $3N_k$-dimensionalen Vektor, dessen Komponenten $g_1, \ldots, g_{3N_k}$ von den ersten Ableitungen

$$g_i \equiv \partial U / \partial X_i \qquad (i = 1, 2, \ldots, 3N_k) \tag{3.1}$$

gebildet werden (*Gradientenvektor*), und mit

$$k_{ij} \equiv \partial^2 U / \partial X_i \, \partial X_j \qquad (i, j = 1, 2, \ldots, 3N_k) \tag{3.2}$$

die Elemente der $(3N_k \times 3N_k)$-Matrix der zweiten Ableitungen (HESSEsche Matrix, *Kraftkonstantenmatrix*); der Index n am Potential U ist zur Vereinfachung weggelassen. Der Vektor $\nabla U(\boldsymbol{X})$ zeigt in die Richtung steilsten Anstieges des Potentials und ist orthogonal zu der Niveaufläche $U(\boldsymbol{X}) = \text{const}$, die durch den Punkt $\boldsymbol{X}$ verläuft. Zwischen X und einem infinitesimal benachbarten Punkt $\boldsymbol{X} + \mathrm{d}\boldsymbol{X}$ ändert sich das Potential um den Wert $\mathrm{d}U = \nabla U \cdot \mathrm{d}\boldsymbol{X}$.

Das Verschwinden des Gradienten, d. h.

$$g_i = \partial U / \partial X_i = 0 \qquad \text{für alle } i, \tag{3.3}$$

definiert einen *stationären Punkt* des Potentials; Kernkonfigurationen, für welche diese Bedingungen erfüllt sind, bezeichnen wir mit $\boldsymbol{X}^0 \equiv \{X_1{}^0, \ldots, X_{3N_k}^0\}$. Es lassen sich verschiedene Arten stationärer Punkte unterscheiden, die durch die Eigenwerte der Kraftkonstantenmatrix $\mathbf{k}^0 \equiv \mathbf{k}(\boldsymbol{X}^0)$ gekennzeichnet werden können. Einige dieser Eigenwerte müssen gleich Null sein, und zwar mindestens fünf, wenn $\boldsymbol{X}^0$ eine lineare Kernanordnung ist, und mindestens sechs im allgemeinen (nichtlinearen) Fall — wie bereits erwähnt, hängt U von den Koordinaten, welche die Translation und die Rotation des Gesamtsystems beschreiben, nicht ab.

a) Hat die Matrix $\mathbf{k}^0$ keinen negativen Eigenwert, dann ist der stationäre Punkt $\boldsymbol{X}^0$ ein *lokales Minimum*.

Werden eine oder mehrere Koordinaten X_i sehr groß, so hängt U nicht mehr von diesen Koordinaten ab, und es können weitere Eigenwerte von $\mathbf{k}$ verschwinden. In solchen asymptotischen Teilräumen des Kernkonfigurationsraumes treten Minima niedrigerer Dimension auf, wie man sich anhand der Abb. 6 leicht klarmacht.

Unter bestimmten Bedingungen entspricht einem solchen Minimum ein *stabiles Molekül* — hierzu muß die Potentialmulde bei endlichen Kernabständen genügend tief und breit sein sowie entweder tiefer liegen als alle übrigen Potentialbereiche, insbesondere benachbarte Mulden und asymptotische Bereiche, oder von Bereichen niedrigeren Potentials durch genügend hohe Barrieren getrennt sein, so daß zumindest ein stationärer bzw. quasistationärer Zustand der Kernbewegung (Nullpunktschwingung) möglich ist. Gibt es mehrere lokale Minima, so kann das System in mehreren *Isomeren* vorliegen. Die Tiefe einer Mulde relativ zu einem asymptotischen Bereich gibt die (elektronische) *Dissoziationsenergie* der betreffenden Spezies an.

b) Hat die Matrix $\mathbf{k}^0$ einen negativen Eigenwert, so ist $\boldsymbol{X}^0$ ein *einfacher Sattelpunkt*. In Richtung des zugehörigen Eigenvektors ist das Potential konkav, d. h. nach unten gekrümmt (s. Abb. 6). Ein solcher Sattelpunkt entspricht offenbar einer *Übergangskonfiguration* zwischen zwei Gebieten niedrigeren Potentials und kennzeichnet entweder den Übergang zwischen zwei Konformationen oder eine chemische Umlagerung (Dissoziation, Isomerisierung, bimolekularer Austausch).

Weitere Typen stationärer Punkte sind für unsere Zwecke nicht wichtig.

Für die Ermittlung stationärer Punkte von Potentialflächen gibt es verschiedene gut erprobte Methoden, die hier nicht im einzelnen besprochen werden können (vgl. z. B. [12]).

Der in Abschn. 3.1.1.1. anschaulich eingeführte *Minimumweg* als Kurve minimalen Potentials verbindet offenbar Sattelpunkte und lokale Minima (einschl. solcher niedrigerer Dimension in asymptotischen Bereichen). Man bezeichnet daher den Minimumweg häufig auch als *Reaktionsweg*, obgleich bei einer Reaktion der repräsentative Punkt niemals genau diesem Weg folgt (s. Kap. 5.).

Für eine präzise mathematische Definition des Minimumweges hat man verschiedene Möglichkeiten (vgl. [6]); welche dieser Möglichkeiten man wählt, hängt meist davon ab, inwieweit sie sich für ein gegebenes System als Berechnungsverfahren eignet. Bei Potentialflächen mit einem einfachen Sattelpunkt bestimmt man den entsprechenden Minimumweg zweckmäßig so, daß man ausgehend vom Sattelpunkt in Richtung des zum negativen Eigenwert gehörenden Eigenvektors der Kraftkonstantenmatrix dem negativen Gradientenvektor folgt. Dieser Weg steilsten Abstieges (path of steepest descent) hat u. a. die Eigenschaft, daß die durchlaufenen Kernanordnungen sämtlich zur gleichen Symmetriegruppe gehören, solange kein stationärer Punkt erreicht wird; in einem stationären Punkt kann die Symmetrie höher sein als auf dem zugehörigen Minimumweg. Ferner gilt, daß die Symmetrie einer Übergangskonfiguration (im Sattelpunkt) maximal so hoch sein kann wie die Symmetrie der beiden stationären Punkte, zwischen denen sie liegt [6, 13]. Weist der für einen Prozeß bestimmende Potentialflächenbereich keinen Sattelpunkt auf (was z. B. meist der Fall ist bei einem einfachen Bindungsbruch $M - A \rightarrow M + A$), so wird die Ermittlung des Minimumweges recht schwierig.

Obwohl der Ablauf eines Elementarprozesses nicht dem Reaktionsweg folgt, ist dieses Konzept doch nützlich für eine erste Orientierung. Neben Aussagen über bevorzugte Konfigurationen, reaktive Zentren etc. ergibt der Potentialverlauf entlang des Reaktionsweges (ein solches Potentialprofil ist schematisch in Abb. 19 dargestellt) Informationen über die energetischen Erfordernisse für eine Umlagerung; z. B. erhält man aus der Höhe der Potentialbarriere im Sattelpunkt die *Mindestenergie*, die das System (klassisch betrachtet) für den Übergang in die Produktkonfiguration benötigt, und die Energiedifferenz zwischen Reaktant- und Produktseite ist gleich der *Reaktionsenergie* (s. Fußnote S. 41).

Von der Struktur der Potentialfläche, die durch die erwähnten topographischen Eigenschaften charakterisiert wird, hängt es ab, welche Koordinaten für die Durchführung konkreter Berechnungen der Kernbewegung zweckmäßig sind. Dieses Problem kann hier nicht im einzelnen erörtert werden; wir verweisen auf die Literatur [6] und auf Abschn. 8.2.

3.1.2. Kreuzung und vermiedene Kreuzung von Potentialhyperflächen

In der adiabatischen Näherung entspricht jedem Quantenzustand der Elektronenbewegung eine Potentialhyperfläche. Wir hatten im Abschn. 2.2.3. gesehen, daß Übergänge zwischen zwei Elektronenzuständen ($n \to n'$) dann wahrscheinlich werden, wenn der MASSEY-Parameter $\gamma \equiv \Delta U_{nn'} \cdot l/\hbar u$ nicht groß gegen 1 ist. Insbesondere werden also derartige nichtadiabatische Übergänge bei Kernkonfigurationen auftreten, in denen sich zwei (oder mehrere) Potentialhyperflächen nahekommen oder überschneiden, d. h. $\Delta U_{nn'} \approx 0$ oder $= 0$.

Die Diskussion der Bedingungen für eine tatsächliche oder annähernde Überschneidung zweier Potentialhyperflächen geht von der Symmetrie des HAMILTON-Operators $\hat{H}^{e}(\boldsymbol{R})$ bzw. $\hat{H}^{\mathrm{fix}}(\boldsymbol{R})$ aus, der die Elektronenbewegung bestimmt (vgl. Abschn. 2.2.2.). Diese Symmetrie ist durch einen Satz von Transformationen definiert, die den Operator $\hat{H}^{e}(\boldsymbol{R})$ invariant lassen (s. [5, 6, 9]); hierzu gehören die räumlichen Transformationen (Drehungen, Spiegelungen), welche die Kernanordnung in sich überführen und eine Punktgruppe bilden sowie die Permutationen der Elektronenkoordinaten (bei nichtrelativistischer Behandlung der Elektronenbewegung) bzw. die gleichzeitigen Permutationen von Ortskoordinaten und Spinvariablen der Elektronen (im relativistischen Falle, bei spinabhängigem HAMILTON-Operator $\hat{H}^{e}$). Die Symmetrieeigenschaften der adiabatischen Elektronenwellenfunktionen Φ_n in nichtrelativistischer Näherung bei Permutationen der Ortskoordinaten der Elektronen sind durch die Multiplizität charakterisiert.

Im Prinzip können die adiabatischen elektronischen Wellenfunktionen $\Phi_n(\boldsymbol{r}, \boldsymbol{R})$ und die entsprechenden adiabatischen Potentiale $U_n(\boldsymbol{R})$ durch Lösen der Gl. (2.13) erhalten werden. Exakt ist das im allgemeinen nicht möglich; anstelle der Φ_n hat man nur irgendwelche approximativen Eigenfunktionen $\mathring{\Phi}_n$ sowie die entsprechenden Erwartungswerte

$$\mathring{U}_n(\boldsymbol{R}) = \langle\mathring{\Phi}_n|\; \hat{H}^{\mathrm{fix}}\; |\mathring{\Phi}_n\rangle \tag{3.4}$$

zur Verfügung.

Diese Größen $\mathring{\Phi}_n$ und $\mathring{U}_n$ kann man als exakte Eigenfunktionen bzw. Eigenwerte eines approximativen HAMILTON-Operators ${}^{0}\hat{H}^{\mathrm{fix}}$

auffassen,

$$ {}^0\hat{H}^{\mathrm{fix}}\mathring{\Phi}_n = \mathring{U}_n\,\mathring{\Phi}_n, \tag{3.5} $$

wobei sich ${}^0\hat{H}^{\mathrm{fix}}$ von $\hat{H}^{\mathrm{fix}}$ durch einen Anteil

$$ \hat{Y} \equiv \hat{H}^{\mathrm{fix}} - {}^0\hat{H}^{\mathrm{fix}} \tag{3.6} $$

unterscheidet, der in geeigneter Weise als Korrekturterm im Sinne der Störungstheorie zu berücksichtigen wäre. Den Funktionensatz der $\mathring{\Phi}_n$ bezeichnen wir als *approximative adiabatische Basis.*

Gewöhnlich hat ${}^0\hat{H}^{\mathrm{fix}}$ eine höhere Symmetrie (mehr mögliche Symmetrieoperationen) als $\hat{H}^{\mathrm{fix}}$, und der Unterschied zwischen $U_n(\boldsymbol{R})$ und $\mathring{U}_n(\boldsymbol{R})$ ist wesentlich durch die Verringerung der Symmetrie bei Einbeziehung der Korrektur $\hat{Y}$ bedingt. Der wichtigste Effekt einer solchen Symmetriereduktion kann darin bestehen, daß sich zwei Potentialflächen $\mathring{U}_n$ und $\mathring{U}_{n'}$ kreuzen, während das bei U_n und $U_{n'}$ nicht mehr der Fall ist. Bei kleinem Störterm $\hat{Y}$ werden U_n und $U_{n'}$ im Kreuzungsbereich von $\mathring{U}_n$ und $\mathring{U}_{n'}$ einander sehr nahekommen; dieses Verhalten wird als *vermiedene Kreuzung* oder Pseudokreuzung bezeichnet (vgl. [6, 14, 15]). Um zu entscheiden, ob U_n und $U_{n'}$ eine vermiedene Kreuzung oder eine echte Kreuzung aufweisen, muß man feststellen, welchen Symmetriespezies der niedrigeren Symmetriegruppe die zur höheren Symmetriegruppe gehörenden Funktionen $\mathring{\Phi}_n$ und $\mathring{\Phi}_{n'}$ entsprechen.

Betrachten wir etwas genauer einen einfachen Fall, ein System dreier Atome ABC. Der Hamilton-Operator $\hat{H}^{\mathrm{fix}}$ hängt von drei Koordinaten Q_1, Q_2, Q_3 (im folgenden zu einem Vektor $\boldsymbol{Q}$ zusammengefaßt) ab, welche die Konfiguration des Dreiecks ABC festlegen; hierzu kann man beispielsweise den Abstand R_{BC} der beiden Atome B und C, den Abstand $R_{\mathrm{A,BC}}$ zwischen dem Atom A und dem Schwerpunkt von BC sowie den Winkel α zwischen den Vektoren $\boldsymbol{R}_{\mathrm{A,BC}}$ und $\boldsymbol{R}_{\mathrm{BC}}$ verwenden (s. Abb. 8). Für das System ABC existiert im allgemeinen Fall nur eine einzige, von der Identi-

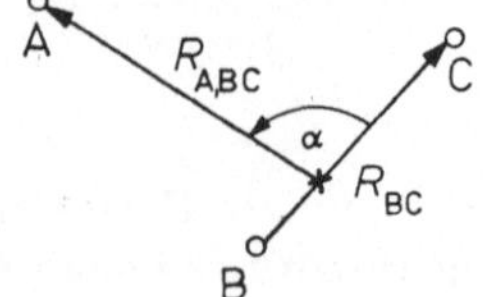

Abb. 8. Interne Koordinaten für ein Dreiteilchensystem

tät verschiedene Symmetrieoperation – die Spiegelung an der Ebene der drei Atome (Punktgruppe C_s). Nehmen wir an, daß die Wellenfunktionen zu $\hat{H}^{\text{fix}}$ die Basis einer eindeutigen Darstellung der Punktgruppe des Systems ABC bilden; das ist realisiert, wenn die Gesamtzahl der Elektronen der drei Atome gerade ist oder wenn die magnetischen (relativistischen) Wechselwirkungen vernachlässigt werden. Dann zerfällt die Gesamtheit der Elektronenzustände in zwei Typen – symmetrische Zustände A′ und antisymmetrische Zustände A″ bezüglich der Spiegelung an der genannten Ebene. Da es nur zwei Symmetriespezies gibt, ist die aus Symmetriebetrachtungen erhältliche Information über die Struktur der Terme hier weit geringer als im Fall zweier Atome (Symmetriegruppe $\mathsf{C}_{\infty v}$ oder $\mathsf{D}_{\infty h}$); von besonderem Interesse sind somit solche Kernkonfigurationen, die eine erhöhte Symmetrie aufweisen. Die Folgerungen, die sich aus einer Betrachtung symmetrischer Systeme ergeben, kann man gewöhnlich in qualitativer Form auf asymmetrische Systeme übertragen, was zuweilen eine Vorhersage des allgemeinen Charakters der Terme ermöglicht.

Die höchste Symmetrie kann ein System dreier gleichartiger Atome A_3 besitzen. Für ein solches System lassen sich die Gruppen $\mathsf{C}_{\infty v}$, $\mathsf{D}_{\infty h}$, ferner D_{3h}, C_{2v} und C_s realisieren; die Korrelation zwischen diesen zeigt Abb. 9a. Bei einem System A_2B sind die Punktgruppen $\mathsf{D}_{\infty h}$, $\mathsf{C}_{\infty v}$, C_{2v} und C_s möglich (Abb. 9b). Die Symmetrieoperationen dieser Gruppen sind Spiegelungen σ, Drehungen $C(\varphi)$ um Winkel φ oder C_n um Winkel $2\pi/n$ um die vertikale Achse (die Achse höchster Symmetrie), Drehungen C_2' um den Winkel π um eine horizontale Achse, sowie Drehspiegelungen $S(\varphi)$ und S_n.

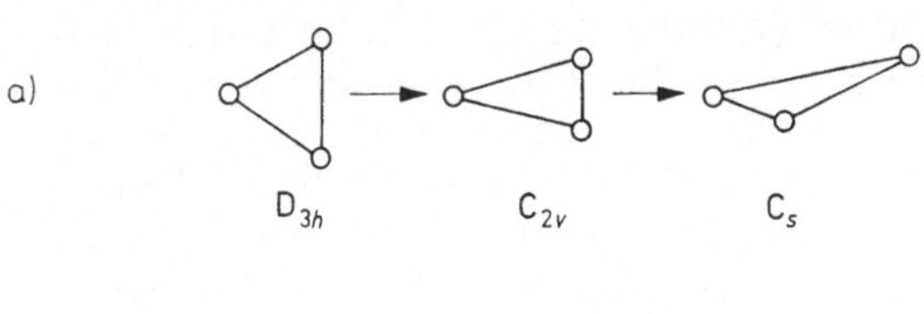

Abb. 9. Anordnungen verschiedener Symmetrie für Systeme des Typs a) A_3, b) A_2B

Diese Symmetrieoperationen sind in Abb. 10 entsprechend ihren gruppentheoretischen Standardbezeichnungen [5, 16] dargestellt. Das dreiatomige System liegt in der Ebene xz, die Spiegelung an dieser Ebene ist mit σ (für C_s), σ_v (für C_{2v}) bzw. σ_h (für D_{3h}) bezeichnet. Die z-Achse liegt in Richtung einer Achse zweiter Ordnung der Gruppen C_{2v} oder D_{3h}; eine Drehung um diese Achse um den Winkel π bezeichnet man mit C_2 bzw. C_2'. Ferner bedeuten σ_v' eine Spiegelung an der zy-Ebene und C_3 bzw. S_3 Drehungen bzw. Drehspiegelungen um den Winkel $2\pi/3$ um die Achse dritter Ordnung des Systems A_3. Drehungen um die Achse x des linearen symmetrischen Systems A_3 oder ABA sind mit $C'(\varphi)$, Drehspiegelungen um diese Achse mit $S'(\varphi)$ bezeichnet.

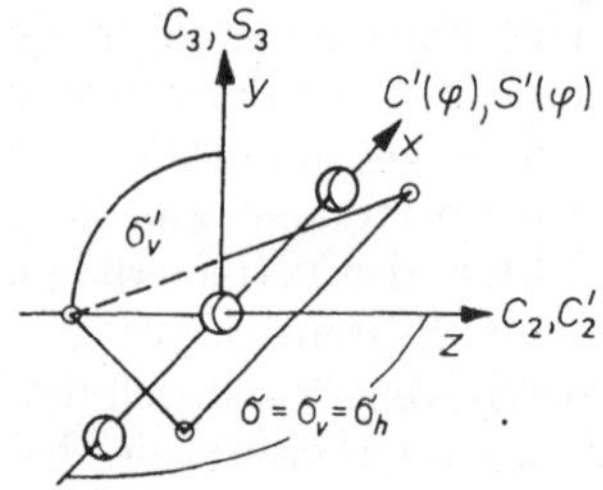

Abb. 10. Zur Erläuterung der geometrischen Symmetrieoperationen für ein Dreiteilchensystem

In jeder symmetrischen Kernkonfiguration lassen sich die Elektronenzustände des Systems nach den irreduziblen Darstellungen der entsprechenden Punktgruppe klassifizieren, und bei Änderung der Symmetrie korrelieren die Terme adiabatisch. Die Tab. 1 und 2 zeigen die Korrelation der Symmetrieoperationen und der irreduziblen Darstellungen der oben erwähnten Punktgruppen. Im Unterschied zu üblichen Tabellen dieser Art sind hier für zweifach entartete Darstellungen diejenigen Komponenten ihrer Charaktere angegeben, die sich auf die bei Symmetrieerniedrigung entstehenden Darstellungen beziehen. Auf der Grundlage dieser Tabellen erhält man leicht die Auswahlregeln für die Matrixelemente der die Symmetrieerniedrigung bewirkenden Wechselwirkung $\hat{Y}$, bezogen auf die Basis $\mathring{\Phi}_n$ der Eigenfunktionen zum Hamilton-Operator ${}^0\hat{H}^{\mathrm{fix}}$ höherer Symmetrie.

Wenden wir uns nun der Frage zu, welche Typen von Potentialflächenkreuzungen möglich sind. Dieses Problem kann im Rahmen der gleichen Betrachtungsweise untersucht werden, wie sie

Tabelle 1
Korrelation von Symmetrieoperationen und irreduziblen Darstellungen der Punktgruppen eines Systems dreier identischer Atome

C_s			E	σ_h				
	C_{2v}		E	σ_v	C_2	σ_v'		
		D_{3h}	E	σ_h	$3C_2'$	$3\sigma_v'$	$2C_3$	$2S_3$
A′	A_1	A_1'	1	1	1	1	1	1
A′	B_1	A_2'	1	1	−1	−1	1	1
A″	A_2	A_1''	1	−1	1	−1	1	−1
A″	B_2	A_2''	1	−1	−1	1	1	−1
A′	A_1		1	1	1	1		
		E′	2	2	0	0	−1	−1
A′	B_1		1	1	−1	−1		
A″	A_2		1	−1	1	−1		
		E″	2	−2	0	0	−1	1
A″	B_2		1	−1	−1	1		

der Kreuzungsregel für adiabatische Terme zweiatomiger Systeme zugrunde liegt (s. [16, 17]). Das Verschwinden der Differenz $\triangle U$ zweier Terme U_1 und U_2 an einem bestimmten Punkt $\boldsymbol{Q}^\times$, wenn diese Terme im Punkt $\boldsymbol{Q}$ einander nahe sind, erfordert die Erfüllung zweier Bedingungen; es muß nämlich sowohl die Differenz $\triangle H(\boldsymbol{Q}^\times)$ der Diagonalelemente als auch das Nichtdiagonalelement $H_{12}(\boldsymbol{Q}^\times)$ des Hamilton-Operators $\hat{H}^{\text{fix}}(\boldsymbol{Q}^\times)$, gebildet mit der Basis $\{\Phi_1(\boldsymbol{Q}), \Phi_2(\boldsymbol{Q})\}$, Null werden [16—19]:

$$\triangle H(\boldsymbol{Q}^\times) = \langle\Phi_1(\boldsymbol{Q})|\, \hat{H}^{\text{fix}}(\boldsymbol{Q}^\times)\, |\Phi_1(\boldsymbol{Q})\rangle - \langle\Phi_2(\boldsymbol{Q})|\, \hat{H}^{\text{fix}}(\boldsymbol{Q}^\times)\, |\Phi_2(\boldsymbol{Q})\rangle, \tag{3.7}$$

$$H_{12}(\boldsymbol{Q}^\times) = \langle\Phi_1(\boldsymbol{Q})|\, \hat{H}^{\text{fix}}(\boldsymbol{Q}^\times)\, |\Phi_2(\boldsymbol{Q})\rangle. \tag{3.8}$$

Für einen Hamilton-Operator $\hat{H}^{\text{fix}}$ allgemeiner Form, der elektrostatische und magnetische Wechselwirkungen einschließt und bezüglich einer Umkehr der Zeitrichtung invariant ist, muß man verschiedene Fälle unterscheiden, bei denen diese Bedingungen im Punkt $\boldsymbol{Q}^\times$ erfüllt werden können.

Tabelle 2
Korrelation von Symmetrieoperationen und irreduziblen Darstellungen der Punktgruppen eines Systems dreier Atome A — B — A

C_s				E		σ					
		C_{2v}		$E = C(0)$		σ_v		$C_2 = \Sigma(0)$		$\sigma_v{}' = S'(0)$	
			$D_{\infty h}$	$C'(\varphi)$		σ_v		$\Sigma(\varphi) = \sigma_v S'(\varphi)$		$S'(\varphi) = IC'(\varphi + \pi)$	
A′	Σ^+	A_1	Σ_g^+	1		1		1		1	
A″	Σ^-	B_2	Σ_g^-	1		−1		−1		1	
A′	Σ^+	B_1	Σ_u^+	1		1		−1		−1	
A″	Σ^-	A_2	Σ_u^-	1		−1		1		−1	
A′	Λ	A_1	Λ_w	$2\cos\Lambda\varphi$	1	0	1	0	1	$(-1)^\Lambda\, 2\cos\Lambda\varphi$	1
A″		B_2	$w = (-1)^\Lambda$		1		−1		−1		1
A′	Λ	B_1	Λ_w	$2\cos\Lambda\varphi$	1	0	1	0	−1	$-(-1)^\Lambda\, 2\cos\Lambda\varphi$	−1
A″		A_2	$w = -(-1)^\Lambda$		1		−1		1		−1
	$C_{\infty v}$			$C'(\varphi)$		σ_v					

1. Wenn im betrachteten System die *Elektronenzahl gerade* ist, dann können die Funktionen $\Phi_1(Q)$ und $\Phi_2(Q)$ so gewählt werden, daß sie sich bei Änderung des Vorzeichens der Zeitvariablen nicht ändern [20]. Dabei können $\Phi_1(Q)$ und $\Phi_2(Q)$ verschiedene (Fall 1a) oder gleiche (Fall 1b) Symmetrie in bezug auf die Gruppe des HAMILTON-Operators $\hat{H}^{\text{fix}}(Q^\times)$ besitzen.

Liegt der Fall 1a vor, so wird $H_{12}(Q^\times)$ identisch Null und Gl. (3.7) stellt eine Bedingung für die drei Koordinaten $Q_1^\times$, $Q_2^\times$, $Q_3^\times$ dar. Dann schneiden sich die dreidimensionalen Hyperflächen von Zuständen verschiedener Symmetrie, die Schnittgebiete sind zweidimensionale Mannigfaltigkeiten; zweidimensionale Projektionen dieser Hyperflächen, wie sie gewöhnlich als Konturdiagramme oder perspektivische Bilder dargestellt werden, schneiden sich entlang einer eindimensionalen Mannigfaltigkeit, d. h. einer Kurve.

Liegt der Fall 1b vor, so haben wir in den Gln. (3.7) und (3.8) zwei Bedingungen für drei Koordinaten. Die dreidimensionalen Hyperflächen von Zuständen gleicher Symmetrie haben daher im allgemeinen ein eindimensionales Schnittgebiet, zweidimensionale Projektionen der Hyperflächen schneiden sich in einem Punkt.

2. Wenn im betrachteten System die *Elektronenzahl ungerade* ist, dann bildet jeder Zustand ein sog. KRAMERS-Dublett (vgl. [9]). Zwei Termen U_1 und U_2 entsprechen dabei vier Funktionen $\Phi_1^{(1)}(Q)$, $\Phi_1^{(2)}(Q)$ und $\Phi_2^{(1)}(Q)$, $\Phi_2^{(2)}(Q)$, so daß die Anzahl der Bedingungen für die Koordinaten $Q_i^\times$, die durch die Ordnung der HAMILTON-Matrix der benachbarten Zustände bestimmt wird, wächst: anstelle zweier Bedingungen (3.7) und (3.8) erhält man fünf [20]. Das bedeutet im allgemeinen ein Verbot für das Überschneiden der beiden Terme.

Einen besonderen Fall haben wir, wenn die magnetischen Wechselwirkungen schwach sind, so daß man sie nicht in den HAMILTON-Operator $\hat{H}^{\text{fix}}$ einzubeziehen braucht. Das hat zur Folge, daß erstens der Gesamtspin S des Systems eine gute Quantenzahl ist, und zweitens können Φ_1 und Φ_2 durch die Symmetrie ihrer Ortsanteile charakterisiert werden. Unabhängig von der Elektronenzahl liegt dann der Fall 1 vor: dreidimensionale Hyperflächen verschiedener Multiplizität schneiden sich in zweidimensionalen Mannigfaltigkeiten und Hyperflächen gleicher Multiplizität in zweidimensionalen oder eindimensionalen Mannigfaltigkeiten — je nachdem, ob bezüglich der räumlichen Symmetrie der Funktionen Φ_1 und Φ_2 Fall 1a oder Fall 1b vorliegt.

Diese Regeln lassen sich auf den Fall der Überschneidung von mehr als zwei Termen sowie auf mehrdimensionale Probleme (mehr als drei Kernfreiheitsgrade) verallgemeinern [20]. Die Kernanordnungen, bei denen eine Kreuzung oder vermiedene Kreuzung von Potentialflächen eintritt, bilden im $(3N_k - 6)$-dimensionalen Kernkonfigurationsraum Mannigfaltigkeiten niedrigerer Dimensionen, die man generell als *Kreuzungssaum* bezeichnet.

Die relative Lage zweier sich schneidender Terme in der Nähe ihrer Schnittstelle ergibt sich durch Lösen einer Gleichung zweiten Grades und Darstellung von ΔH und H_{12} in Form einer Reihenentwicklung nach den Verschiebungen $\Delta Q_i \equiv Q_i - Q_i^\times$. Bei kleinen ΔQ_i kann man sich mit den linearen Gliedern begnügen:

$$\Delta U(\Delta \boldsymbol{Q}) = \left\{\left[\sum_i (\partial \Delta H/\partial Q_i)\, \Delta Q_i\right]^2 + 4\left[\sum_i (\partial H_{12}/\partial Q_i)\, \Delta Q_i\right]^2\right\}^{1/2}\Bigg|_{Q_i = Q_i^\times}. \tag{3.9}$$

Das ist die Gleichung eines dreidimensionalen Doppelkegels, der bei identischem Verschwinden von H_{12} in zwei sich schneidende Ebenen entartet. Für zweidimensionale Projektionen der Hyperflächen bleibt natürlich der Charakter der Kreuzungen erhalten — ein zweidimensionaler Doppelkegel oder Schnitt von Ebenen. Ein Beispiel für eine solche Kreuzung ist in Abb. 11 dargestellt, welche die Potentialflächen eines hypothetischen Systems zeigt, bestehend aus einem in Zuständen S oder P in Wechselwirkung mit einem homonuklearen Molekül mit abgeschlossenen Elektronen-

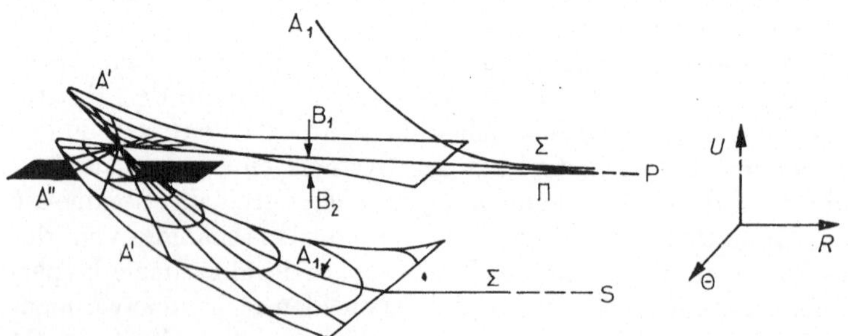

Abb. 11. Kreuzungsverhalten von Potentialflächen der Wechselwirkung eines Atoms in S- oder P-Zuständen mit einem homonuklearen zweiatomigen Molekül mit abgeschlossenen Elektronenschalen

schalen (etwa ein Alkalimetallatom und ein H_2-Molekül). Der Kernabstand R_{BC} im Molekül wird als fixiert angenommen, $R \equiv R_{A,BC}$ bezeichnet den Abstand des Atoms vom Schwerpunkt des Moleküls, und der Winkel θ charakterisiert die Abweichung der Kernanordnung vom gleichschenkligen Dreieck ($\theta = 0$ entspricht der Symmetrie C_{2v}). Wie man aus Tab. 1 sieht, korrelieren die sich in C_{2v}-Konfigurationen schneidenden Terme A_1 und B_1 bei Verminderung der Symmetrie auf C_s mit A'-Termen. Infolgedessen erhalten wir eine konische (oder „trichterförmige") Kreuzung. Die Terme A' und A'', die aus den Termen A_1 und B_2 hervorgehen, schneiden sich in einer Linie, und in der Nähe dieser Linie haben die Potentialflächen die Form von Ebenen.

In solchen Fällen, in denen aus Symmetriegründen einige Ableitungen unter der Wurzel in Gl. (3.9) verschwinden, muß man die Entwicklung bis zu quadratischen Gliedern in $\Delta \boldsymbol{Q}$ fortsetzen. Beispielsweise ergibt das Verschwinden der Ableitung nach der Koordinate Q_1 für die Potentialflächen im Raum Q_1, Q_2 ein „Doppelboot"; ein solches entsteht im oben beschriebenen System in der Konfiguration eines gleichschenkligen Dreiecks ($\theta = 0$) bei Veränderung der Koordinate $Q_1 = R_{BC} - R_{BC}^0$ in der Umgebung des Gleichgewichtskernabstandes R_{BC}^0 des zweiatomigen Moleküls (s. Abb. 12).

Einen Grenzfall eines „Doppelbootes" hat man, wenn die Kreuzung bei unendlich großem Abstand zwischen Atom und Molekül auftritt, wobei dieser Kreuzung im Konfigurationsraum der drei Kerne ein Schnittpunkt von Termen des freien zweiatomigen Moleküls entspricht. In diesem Fall verschwindet bei $R_{A,BC} \to \infty$ nicht nur die erste Ableitung der Wechselwirkung

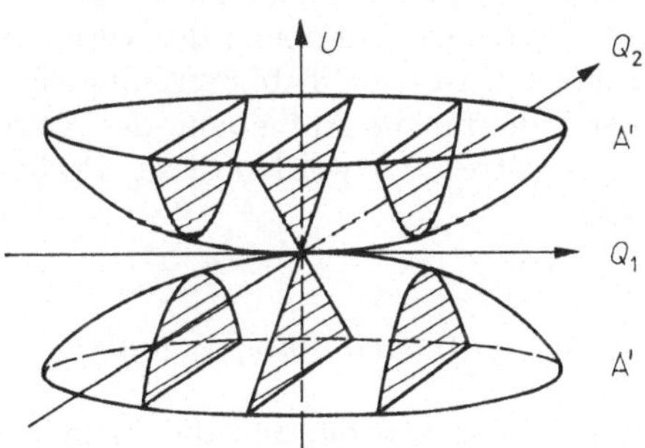

Abb. 12. Berührung zweier Potentialflächen: Doppelbootform

nach $R_{A,BC}$, sondern auch alle höheren Ableitungen. Anstelle eines „Doppelbootes" gibt es nur eine Hälfte davon; die Potentialflächen bleiben auf einem großen Teil des $R_{A,BC}$-Bereiches nahe benachbart und bilden einen Saum. Das qualitative Verhalten solcher Flächen ist in Abb. 13 gezeigt; nichtadiabatische Übergänge zwischen ihnen werden in Abschn. 6.4. untersucht.

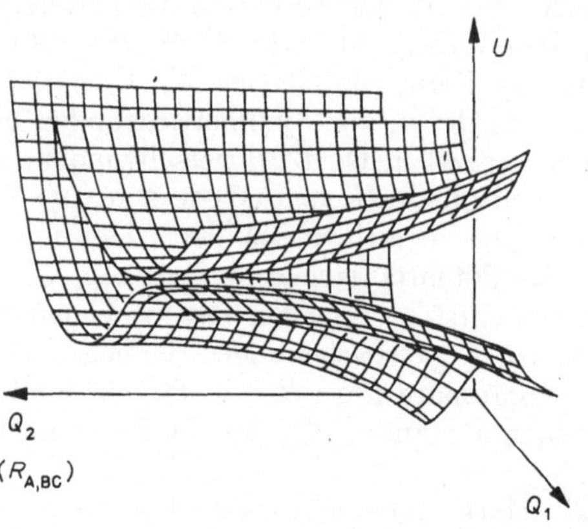

Abb. 13. Vermiedene Kreuzung: Kreuzungssaum als Grenzfall eines Doppelbootes

Wir bemerken schließlich, daß bei einer Überschneidung von Termen in einer linearen Konfiguration der Atome das Bild wesentlich komplizierter wird. Das hängt damit zusammen, daß im linearen Fall eine zusätzliche Entartung der Terme infolge der axialen Symmetrie möglich ist. Die Tab. 2 erlaubt eine Klassifizierung verschiedener Fälle für die Aufhebung der Entartung bei Verminderung der Symmetrie; wir werden dieses Problem jedoch nicht näher behandeln.

3.2. Bestimmung von Wechselwirkungspotentialen

Bisher waren wir davon ausgegangen, daß die Elektronenenergie $E_n^e(\boldsymbol{R})$ und damit das Potential $U_n(\boldsymbol{R})$ als Funktionen der Kernkonfiguration bekannt seien. Wir wenden uns nun der Ermittlung derartiger Potentialfunktionen zu.

3.2.1. Einige Probleme der Berechnung von Potentialhyperflächen

Im Prinzip hat man bei der Berechnung der Potentialfunktionen $U_n(\boldsymbol{R})$ als Eigenwerte der Gleichung

$$\hat{H}^{\text{fix}}\Phi_n(\boldsymbol{r}, \boldsymbol{R}) = U_n(\boldsymbol{R})\,\Phi_n(\boldsymbol{r}, \boldsymbol{R}) \qquad (3.10)$$

mit $\hat{H}^{\text{fix}} = \hat{H}^{\text{e}} + V^{\text{kk}}$ die gleiche Aufgabe zu lösen wie bei der Bestimmung der Elektronenterme eines Moleküls. Hierbei treten jedoch mehrere, für das Problem charakteristische Schwierigkeiten auf:

1. Die Abhängigkeit der Elektronenenergie $E_n^{\text{e}}(\boldsymbol{R})$ von der Kernkonfiguration $\boldsymbol{R}$ wird durch den relativ komplizierten Anteil $V^{\text{ke}}(\boldsymbol{r}, \boldsymbol{R})$, Gl. (2.1d), des elektronischen Hamilton-Operators $\hat{H}^{\text{e}}$ bestimmt. Auch bei den einfachsten Näherungsansätzen erhält man daher die $\boldsymbol{R}$-Abhängigkeit von $E_n^{\text{e}}(\boldsymbol{R})$ nicht in geschlossener analytischer Form, sondern muß jeweils eine feste Kernanordnung $\boldsymbol{R}'$ vorgeben und zu jedem solchen Punkt im Kernkonfigurationsraum die Eigenwerte $E_n^{\text{e}}(\boldsymbol{R}')$ und die zugehörigen Eigenfunktionen $\Phi_n(\boldsymbol{r}, \boldsymbol{R}')$ berechnen. Durch Hinzufügen der Werte $V^{\text{kk}}(\boldsymbol{R}')$ für die Kernabstoßung ergeben sich die entsprechenden Potentialwerte $U_n(\boldsymbol{R}')$.
Die Überführung einer solchen punktweise numerisch (als Zahlentabelle) ermittelten Potentialfunktion in eine *analytische Form*, wie sie in den anschließenden Berechnungen der Kernbewegung benötigt wird (s. insbesondere Kap. 4.), erweist sich als ein recht schwieriges Problem. In Abschn. 3.3. kommen wir darauf zurück.

2. Für die Berechnung eines molekularen Stoßprozesses wird das Potential $U_n(\boldsymbol{R})$ im gesamten energetisch zugänglichen Bereich des Kernkonfigurationsraumes (überall dort, wo U_n kleiner als die Gesamtenergie $\mathcal{E}$ ist) benötigt. Man muß also die elektronische Schrödinger-Gleichung (3.10) für eine *große Anzahl von Kernkonfigurationen* $\boldsymbol{R}$ lösen. Berechnet man für jeden inneren Freiheitsgrad h Punkte, so ist der Aufwand proportional zu h^g mit $g = 3N_{\text{k}} - 6$, dies ergibt bei einem dreiatomigen System mit $h = 10$ bereits 1000 Punkte!

3. Vereinfachungen der Rechnungen durch Ausnutzung von Symmetrien der Kernanordnung sind nur in beschränktem Maße möglich, da die meisten der Kernanordnungen $\boldsymbol{R}$ *niedrige Symme-*

trie haben. Bei dreiatomigen Systemen ermöglichen im allgemeinen Falle (A, B und C verschiedene Atome) nur die linearen Anordnungen (Symmetriegruppe $C_{\infty v}$) wesentliche Vereinfachungen.

4. Die erforderliche *Genauigkeit* ist zumindest in der Umgebung der stationären Punkte und der Minimumwege hoch; insbesondere muß man also Lage, Tiefe und Form von Potentialmulden sowie Lage, Höhe und Form von Potentialbarrieren sehr genau kennen (Toleranz einige kJ/mol), wenn quantitative Voraussagen benötigt werden. Dabei genügt es im allgemeinen, wenn die berechneten Potentialflächen genügend genau parallel zu den „exakten" verlaufen.

5. Da die Potentialfunktionen $U_n(\boldsymbol{R})$ strenggenommen *keine Observablen*, sondern theoretische Hilfsgrößen sind, die auf Grund der Born-Oppenheimer-Separation in Erscheinung treten, lassen sich berechnete Potentialflächen nicht direkt experimentell überprüfen. Wir kommen auf diese besondere Schwierigkeit im Abschn. 3.2.5. zurück.

3.2.2. *Exkurs: Quantenchemische Berechnungsmethoden*

Für die Bestimmung der stationären Zustände eines Systems von N_e Elektronen im Felde einer starren, raumfesten Anordnung von Kernen hat die Quantenchemie in den zurückliegenden beiden Jahrzehnten eine Reihe leistungsfähiger Methoden entwickelt (vgl. hierzu [5, 6]), die im Prinzip — allerdings bei noch recht hohem Aufwand und Einsatz moderner Computer — eine sehr genaue Annäherung an die elektronischen Eigenwerte E_n^e bzw. U_n und Eigenfunktionen Φ_n ermöglichen.

Die meisten quantenchemischen Methoden gehen von einem vereinfachten Problem aus, das darin besteht, zunächst anzunehmen, die Bewegung der Elektronen verlaufe trotz der zwischen ihnen wirkenden Coulomb-Kräfte statistisch unabhängig, soweit das mit dem Pauli-Prinzip verträglich ist. Einem solchen „Modell unabhängiger Elektronen" entspricht eine Wellenfunktion $\tilde{\Phi}$, die sich in Form eines antisymmetrischen Produktes (das sich auch als Determinante schreiben läßt) aus Einelektronenwellenfunktionen $\psi_k(\boldsymbol{r}, s; \boldsymbol{R})$ zusammensetzt [5]:

$$\tilde{\Phi} = (N_e!)^{-1/2} \det \{\psi_1(1) \ldots \psi_{N_e}(N_e)\}. \tag{3.11}$$

Hier bezeichnet s die z-Komponente des Spins eines Elektrons, welche die Werte $+\hbar/2$ oder $-\hbar/2$ annehmen kann. Wir schreiben die Elektronenwellenfunktionen auch in nichtrelativistischer Näherung (in der ja der Spin nicht explizite in Erscheinung tritt) als spinabhängige Funktionen, weil sich so die Paulische Antisymmetrieforderung einfacher erfüllen läßt [5]. Zur bequemeren Schreibweise geben wir ferner anstelle der Ortsvektoren $\boldsymbol{r}_\varkappa$ und der Spinvariablen $s_\varkappa$ des Elektrons $\varkappa$ einfach den Index $\varkappa$ an. Die „Spinorbitale“ ψ_k hängen natürlich ebenfalls parametrisch von der Kernkonfiguration $\boldsymbol{R}$ ab. Werden diese Spinorbitale, die man als Linearkombinationen von sog. Basisfunktionen ansetzt, nach dem Variationsprinzip unter Einhaltung gewisser Nebenbedingungen (Orthonormierung der ψ_k) so bestimmt, daß sich der tiefstmögliche Energieerwartungswert $E^{\mathrm{e,HF}}$ ergibt, so erhält man die sog. HARTREE-FOCK-Näherung Φ^{HF} für den Elektronengrundzustand. In dieser Näherung fehlen, wenn man von relativistischen Effekten absieht, die Einflüsse der Korrelation der Bewegungen der Elektronen auf Grund ihrer gegenseitigen COULOMB-Abstoßung. Die Korrelationsfehler, d. h. die Differenz zur exakten nichtrelativistischen Lösung $\Phi_{\mathrm{nr}} \equiv \Phi$:

$$\Phi^{\mathrm{korr}} = \Phi - \Phi^{\mathrm{HF}}, \tag{3.12}$$

$$\langle G \rangle^{\mathrm{korr}} = \langle G \rangle - \langle G \rangle^{\mathrm{HF}}, \tag{3.13}$$

wobei $\langle G \rangle \equiv \langle \Phi | \hat{G} | \Phi \rangle$ den Erwartungswert einer physikalischen Größe G bezeichnet, lassen sich näherungsweise durch Beiträge weiterer Funktionen Φ_I ausdrücken, die aus Φ^{HF} dadurch entstehen, daß ein oder mehrere Elektronen in energetisch höhergelegene und räumlich anders lokalisierte Einelektronzustände angehoben werden. Bildlich gesprochen wird dadurch den Elektronen die Möglichkeit gegeben, einander auszuweichen und auf diese Weise der COULOMB-Abstoßung Rechnung zu tragen. Die Energie sinkt dabei ab, das System ist gegenüber der HARTREE-FOCK-Näherung stabilisiert. Praktisch alle heute verwendeten Methoden beruhen auf einer derartigen Konfigurationenüberlagerung (configuration *interaction*, *CI*). Hinsichtlich weiterer Einzelheiten müssen wir auf die Literatur verweisen (vgl. z. B. [5, 6]).

Zur Terminologie ist noch anzumerken, daß man solche Methoden, die

a) im Rahmen der gewählten nichtrelativistischen oder relativistisch korrigierten Näherung keine Wechselwirkungen im elektronischen HAMILTON-Operator vernachlässigen und

b) außer den Werten für Masse, Ladung und Spin der Kerne und Elektronen sowie den Naturkonstanten h (PLANCKsche Konstante) und c (Lichtgeschwindigkeit im Vakuum) keine weiteren empirischen Daten verwenden,

als *Ab-initio-Methoden* bezeichnet [6]. Bei *halbempirischen Methoden* hingegen werden bestimmte Rechengrößen (molekulare Integrale, Matrixelemente) an experimentellen Daten justiert.

3.2.3. *Zum gegenwärtigen Stand von Potentialflächenberechnungen für chemische Wechselwirkungen*

Aus den im Abschn. 3.2.1. dargestellten Schwierigkeiten ist zu folgern, daß die Berechnung von Potentialflächen in weiten Bereichen, wie sie für die Kernbewegung bei einem molekularen Stoßprozeß bestimmend sind, den Einsatz von Ab-initio-Methoden oder von der Spezifik des Problems besonders angepaßten halbempirischen Methoden erfordert. Auf Grund der Genauigkeitsanforderungen werden sogar im allgemeinen solche Näherungen nötig sein, welche die Elektronenkorrelation erfassen.

3.2.3.1. *Ab-initio-Berechnungen*

Welche Näherungsstufe für die Potentialflächenberechnung ausreicht, hängt vom jeweiligen System ab. Von besonderem Interesse sind zunächst solche Fälle, die in der Hartree-Fock-Näherung hinreichend gut beschrieben werden.

Hartree-Fock-*Näherung*

Im Vergleich zu den exakten Potentialflächen sind Hartree-Fock-Potentialflächen im allgemeinen energetisch stark angehoben und deformiert: u. a. sind stationäre Punkte und Minimumwege verschoben, Muldentiefen und Barrierenhöhen werden falsch wiedergegeben. Die physikalischen Ursachen für diese Mängel liegen darin, daß

1. die Hartree-Fock-Näherung bei Vergrößerung der Kernabstände in der Regel nicht richtig in Fragmentfunktionen zerfällt und

2. die Korrelationsfehler sich besonders stark in solchen Kernkonfigurationsbereichen ändern, in denen Elektronenpaare getrennt oder gebildet werden. Ferner fehlt die langreichweitige (attraktive) Dispersionswechselwirkung, was allerdings für chemische Prozesse meist nicht sehr wesentlich ist.

Betrachten wir als Beispiel das System H_3; die Form der Potentialfläche für den Elektronengrundzustand und lineare Kernanordnungen ist qualitativ in den Abb. 6 und 7 dargestellt. In der Hartree-Fock-Näherung erhält man demgegenüber ein stark überhöhtes Dissoziationsplateau (Bereich mit R_{AB}, $R_{BC} \to \infty$); die Talsohle in den Außenbereichen ($R_{AB} = R^0_{AB}$; $R_{BC} \to \infty$ bzw. $R_{BC} = R^0_{BC}$; $R_{AB} \to \infty$) ist um rund 1 eV angehoben und der Minimumweg um einige pm zu kleineren Kernabständen verschoben. Die Umlagerungsbarriere ergibt sich zu 1,09 eV, zweieinhalbmal so hoch wie der exakte Wert 0,42 eV.

In speziellen Fällen aber kann die HARTREE-FOCK-Näherung durchaus brauchbare Resultate liefern, und zwar dann, wenn sich im durchlaufenen Kernkonfigurationsbereich die Elektronenpaardichteverteilungen [5] (vereinfacht ausgedrückt, die Elektronenpaarungsverhältnisse) nicht wesentlich ändern. Zu den Prozessen, die diese Voraussetzung erfüllen und bei denen exakte und HARTREE-FOCK-Potentialfläche annähernd parallel verlaufen, gehören [21]:

a) Änderungen der Molekülkonformation (Inversion, innere Rotation)

b) Nichtreaktive Wechselwirkungen zwischen Spezies mit abgeschlossenen Elektronenschalen

Beispiele hierfür bilden Wechselwirkungen von Edelgasatomen (He + He, He + Ne usw.), von Edelgasatomen mit Ionen in Edelgaselektronenkonfiguration (Li^+ + Ne) sowie von Atomen oder Ionen in Edelgaselektronenkonfiguration mit Molekülen in Zuständen mit abgeschlossener Schalenstruktur (He + H_2, Li^+ + N_2, Li^+ + H_2O, F^- + H_2O u. a.).

c) Umlagerungen mit Erhaltung der abgeschlossenen Schalenstruktur

Typisch für derartige Prozesse sind bimolekulare nukleophile Substitutionen (S_N2) des Typs

$$X^- + CH_3Y \to XCH_3 + Y^- \tag{3.14}$$

mit X und Y = H oder F: Reaktanten und Produkte besitzen abgeschlossene Elektronenschalen, und diese Elektronenstruktur bleibt während der Umlagerung für das Gesamtsystem weitgehend erhalten.

Hierbei wie bei anderen Potentialberechnungen in HARTREE-FOCK-Näherung sind allerdings sehr gute Basissätze [6] erforderlich, wenn Barrieren gut wiedergegeben werden sollen. Die annähernde Parallelität der erhaltenen zu den exakten Potentialflächen ist durch Testrechnungen mit korrelierten Näherungen nachzuprüfen (vgl. [21]).

Ein weiteres Beispiel, für welches die abgeschlossene Schalenstruktur annähernd erhalten bleibt, ist die Protonenübertragung

$$HeH^+ + H_2 \rightarrow He + H_3^+ \tag{3.15}$$

bei niedrigen Energien.

d) Weitere Umlagerungen ohne Änderung der Elektronenpaarstruktur

Die HARTREE-FOCK-Näherung kann auch dann ausreichen, wenn an dem Prozeß ein Partner mit nichtabgeschlossenen Elektronenschalen beteiligt ist, sofern keine Elektronenpaare getrennt oder neugebildet werden. Beispiele hierfür sind die Anlagerung $He + F \rightarrow HeF$ und die Protonenübertragung

$$He + H_2^+ \rightarrow HeH^+ + H \tag{3.16}$$

im Elektronengrundzustand des Systems.

Näherungen mit Berücksichtigung der Elektronenkorrelation

Ändert sich die Korrelationsenergie wesentlich mit der Kernanordnung und/oder benötigt man Potentialflächen für angeregte Elektronenzustände (bei Prozessen von Spezies in angeregten Zuständen bzw. bei nichtadiabatischen Prozessen), so müssen Näherungen vom Typ der Konfigurationenüberlagerung verwendet werden; außerdem sind umfangreiche erweiterte Basissätze erforderlich [6]. Ohne auf methodische und rechentechnische Details einzugehen, soll hier der gegenwärtige Stand anhand einiger Beispiele illustriert werden; weitere Resultate sind in der Literatur zu finden [21, 22].

Die sichersten Informationen besitzt man gegenwärtig über die Potentialfläche des Elektronengrundzustandes des Systems H_3. Hierfür liegen die meisten Berechnungen vor; eine Auswahl von Ab-initio-Resultaten für Kenngrößen, die den Sattelpunktbereich charakterisieren, zeigt Tab. 3. Die von SIEGBAHN und LIU [23] erhaltenen Potentialpunkte für lineare Kernanordnungen sind bis auf etwa 2 kJ/mol, die für nichtlineare Kernanordnungen auf etwa 3 kJ/mol genau; die Abweichungen von der exakten Form betragen im Sattelpunktbereich wahrscheinlich nicht mehr als 0,5 kJ/mol. Die Potentialfläche hat für lineare Anordnungen der drei Atome qualitativ die in den Abbn. 6 und 7 gezeigte Gestalt. Berechnungen mit etwas geringerer Genauigkeit liegen auch für

Tabelle 3
Ab-initio-Berechnungen der Potentialfläche des H_3-Grundzustandes in linearer Kernanordnung[1])

Autoren	Methode[2])	$R^{\ddagger}_{HH}$	$U^{\ddagger}$	$\Delta U^{\ddagger}$	Kraftkonstanten		
		in a_B	in at.E.	in kJ/mol	f_{11}	f_{22}	f_{33}
Liu[3]) 1973	SCF-HF	1,724	−1,5947	102,1	0,37	0,017	...
Shavitt et al.[4]) 1967	VB + CI	1,764	−1,6521	46,0	0,31	0,024	−0,061
Siegbahn, Liu[5]) 1978	MCSCF + CI	1,757	−1,6581	41,0	0,320	0,021	−0,058

[1]) Bezeichnungen: $R^{\ddagger}_{HH}$ – Kernabstand H–H im Sattelpunkt; $U^{\ddagger}$ – Gesamtenergie im Sattelpunkt; $\Delta U^{\ddagger}$ – Barrierenhöhe relativ zu H + H_2; Kraftkonstanten: f_{11} – symmetrische Streckung, f_{22} – Knickung, f_{33} – asymmetrische Streckung
[2]) Abkürzungen: SCF-HF – Self-consistent field Hartree-Fock-Näherung; VB + CI – Näherung vom VB-Typ mit Konfigurationenüberlagerung (CI); MCSCF + CI – Multikonfigurationen-SCF mit CI
[4]) Shavitt, I., Stevens, R. M., Minn, F. L., Karplus, M.: J. chem. Phys. 48 (1968), 2700.
[3]) Ref. [23a]
[5]) Ref. [23b]

Tabelle 4
Potentialkenndaten für den Grundzustand von $(HeH_2)^+$ in linearer Kernanordnung aus Ab-initio-Berechnungen[1])

Autoren	Methode[2])	R^0_{HH} in a_B	R^0_{HeH} in a_B	U^0 in at. E.	$\triangle U^0$ in kJ/mol	$\triangle U$ in eV
McLaughlin/	SCF-HF	$\approx 2{,}0$	$\approx 2{,}0$	−3,4695	15,5	0,851
Thompson 1979[3])	SCF-HF + CI	$\approx 2{,}0$	$\approx 2{,}0$	−3,5130	30,3	0,756
Hopper 1978[4])	MCSCF + CI	2,085	1,988	−3,5082	26,3	0,756
	exp					0,753

[1]) Bezeichnungen: R^0_{HH}, R^0_{HeH} – Kernabstände H–H bzw. He–H im Potentialminimum; U^0 – Gesamtenergie im Potentialminimum; $\triangle U^0$ – Muldentiefe; $\triangle U$ – Potentialdifferenz zwischen He + H_2^+ und HeH^+ + H (Endoergizität)
[2]) Vgl. Tab. 3
[3]) Preston, R. K., Thompson, D. L., McLaughlin, D. R.: J. chem. Phys. **68** (1978), 13.
McLaughlin, D. R., Thompson, D. L.: J. chem. Phys. **70** (1979), 2748
[4]) Hopper, D. G.: Internat. J. Quantum Chem. Symposium **12** (1978), 305

die Grundzustände der Systeme H_3^+, $(HeH_2)^+$ und FH_2 vor; einige Potentialkenngrößen der beiden letztgenannten Systeme sind in den Tab. 4 bis 6 angegeben. Für FH_2 können der exoergische Austauschprozeß

$$F + H_2 \rightarrow FH + H, \qquad (3.17)$$

Tabelle 5
Potentialkenndaten für den Grundzustand von FH_2: Umlagerung $F + H_2 \rightarrow FH + H$ in linearen Kernanordnungen aus Ab-initio-Berechnungen[1])

Autoren	Methode[2])	$R^{\ddagger}_{HH}$ in a_B	$R^{\ddagger}_{FH}$	$\Delta U^{\ddagger}$ in kJ/mol	ΔU in eV
Bender et al.[3])	SCF-HF	1,58	2,23	123	0,58
1972	SCF-HF + CI	1,45	2,91	6,9	1,49
Ungemach et al.[4])	MCSCF + CI	1,47	2,79	14,0	1,36
1977					
	exp				1,37

[1]) Bezeichnungen: $R^{\ddagger}_{HH}$, $R^{\ddagger}_{FH}$ – Kernabstände H–H bzw. F–H im Sattelpunkt; $\Delta U^{\ddagger}$ – Barrierenhöhe relativ zu $F + H_2$; ΔU – Potentialdifferenz zwischen $F + H_2$ und $FH + H$ (Exoergizität)
[2]) Vgl. Tab. 3
[3]) Bender, C. F., Pearson, P. K., O'Neill, S. V., Schaefer, H. F.: J. chem. Phys. **56** (1972), 4626; Science **176** (1972), 1412
[4]) Ungemach, S. R., Schaefer, H. F., Liu, B.: Faraday Disc. Chem. Soc. **62** (1977), 330

Tabelle 6
Potentialkenndaten für den Grundzustand von FH_2: Umlagerung $H + FH \rightarrow HF + H$ in linearen Kernanordnungen aus Ab-initio-Berechnungen[1])

Autoren	Methode[1])	$R^{\ddagger}_{HF}$ in a_B	$U^{\ddagger}$ in at. E.	$\Delta U^{\ddagger}$ in kJ/mol
Wadt/Winter[3])	SCF-HF	2,15	−100,444	273
1977	GVB + CI	2,15	−100,658	201
Botschwina/Meyer[4])	CEPA	2,16	−100,730	189
1977				

[1]) Bezeichnungen analog Tab. 3
[2]) Vgl. Tab. 3; außerdem GVB – Generalized VB; CEPA – Coupled Electron Pair Approximation
[3]) Wadt, W. R., Winter, N. W.: J. chem. Phys. **67** (1977), 3068
[4]) Botschwina, P., Meyer, W.: Chem. Phys. **20** (1977), 43

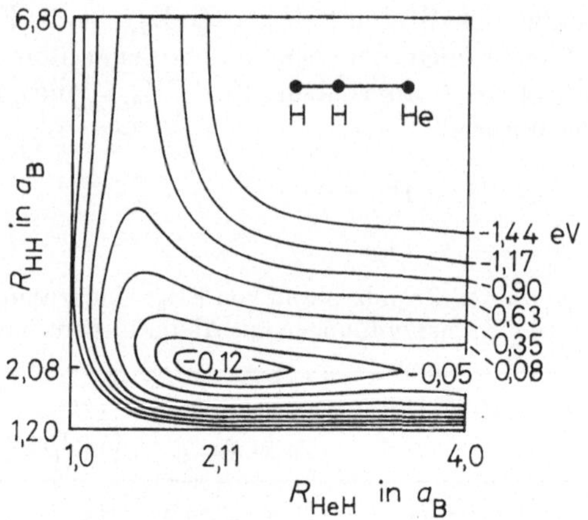

Abb. 14. Konturliniendiagramm der Potentialfläche für den Elektronengrundzustand des linearen Systems $(HeH_2)^+$ (nach Sathyamurthy, N., et al.: J. chem. Phys. **64** (1976), 4606).

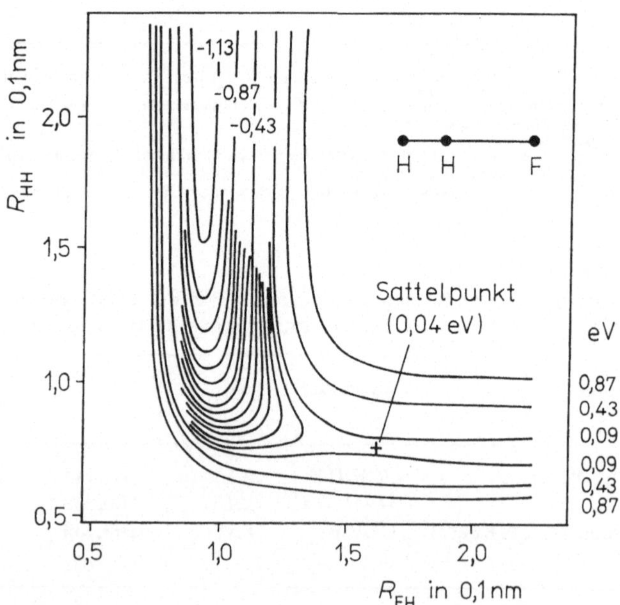

Abb. 15. Konturliniendiagramm der Potentialfläche für den Elektronengrundzustand des linearen Systems FH_2 (nach Muckerman, J. T.: J. chem. Phys. **54** (1971), 1155).

der als Pumpreaktion für einen chemischen IR-Laser praktische Bedeutung besitzt (vgl. Abschn. 5.1.3.), seine endoergische Umkehrung sowie der energetisch neutrale H-Austauschprozeß

$$H + FH \rightarrow HF + H \tag{3.18}$$

ablaufen. Die Abbn. 14 und 15 zeigen qualitative, in einfacheren Näherungen erhaltene Konturliniendiagramme der Potentialflächen für die Elektronengrundzustände der Systeme $(HeH_2)^+$ bzw. FH_2 in linearen Kernanordnungen.

Ab-initio-Berechnungen unter Einschluß der Elektronenkorrelation sind auch für mehratomige Systeme (z. B. H_4, CH_5) durchgeführt worden, jedoch unter Beschränkung auf bestimmte Potentialflächenausschnitte. Generell werden genaue und vollständige Ab-initio-Berechnungen auch in Zukunft auf die Elektronengrundzustände und allenfalls die energetisch tiefsten angeregten Elektronenzustände einfacher drei -bis vieratomiger Systeme beschränkt bleiben.

3.2.3.2. Halbempirische Berechnungen

Die Hauptschwierigkeit bei der Anwendung halbempirischer quantenchemischer Verfahren auf die Berechnung von Potentialhyperflächen besteht darin, daß man für die Parametrisierung nur solche Daten zur Verfügung hat, die sich auf Bereiche in der Umgebung lokaler Minima (stabile bzw. metastabile molekulare Systeme) oder auf asymptotische Bereiche (stabile Fragmente) beziehen. Die experimentell ermittelte Aktivierungsenergie E_{akt} im ARRHENIUS-Ausdruck (1.8) für die Reaktionsgeschwindigkeitskonstante mit der Höhe $\Delta U^{\neq}$ der Potentialbarriere gleichzusetzen und zum Justieren von Potentialfunktionen zu verwenden, ist nicht korrekt und kann zu falschen Resultaten führen. Halbempirische Verfahren werden daher im allgemeinen nur Interpolationen liefern. Generell haben dabei Valenzbindungsnäherungen (*VB*) gegenüber Molekülorbitalnäherungen (*MO*) auf dem Niveau von HARTREE-FOCK-Ansätzen den Vorzug, daß sie automatisch das korrekte Dissoziationsverhalten liefern.

Konventionelle halbempirische Molekülorbital(MO)-Methoden

Die gebräuchlichen Minimalbasis-SCF-MO-Methoden, wie CNDO, INDO, NDDO oder MINDO [12], eignen sich für die qualitative Beschreibung intramolekularer Umlagerungen, für welche das

Potential in der Umgebung von lokalen Minima und Minimumwegen zwischen benachbarten lokalen Minima bestimmend ist. Voraussetzung ist, daß sich die Elektronenstruktur des Systems hierbei nicht wesentlich ändert. Weite Bereiche von Potentialflächen, wie sie zur Berechnung von Stoßprozessen benötigt werden, lassen sich auf dieser Näherungsstufe im allgemeinen nicht ermitteln.

Halbempirische Valenzbindungs(VB)-Näherungen: LEPS-Formel

Den Ausgangspunkt eines zunächst auf das H_3-System zugeschnittenen Ansatzes bildet die HEITLER-LONDON-Näherung für das Wasserstoffmolekül (vgl. [6]). Die Gesamtenergien des tiefsten attraktiven Singulettzustandes und des tiefsten repulsiven Triplettzustandes relativ zur Energie $2e_0$ der beiden getrennten Wasserstoffatome ergeben sich danach als

$$^1U = (\mathscr{C} + \mathscr{A})/(1 + S^2), \quad ^3U = (\mathscr{C} - \mathscr{A})/(1 - S^2), \quad (3.19)$$

wobei $\mathscr{C}$ und $\mathscr{A}$ das COULOMB-Integral bzw. das Austauschintegral der VB-Näherung (vgl. [6]) und S das Überlappungsintegral der 1s-Orbitale der beiden Wasserstoffatome bezeichnen; alle Integrale sind vom Kernabstand R abhängig. Unter Vernachlässigung der Überlappung ($S \approx 0$) wurde diese Näherung von LONDON [24] auf die Wechselwirkung dreier H-Atome verallgemeinert. Für die beiden tiefsten Dublettzustände ergibt sich

$$U(R_1, R_2, R_3) = \mathscr{C}_1 + \mathscr{C}_2 + \mathscr{C}_3 \pm (1/2)\,[(\mathscr{A}_1 - \mathscr{A}_2)^2 + (\mathscr{A}_1 - \mathscr{A}_3)^2 + (\mathscr{A}_2 - \mathscr{A}_3)^2]^{1/2} \quad (3.20)$$

(LONDON-Formel) mit den COULOMB- und Austauschintegralen $\mathscr{C}_i$ bzw. $\mathscr{A}_i$ für die drei H—H-Paare, deren Kernabstände mit R_i bezeichnet sind.

Zur Verallgemeinerung auf kompliziertere Systeme führten EYRING und POLANYI [25] anstelle der zwar groben, aber nichtempirischen Näherung (3.20) eine halbempirische Version ein, indem sie $\mathscr{C}_i + \mathscr{A}_i$ anhand der ersten Beziehung (3.19) mit $S = 0$ der experimentell bestimmten Potentialfunktion $^1U_i^{\exp}(R_i)$ für den tiefsten gebundenen Singulettzustand des entsprechenden Fragmentmoleküls gleichsetzten und darüber hinaus annahmen, daß $\mathscr{C}_i$ und $\mathscr{A}_i$ einander proportional sind: $\mathscr{C}_i \sim \mathscr{A}_i$, also

$$\mathscr{C}_i = f\,^1U_i^{\exp}, \quad \mathscr{A}_i = (1 - f)\,^1U_i^{\exp} \quad (3.21)$$

mit einem konstanten, als empirischer Parameter behandelten Faktor f, der für das H_2-Molekül den Wert 0,14 hat.

Sowohl die LONDON-Näherung als auch die LONDON-EYRING-POLANYI-Näherung (*LEP*) ergeben für H_3 eine qualitativ falsche Potentialfläche; sie weist anstelle der einfachen Barriere in einer symmetrischen Übergangskonfiguration (s. vor. Abschn.) zwei symmetrisch zueinander gelegene Barrieren auf, zwischen denen sich eine Mulde befindet (sog. EYRING-See).

In einer von SATO [26] vorgeschlagenen Modifikation der LEP-Näherung werden die Integrale $\mathcal{C}_i$ und $\mathcal{A}_i$ nicht mehr als proportional angenommen, sondern in Analogie zu den Gln. (3.19) über die Beziehungen

$$\mathcal{C}_i + \mathcal{A}_i = (1 + a)\, {}^1U_i^{\text{exp}}, \quad \mathcal{C}_i - \mathcal{A}_i = (1 - a)\, {}^3U_i^{\text{exp}} \tag{3.22}$$

aus den experimentellen Potentialkurven ${}^1U_i^{\text{exp}}$ und ${}^3U_i^{\text{exp}}$ des tiefsten attraktiven Singulettzustandes bzw. des tiefsten repulsiven Triplettzustandes bestimmt; dabei behandelt man a als einen konstanten, empirisch festzulegenden Parameter. Anstelle der LONDON-Formel wird entsprechend der Ausdruck

$$\begin{aligned} U(R_1, R_2, R_3) = (1 + a)^{-1} \{&\mathcal{C}_1 + \mathcal{C}_2 + \mathcal{C}_3 \\ &- (1/2)\,[(\mathcal{A}_1 - \mathcal{A}_2)^2 + (\mathcal{A}_1 - \mathcal{A}_3)^2 \\ &+ (\mathcal{A}_2 - \mathcal{A}_3)^2]^{1/2}\} \end{aligned} \tag{3.23}$$

für die Potentialfunktion des tiefsten Elektronenzustandes verwendet. Werden für ${}^1U_i^{\text{exp}}$ und ${}^3U_i^{\text{exp}}$ analytische Potentialfunktionen eingesetzt, so ergibt sich für $U(R_1, R_2, R_3)$ ein geschlossener analytischer Ausdruck, was für die Weiterverwendung vorteilhaft ist (s. Abschn. 3.2.1.). Diese LONDON-EYRING-POLANYI-SATO-Näherung (*LEPS*) ergibt für H_3 das korrekte Verhalten im Übergangsbereich (einfacher Sattelpunkt). Auch für eine Reihe anderer Systeme wurden qualitativ vernünftige Potentialflächen erhalten; allerdings sind Fälle bekannt, in denen diese Näherung versagt (ein Beispiel hierfür ist der Prozeß (3.18)), und es ist noch nicht klar, inwieweit Verallgemeinerungen auf mehratomige Systeme erfolgreich sind. Es gibt Versuche, die LEPS-Näherung zu verfeinern, beispielsweise durch Berücksichtigung von Termen, die in der LONDON-Theorie vernachlässigt sind, durch Einführung getrennter Überlappungsintegrale S_i bzw. Parameter a_i für unterschiedliche Atompaare und durch die Berechnung (anstelle der empirischen Festlegung) von Integralen.

Methode der zweiatomigen Fragmente in Molekülen (DIM)

Auf der Grundlage eines Ansatzes vom VB-Typ für die Wellenfunktion (unter Einbeziehung mehrerer Valenzstrukturen) und einer geeigneten Zerlegung des HAMILTON-Operators für das betrachtete wechselwirkende molekulare System ergeben sich ähnlich wie bei einem konventionellen CI-Ansatz die Potentialwerte für die tiefsten Elektronenzustände (jeweils eines bestimmten Symmetrietyps zur vorgegebenen Kernanordnung) als Eigenwerte einer Matrix, deren Elemente sich aus Energien der atomaren und der zweiatomigen Fragmente des Systems zusammensetzen (Methode der „*d*iatomics *i*n *m*olecules", *DIM*; vgl. [6, 27]). Diese Fragmentdaten können experimentell oder theoretisch bestimmt werden.

Bei Verwendung sorgfältig ausgewählter konsistenter Eingangsdaten für die Fragmente vermag die DIM-Näherung — ein Interpolationsverfahren zwischen asymptotischen Bereichen der Potentialflächen — mit verhältnismäßig geringem Aufwand qualitativ richtige, quantitativ allerdings nicht zuverlässige Potentialpunkte für Grund- und tiefliegende angeregte Zustände sowie die entsprechenden Matrixelemente der nichtadiabatischen Kopplung zu liefern.

Bond-Energy — Bond-Order — Näherung (BEBO)

Unter der Voraussetzung, daß die gesamte Wechselwirkungsenergie eines molekularen Systems näherungsweise als Summe der Wechselwirkungsenergien der Atompaare geschrieben werden kann und daß bei einer Umlagerung des Typs A + BC → AB + C gleichzeitig mit dem Lösen der Bindung B—C die Bindung A—B geknüpft wird, wobei die für den erstgenannten Vorgang erforderliche Energie überwiegend durch den zweiten Vorgang aufgebracht wird, läßt sich nach JOHNSTON und PARR [28] ein einfaches Verfahren zur Ermittlung des Potentials in der Umgebung des Minimumweges formulieren. Wir betrachten der Einfachheit halber eine kollineare Umlagerung des obengenannten Typs, wobei der Index 1 die Bindung BC und der Index 3 die Bindung AB bezeichnen möge. Die Festigkeit einer Bindung i wird durch eine Größe n_i angegeben, die wir Bindungsordnung nennen, ohne sie hier genauer zu definieren. Die geschilderte Kopplung zwischen dem Auftrennen der Bindung 1 und dem Knüpfen der Bindung 3 kann dadurch ausgedrückt werden, daß der energetisch günstigste Weg durch die Bedingung

$$n_1 + n_3 = \text{const} \tag{3.24}$$

bestimmt wird. Verallgemeinert man eine von PAULING [29] gegebene empirische Definition der Bindungsordnung über den Zusammenhang mit dem Bindungsabstand,

$$R_i = R_i^0 - 0{,}026 \ln n_i \qquad (\text{in } 10^{-10}\,\text{m}), \tag{3.25}$$

wobei R_i^0 die Länge der entsprechenden Bindung in einem freien Molekül bedeutet, so liefert Gl. (3.25) zusammen mit der Bedingung (3.24) eine Beziehung $R_3 = R_3(R_1)$ zwischen den beiden Abständen R_1 und R_3, die den Verlauf des Reaktionsweges angibt.

Der Beitrag eines Atompaares i zum gesamten Wechselwirkungspotential wird für bindende Wechselwirkung nach einer für isolierte Moleküle gefundenen empirischen Relation

$$U_i = -D_i^0(1)\, n_i^{p_i} \tag{3.26}$$

Tabelle 7
Halbempirische Berechnungen der Potentialfläche des H_3-Grundzustandes in linearer Kernanordnung[1])

Autoren	Methode[2])	$R^{\ddagger}_{HH}$ in a_B	$\Delta U^{\ddagger}$ in kJ/mol	Kraftkonstanten f_{11}	f_{22}	f_{33}
KARPLUS[3]) 1970	LEP	1,614	47	0,323	0,041	+0,136
WESTON[4]) 1959	LEPS	1,75	37	0,35	0,023	−0,11
PORTER/KARPLUS[5]) 1964	VB	1,701	38	0,364	0,024	−0,122
PEDERSEN/PORTER[6]) 1967	DIM	1,775	55	0,328	0,021	−0,145
JOHNSTON[7]) 1966	BEBO	1,739	41	0,411	0,012	−0,072

[1]) Vgl. Tab. 3
[2]) Vgl. Text
[3]) KARPLUS, M. in: "*Molecular Beams and Reaction Kinetics*" (Hrsg. Ch. SCHLIER). Academic Press, New York 1970
[4]) WESTON, R.: J. chem. Phys. **31** (1959), 892
[5]) PORTER, R. N., KARPLUS, M.: J. chem. Phys. **40** (1964), 1105
[6]) PEDERSEN, L., PORTER, R. N.: J. chem. Phys. **47** (1967), 4751
[7]) Ref. [1]

angesetzt, wobei $D_i^0(1)$ die Bindungsdissoziationsenergie einer Einfachbindung des Paares i und p_i einen empirischen Parameter bezeichnen; für repulsive Wechselwirkung verwendet man einen Exponentialterm $\sim \exp(-\alpha R_i)$.

Auf diese Weise erhält man besonders für Wasserstoffübertragungsprozesse recht zuverlässige Resultate für den Minimumweg sowie für das Potentialprofil und die Kraftkonstanten entlang des Minimumweges.

In Tab. 7 sind einige Kenngrößen für den Sattelpunktbereich der Potentialfläche des H_3-Grundzustandes zusammengestellt, wie sie sich nach verschiedenen halbempirischen Methoden ergeben.

3.2.4. VAN-DER-WAALS-*Wechselwirkungen*

Die im Abschn. 3.1.1.1. erwähnte langreichweitige, stets attraktive Wechselwirkung ist zwar im Vergleich zur chemischen Wechselwirkung wesentlich schwächer und weniger spezifisch, aber universell und für den Aufbau der Materie (z. B. die Struktur der Flüssigkeiten und biologisch wirksamer Substanzen) sehr wichtig. Für chemische Reaktionen spielt sie eine untergeordnete Rolle; wir behandeln sie daher nur ganz kurz und verweisen im übrigen auf die Literatur, z. B. [6, 30].

Die VAN-DER-WAALS-Wechselwirkung bei einigen nm Abstand zwischen zwei Atomen oder Molekülen X_1 und X_2 setzt sich im allgemeinen aus mehreren Beiträgen zusammen: aus *elektrostatischen Wechselwirkungen* zwischen den permanenten elektrischen Momenten (Monopol = Gesamtladung, Dipolmoment, Quadrupolmoment usw.) der beiden Partner, *induktiven Wechselwirkungen* auf Grund der Deformation der Ladungsverteilung eines der Partner durch das Feld der elektrischen Multipolmomente des anderen, *Dispersionswechselwirkung* infolge der momentanen Fluktuationen der beiden Ladungsverteilungen (oder anders ausgedrückt, infolge der Korrelation der Elektronenbewegungen in den beiden Subsystemen) und *Resonanzwechselwirkungen* bei Entartung der Zustände des wechselwirkungsfreien Systems. Von diesen Anteilen ist die Dispersionswechselwirkung stets vorhanden; elektrostatische und induktive Beiträge setzen voraus, daß wenigstens eines der Systeme ein permanentes elektrisches Multipolmoment besitzt, und Resonanzwechselwirkung tritt nur dann auf, wenn die beiden Subsysteme identisch sind oder wenigstens eines von ihnen sich in einem elektronisch entarteten Zustand befindet.

Einen Sonderfall stellen die sogenannten *Wasserstoffbrückenbindungen* dar. Sie entstehen, wenn das Proton eines an ein stark elektronegatives Atom gebundenen H-Atoms mit einem einsamen Elektronenpaar eines Partnermoleküls in Wechselwirkung tritt (z. B. beim Dimeren des Fluorwasserstoffs H—F ... H ... F); diese Bindungen sind relativ fest (bis zu einigen kJ/mol).

Die Energien der VAN-DER-WAALS-Wechselwirkungen sind winzige Bruchteile der Gesamtenergie des Systems; ihre Berechnung stellt daher sehr hohe Genauigkeitsanforderungen. Hierfür gibt es zwei Möglichkeiten: Entweder man berechnet gesondert das wechselwirkende Gesamtsystem $X_1 + X_2$ und die beiden Subsysteme X_1, X_2 ohne Wechselwirkung und bildet die Energiedifferenz (dieses Vorgehen wird als *Supermolekülbeschreibung* bezeichnet) oder man berechnet direkt die Wechselwirkungsenergie mit einem *störungstheoretischen Verfahren*. So attraktiv die letztgenannte Methode auf den ersten Blick aussieht — sie wird durch die bekannten Schwierigkeiten störungstheoretischer Berechnungen (Konvergenzprobleme etc.) beeinträchtigt.

Genaue Ab-initio-Berechnungen von VAN-DER-WAALS-Wechselwirkungsenergien sind bisher nur für sehr einfache Systeme durchgeführt worden (z. B. He + He, $H_2O + H_2O$, $CH_4 + H_2O$). Für grobe Abschätzungen gibt es halbempirische Methoden [30].

3.2.5. *Experimentelle Informationen über Wechselwirkungspotentiale*

In Abschn. 3.2.1. hatten wir festgestellt, daß Potentialhyperflächen theoretische Gebilde und einer Messung nicht direkt zugänglich sind. Man kann lediglich versuchen, von den Observablen (spektroskopische Übergangsfrequenzen, Wirkungsquerschnitte von Stoßprozessen) zurück auf die Potentiale zu schließen; das ist jedoch im allgemeinen an bestimmte Modellvorstellungen bzw. Näherungen gebunden und nicht eindeutig. Bei einem zweiatomigen System wird dieses *Inversionsproblem* relativ einfach: Aus den Rotationsschwingungsspektren erhält man die adiabatische Potentialfunktion für den betreffenden attraktiven Elektronenzustand (vgl. hierzu [31]) und aus Messungen elastischer Streuquerschnitte die Potentialfunktion eines repulsiven Elektronenzustandes (vgl. Abschn. 5.1.1.3.). Bei mehratomigen Systemen wird das Inversionsproblem komplizierter, da die Potentialfunktionen von mehreren Variablen abhängen. Hier muß man mehrere experimentelle Informationen kombinieren; verschiedene Meßgrößen werden in der Regel von unterschiedlichen Potentialbereichen bestimmt: elastische Streuquerschnitte vom sphärisch-symmetrischen Anteil des Potentials, rotationsinelastische Streuquerschnitte von der Anisotropie, schwingungsinelastische Streuquerschnitte von der Form der repulsiven Potentialbereiche und Reaktionsquerschnitte hauptsächlich vom Bereich des Übergangskomplexes. Es gibt jedoch bisher keine Methode, die eine eindeutige Ermittlung des Potentials erlaubt.

3.3. *Analytische Darstellung von Wechselwirkungspotentialen. Empirische Potentialfunktionen*

Auf Grund des hohen Aufwandes (s. Abschn. 3.2.1.) muß man sich mit der Berechnung relativ weniger Potentialpunkte begnügen, wobei diese jedoch in der Nähe von kritischen Punkten und von Minimumwegen genügend genau sein und genügend dicht liegen müssen. Durch diese Punkte ist dann eine analytische Funktion zu legen, und zwar eine solche, die einen qualitativ korrekten Verlauf sichert, möglichst wenige freie Parameter enthält und Artefakte (wie Nebenextrema) vermeidet.

3.3.1. *Potentialfunktionen zweiatomiger Systeme*

Die Wechselwirkungen zweier Atome lassen sich im allgemeinen durch einfache Standardfunktionen mit hinreichender Genauigkeit beschreiben (vgl. [4, 6]).

Attraktive chemische Wechselwirkungen bei mittleren Kernabständen (vgl. Abb. 5a, Kurve 1) werden meist gut durch das MORSE-Potential

$$U^{M}(R) = D_e\{\exp[-2\beta(R - R^0)] - 2\exp[-\beta(R - R^0)]\} \tag{3.27}$$

wiedergegeben; D_e bezeichnet die elektronische Dissoziationsenergie (Tiefe der Potentialmulde) und R^0 den Kernabstand, bei dem das Potentialminimum liegt. Für repulsive Wechselwirkungen (vgl. Abb. 5a, Kurve 2) eignet sich häufig ein „Anti-MORSE-

Potential" (SATO-Potential)

$$U^{S}(R) = (D_e/2)\,\{\exp[-2\beta(R - R^0)] + 2\exp[-\beta(R - R^0)]\} \tag{3.28}$$

oder auch ein einfacher exp-Term.

Die schwachen langreichweitigen Wechselwirkungen zweier neutraler Moleküle (oder Atome) mit abgeschlossenen Elektronenschalen, aber ohne permanente Multipolmomente ist proportional zu R^{-6}. Bezieht man die starke Abstoßung bei kleinen Kernabständen mit ein, so wird eine solche nichtbindende Wechselwirkung (vgl. Abb. 5b, Kurve 2) durch das LENNARD-JONES-Potential ((*n*, 6)-Potential)

$$U^{LJ}(\mathrm{R}) = \big(6\varepsilon/(n - 6)\big)\,\{(R^0/R)^n - (n/6)\,(R^0/R)^6\} \tag{3.29}$$

oder auch durch das BUCKINGHAM-Potential ((exp, 6)-Potential)

$$U^{B}(R) = \big(\varepsilon/(1 - 6/\alpha)\big)\,\{(6/\alpha)\exp[\alpha(1 - R/R^0)] - (R^0/R)^6\} \tag{3.30}$$

beschrieben; hier bezeichnen R^0 die Lage des Potentialminimums und ε dessen Tiefe, n wird gewöhnlich gleich 12 gesetzt und α ist ein justierbarer Zahlenparameter.[1])

Neben der Anpassung derartiger einfacher Funktionsansätze hat sich bei Vorhandensein vieler Potentialpunkte die stückweise Darstellung durch Polynome dritten Grades und glatte Aneinanderfügung dieser Abschnitte bewährt (sog. Cubic Spline Fit [32]).

3.3.2. *Potentialfunktionen mehratomiger Systeme*

Bei mehreren Kerngeometrieparametern wird die analytische Darstellung von Potentialfunktionen sehr kompliziert; allgemein einsetzbare Standardfunktionen gibt es bisher nicht, so daß die Verfahrensweise weitgehend vom konkreten Problem abhängt. Generell wird es vorteilhaft sein, empirische oder theoretische Informationen über die Struktur der Potentialfläche von vornherein mit zu verwenden.

---

[1]) Die Funktion (3.30) besitzt bei einem kleinen Wert $R = R'$ ein Maximum und geht bei $R \to 0$ gegen $-\infty$. Dieses unrealistische Verhalten läßt sich eliminieren, indem man $U^{B}(R) = \infty$ setzt für $R \leqq R'$.

In günstigen Fällen kann für die Anpassung ein einfacher Ansatz vom Typ LEPS o. ä. benutzt werden; wenn es auf Feinheiten des Potentials ankommt, erweisen sich solche Funktionen jedoch als nicht flexibel genug.

Eine im Prinzip beliebig genaue Wiedergabe des Potentials ermöglicht eine Atomclusterentwicklung [33]:

$$U(R_{\mathrm{AB}}, R_{\mathrm{AC}}, \ldots, R_{\mathrm{BC}}, \ldots) = \sum_{\mathrm{X<Y}} U^{(2)}_{\mathrm{XY}} + \sum_{\mathrm{X<Y<Z}} U^{(3)}_{\mathrm{XYZ}} + \ldots; \tag{3.31}$$

ein Anteil $U^{(2)}_{\mathrm{XY}}$ repräsentiert die Wechselwirkung des Atompaares XY, und die Korrekturterme $U^{(3)}_{\mathrm{XYZ}}, \ldots$ berücksichtigen Drei- und Mehrkörpereffekte, die bei mittleren und kleinen Kernabständen beträchtliche Beiträge liefern können. Für ein dreiatomiges System ABC, in dem die Atome A mit B sowie B mit C Bindungen eingehen können, während sich A und C abstoßen, kann ein Potentialansatz vom Typ (3.31) beispielsweise folgende Form haben [34]:

$$\begin{aligned} U(R_{\mathrm{AB}}, R_{\mathrm{AC}}, R_{\mathrm{BC}}) = {} & U^{\mathrm{M}}_{\mathrm{AB}}(R_{\mathrm{AB}}) + U^{\mathrm{M}}_{\mathrm{BC}}(R_{\mathrm{BC}}) + U^{\mathrm{rep}}_{\mathrm{AC}}(R_{\mathrm{AC}}) \\ & + S_{\mathrm{AB}}(R_{\mathrm{AB}}) \cdot D_{\mathrm{BC}} \exp\left[-\beta_{\mathrm{BC}}(R_{\mathrm{BC}} - R^0_{\mathrm{BC}})\right] \\ & + S_{\mathrm{BC}}(R_{\mathrm{BC}}) \cdot D_{\mathrm{AB}} \exp\left[-\beta_{\mathrm{AB}}(R_{\mathrm{AB}} - R^0_{\mathrm{AB}})\right] \\ & + U^{(3)}_{\mathrm{ABC}}(R_{\mathrm{AB}}, R_{\mathrm{AC}}, R_{\mathrm{BC}}). \end{aligned} \tag{3.32}$$

Dabei bezeichnet $S(R) = 1 - \tanh(aR + b)$ eine „Schaltfunktion", die für Werte $a, b > 0$ mit wachsendem R monoton gegen Null geht. Der vierte und der fünfte Term im Ausdruck (3.32) beschreiben damit die Schwächung der Bindungen BC bzw. AB durch den Einfluß des Atoms A bzw. C. Der Anteil $U^{\mathrm{rep}}_{\mathrm{AC}}$ beinhaltet die Abstoßung A—C und $U^{(3)}_{\mathrm{ABC}}$ die restlichen Dreikörperanteile.

Kennt man im groben den Gesamtverlauf der Potentialfläche, so kann man in folgender Weise eine globale Modellierung versuchen. Bei einem Potential der Gestalt, wie sie in Abb. 6 oder 7 dargestellt ist, lassen sich vier Kernkonfigurationsbereiche unterscheiden (s. Abb. 16): In den Bereichen I und III ist das Potential rinnenförmig (Reaktant- bzw. Produkttal) mit Querschnitten in Gestalt von Morse-Kurven für die annähernd freien Moleküle BC bzw. AB. Potentialschnitte entlang von Strahlen, die von einem geeignet gewählten Punkt P^* ausgehen, zeigen qualitativ ähnliche Morse-artige Form, jedoch deformiert in Abhängigkeit vom Drehwinkel χ. Im Bereich IV ist das Potential konstant, gewöhnlich auf den Wert 0 normiert. Eine solche Potentialfläche kann

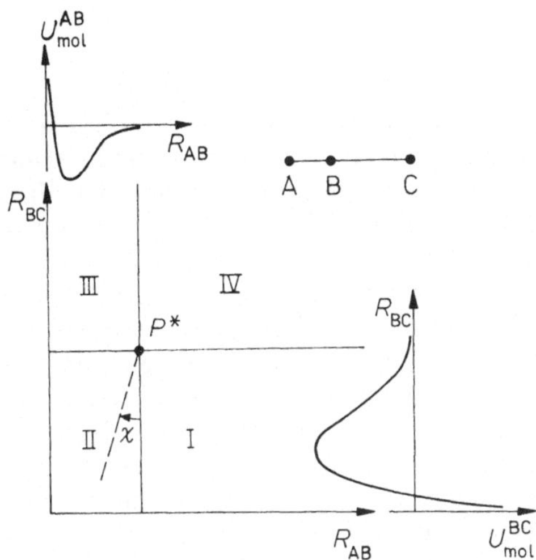

Abb. 16. Globale Modellierung von Potentialflächen

also durch eine im Reaktant- bzw. Produkttal gleitende und im Wechselwirkungsbereich gedrehte und deformierte MORSE-Kurve modelliert werden [35]. Bei Zulassung gewinkelter Kernanordnungen hängen die MORSE-Parameter vom Winkel ∢ ABC bzw. vom Kernabstand A—C ab.

Außer den geschilderten Verfahren hat man natürlich prinzipiell die Möglichkeit, ohne Ausnutzung irgendwelcher Informationen über die Potentialform eine analytische Darstellung durch genügend allgemeine Ansätze (etwa Entwicklung nach geeigneten Polynomen oder mehrdimensionale kubische Spline-Anpassung) zu versuchen.

4. Näherungsmethoden für die Berechnung atomarer und molekularer Stoßprozesse

Nach der Diskussion statischer Aspekte atomarer und molekularer Wechselwirkungen, wie sie sich in den Potentialfunktionen $U_n(\boldsymbol{R})$ für die Kernbewegung manifestieren (s. Kap. 3.), befassen wir uns nun mit der theoretischen Beschreibung dieser Kernbewegung selbst. Zunächst werden im vorliegenden 4. Kapitel verschiedene Näherungen und darauf fußende Berechnungsmethoden eingeführt.

4.1. Grundkonzepte der Theorie

Zur Erläuterung der wichtigsten Methoden knüpfen wir an die Überlegungen des Abschn. 2.2. an. Ein wechselwirkendes molekulares System werde, wenn wir zunächst von der Massenmittelpunktseparation absehen, durch $3N = 3(N_e + N_k)$ Koordinaten ($3N_e$ Elektronenkoordinaten $x_\varkappa$ und $3N_k$ Kernkoordinaten X_i) beschrieben. Die Kernkoordinaten mögen so gewählt sein, daß sie bestimmten Freiheitsgraden der Bewegung entsprechen (Drehungen, Schwingungen und andere Verlagerungen von Systemteilen gegeneinander). Wir nehmen wie in Abschn. 2.2.2. an, daß sich der gesamte Satz der Freiheitsgrade des Systems in zwei Teilsätze, beschrieben durch Koordinaten $\boldsymbol{q} \equiv \{q_1, \ldots\}$ bzw. $\boldsymbol{Q} \equiv \{Q_1, \ldots\}$, zerlegen läßt, deren Bewegungen auf Grund stark voneinander verschiedener charakteristischer Zeiten $\tau_q \ll \tau_Q$ adiabatisch separiert werden können („schnelles" bzw. „langsames" Subsystem). Das zentrale Konzept der Theorie besteht nun darin, für die Beschreibung der Bewegungen jedes Subsystems und die Berücksichtigung der Kopplung zwischen den Subsystemen adäquate Approximationen einzuführen und dadurch das Problem zu vereinfachen (s. Abb. 17).

Im folgenden wollen wir, soweit nicht ausdrücklich etwas anderes vermerkt ist, stets voraussetzen, daß es sich bei dem schnellen Subsystem um die Elektronen handelt. Die Elektronenbewegung wird durch die Quantenmechanik beschrieben; gemäß Abschn. 2.2. und Kap. 3. ergeben sich hieraus die effektiven (adiabatischen) Potentiale für die Bewegung des langsamen Subsystems (Kerne) sowie die Matrixelemente der (nichtadiabatischen) Wechselwirkung zwischen den beiden Subsystemen. Die Bewegungen beider Subsysteme sind also adiabatisch über die Potentiale (in Gebieten mit $\gamma \gg 1$) und nichtadiabatisch über die Operatoren $\hat{C}_{nn'}$ (in Gebieten mit $\gamma \approx 1$) gekoppelt. Bei atomaren oder molekularen Stoßprozessen vollzieht sich dementsprechend ein Austausch von Energie und Impuls innerhalb der Freiheitsgrade der Subsysteme sowie zwischen den Subsystemen.

Die Dynamik des langsamen Subsystems muß strenggenommen, da es sich auch bei den Kernen um Mikroteilchen handelt und die Geschwindigkeiten bei chemischen Elementarprozessen nicht sehr hoch sind, *quantenmechanisch* beschrieben werden. Unter bestimmten Bedingungen ist es jedoch möglich, zu einer klassischen oder quasiklassischen Näherung überzugehen, was die Berechnungen

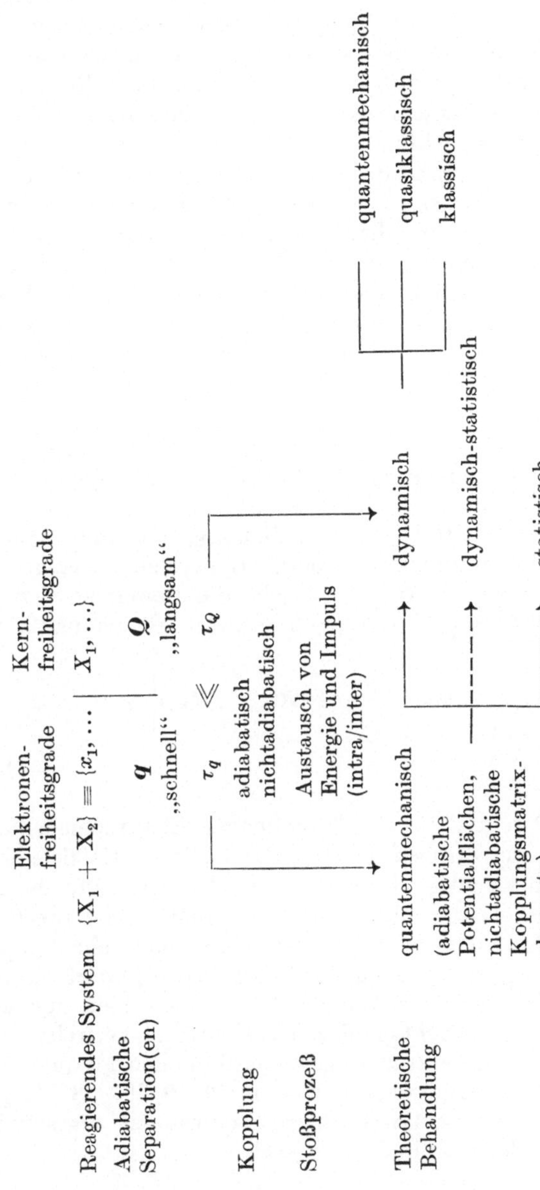

Abb. 17. Schematische Übersicht über die wichtigsten Näherungen zur Vereinfachung der theoretischen Beschreibung molekularer Stoßprozesse

wesentlich vereinfacht. Eine derartige Beschreibung, bei der ein Teil der Freiheitsgrade (das schnelle Subsystem) quantenmechanisch und der andere Teil (das langsame Subsystem) klassisch behandelt wird, wollen wir als *semiklassisch* bezeichnen. Die Grundzüge dieser methodischen Varianten werden in den folgenden Abschnitten dargelegt, wobei wir uns hier im wesentlichen auf *adiabatische Prozesse* beschränken und die Potentialfunktionen $U_n(\boldsymbol{R})$ als gegeben betrachten.

Mit wachsender Anzahl der Kernfreiheitsgrade wird jedoch selbst in klassischer Näherung die Lösung der Bewegungsgleichungen außerordentlich aufwendig. Durch Anwendung statistischer Methoden läßt sich das dynamische Problem teilweise oder ganz umgehen, wobei zugleich weniger Informationen über das Potential benötigt werden; auf viele Details der Stoßprozesse muß man dann allerdings verzichten. Solche statistischen Methoden werden in Kap. 7. behandelt.

4.2. *Quantenmechanische Beschreibung der Kernbewegung*

In einer elektronisch-adiabatischen Näherung, eingeführt gemäß Abschn. 2.2.2. im raumfesten Koordinatensystem, genügt die Wellenfunktion $\Psi(\boldsymbol{R}_1, \ldots, \boldsymbol{R}_{N_k}; t)$, welche die Bewegung der N_k Kerne des Systems beschreibt, der SCHRÖDINGER-Gleichung (2.18):

$$\left\{-(\hbar^2/2) \sum_{a=1}^{N_k} (1/m_a) \nabla_a^2 + U(\boldsymbol{R}_1, \ldots, \boldsymbol{R}_{N_k})\right\} \Psi = i\hbar(\partial/\partial t)\, \Psi; \tag{4.1}$$

hier ist U das Potential für den betreffenden Elektronenzustand und m_a die Masse des Kerns a. Diese partielle Differentialgleichung muß unter Berücksichtigung bestimmter Anfangs- und Randbedingungen, wie sie der physikalischen Situation entsprechen, gelöst werden. Das ist für mehr als zwei Kerne eine sehr komplizierte Aufgabe, die ein ganz anderes Vorgehen erfordert als die Bestimmung gebundener Zustände. Wir können hier nur auf einige grundlegende Gesichtspunkte eingehen und verweisen im übrigen auf die Spezialliteratur. Allgemeine Methoden der quantenmechanischen Stoßtheorie werden u. a. in [9, 16, 36–38] dargestellt; speziellere, mehr auf molekulare Stoßprozesse zugeschnittene Methoden findet man in [15, 39–41].

4.2.1. Zeitabhängige Streutheorie

Ein molekularer Stoßprozeß ist ein zeitabhängiger Vorgang; demnach sollte eine Behandlung auf der Grundlage der SCHRÖDINGER-Gleichung (4.1), welche die Zeit explizite enthält, angemessen sein.

4.2.1.1. Wellenpaket: Eindimensionales Modell

Um die Besonderheiten dieser Beschreibung deutlich zu machen, betrachten wir zunächst das einfachste denkbare Problem – die kräftefreie Bewegung eines Teilchens der Masse m. Die (ohne wirkende Kräfte) unveränderliche Bewegungsrichtung wählen wir als X-Achse. Auf Grund der HEISENBERGschen Unbestimmtheitsrelation

$$\Delta X \cdot \Delta P \geqq \hbar/2 \tag{4.2}$$

kann ein Teilchen nach der Quantenmechanik nicht gleichzeitig eine bestimmte Position X und einen bestimmten Impuls P besitzen; die „Unschärfen", mit der beide Größen fixierbar sind, müssen der Beziehung (4.2) genügen. Infolgedessen kann dem Teilchen keine „Bahn" im Sinne der klassischen Mechanik (s. Abschn. 4.3.) zugeschrieben werden.

Die Annahme einer Bewegung des Teilchens längs einer Geraden (der X-Achse) ist hiermit offensichtlich nicht verträglich. Es handelt sich um ein Modell, das aber für unsere Zwecke ausreicht. Alle Überlegungen dieses Abschnitts lassen sich übrigens unschwer auf Bewegungen im dreidimensionalen Raum verallgemeinern, wobei die Aussagen gültig bleiben.

Nehmen wir an, das Teilchen habe einen scharfen Impuls P, im kräftefreien Fall also die Energie $E = P^2/2m$, dann wird es durch die Wellenfunktion

$$\Psi_P(X, t) \sim \exp\{(\pm \mathrm{i}PX - \mathrm{i}Et)/\hbar\} \tag{4.3}$$

als Lösung der zeitabhängigen SCHRÖDINGER-Gleichung

$$-(\hbar^2/2m)\,(\partial^2/\partial X^2)\,\Psi_P(X, t) = \mathrm{i}\hbar(\partial/\partial t)\,\Psi_P(X, t) \tag{4.4}$$

beschrieben. Die Wahrscheinlichkeit $\mathrm{d}\mathscr{W}(X, t) \equiv w(X, t)\,\mathrm{d}X$, das Teilchen zur Zeit t in einem Intervall $\mathrm{d}X$ am Ort X zu finden, hängt hier weder von X noch von t ab:

$$w(X, t) = |\Psi_P(X, t)|^2 = \text{const}; \tag{4.5}$$

d. h., das Teilchen ist nicht räumlich lokalisierbar (maximale Ortsunbestimmtheit). Die ebene Welle (4.3) ist somit nicht ohne weiteres zur Beschreibung der Teilchenbewegung geeignet, obgleich sie der SCHRÖDINGER-Gleichung (4.4) genügt; man benötigt eine Wellenfunktion, die einer Lokalisierung des Teilchens zu jedem Zeitpunkt t in einem gewissen begrenzten Raumbereich (hier X-Bereich) entspricht. Da nach dem Superpositionsprinzip der Quantenmechanik (vgl. z. B. [5, 9, 16, 36]) auch beliebige Linearkombinationen von ebenen Wellen (4.3) Lösungen der SCHRÖDINGER-Gleichung (4.4) sind, kann man versuchen, eine lokalisierte Wahrscheinlichkeitsverteilung $w(X, t) = |\Psi(X, t)|^2$ durch Überlagerung ebener Wellen mit geeigneten Amplitudenfaktoren $g(P)$ zu erhalten [5, 9]:

$$\Psi(X, t) = h^{-1/2} \int_{-\infty}^{\infty} g(P)\, \Psi_P(X, t)\, \mathrm{d}P. \tag{4.6}$$

Wellenfunktionen dieses Typs (hier FOURIER-Integrale) bezeichnet man als *Wellenpakete*. Zur Ermittlung der Amplitudenfunktion $g(P)$ nehmen wir an, zur Zeit $t = 0$ habe die Wahrscheinlichkeitsdichte die Form einer auf 1 normierten GAUSS-Verteilung in der Umgebung eines Punktes, den wir der Einfachheit halber als Koordinatenursprung wählen (s. Abb. 18):

$$\begin{aligned} w(X, 0) &\equiv \Psi^*(X, 0)\, \Psi(X, 0) \\ &= (a_0{}^2\pi)^{-1/2} \exp\{-(X/a_0)^2\}; \end{aligned} \tag{4.7}$$

der Parameter a_0 ist ein Maß für die Unbestimmtheit ΔX der Teilchenlokalisierung. Durch die Verteilung $w(X, 0)$ ist die Wellenfunktion $\Psi(X, 0)$ bis auf einen Phasenfaktor festgelegt. Schreiben wir

$$\begin{aligned} \Psi(X, 0) &= (a_0{}^2\pi)^{-1/4} \exp\{-(X^2/2a_0{}^2) + (\mathrm{i}P_0X/\hbar)\} \\ &= h^{-1/2} \int_{-\infty}^{\infty} g(P) \exp(\mathrm{i}PX/\hbar)\, \mathrm{d}P, \end{aligned} \tag{4.8}$$

dann ergibt sich für die quantenmechanisch definierte Stromdichte (vgl. [5, 9]) $j_0 \equiv \mathrm{Re}\{\Psi^*(\hbar/\mathrm{i}m)\, \partial\Psi/\partial X\} = w(X, 0)\, P_0/m$;

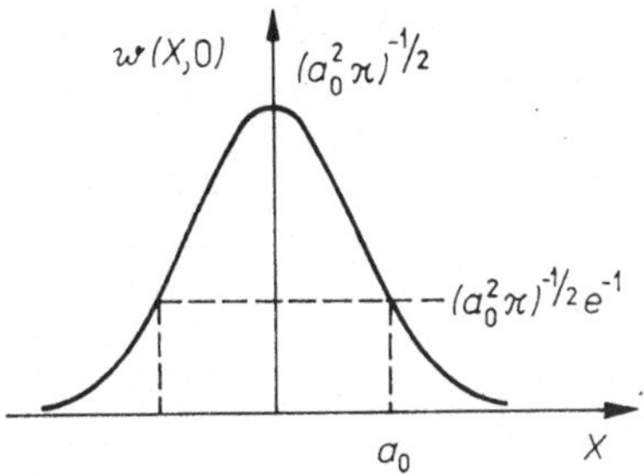

Abb. 18. Wahrscheinlichkeitsdichte als eindimensionale GAUSS-Verteilung

der Phasenfaktor $\exp(iP_0X/\hbar)$ sorgt dafür, daß die Stromdichte von Null verschieden ist (sie hat die klassische Form „Teilchendichte" mal Geschwindigkeit $u_0 = P_0/m$) und das Wellenpaket einer Teilchenbewegung entspricht. Nach dem FOURIERschen Umkehrsatz läßt sich aus $\Psi(X, 0)$ die Amplitudenfunktion $g(P)$ bestimmen:

$$g(P) = \hbar^{-1/2} \int_{-\infty}^{\infty} \Psi(X, 0) \exp(-iPX/\hbar)\, dX$$
$$= (a_0^2/\pi\hbar^2)^{1/4} \exp\{-(P - P_0)^2\, a_0^2/2\hbar^2\}, \tag{4.9}$$

sie hat ebenfalls GAUSS-Form mit dem Maximum bei dem Impuls P_0. Analog zur Ortsunbestimmtheit $\triangle X = a_0$ kann hier die Größe $\hbar/a_0$ als Maß für die Unbestimmtheit $\triangle P$ des Impulses, d. h. die Breite der Verteilung $|g(P)|^2$, angesehen werden; es gilt $\triangle X \cdot \triangle P = \hbar$ in Einklang mit der Relation (4.2). Je stärker das Teilchen lokalisiert ist ($\triangle X$ klein), desto größer ist der Bereich $\triangle P$ von Impulsen, die zum Wellenpaket beitragen, desto weniger scharf ist also der Impuls des Teilchens bestimmt. Entsprechend dieser Impulsunbestimmtheit ergibt sich für die Energie nicht $E_0^{tr} = P_0^2/2m$, sondern der mit der Wellenfunktion (4.8) berechnete Erwartungswert

$$\bar{E}^{tr} = \langle\Psi| -(\hbar^2/2m)\, \partial^2/\partial X^2\, |\Psi\rangle = (P_0^2/2m) + \big((\triangle P)^2/2m\big), \tag{4.10}$$

wobei $\triangle P = \hbar/a_0$ zu setzen ist. Da Ψ sowohl Wellen mit $P > P_0$ als auch solche mit $P < P_0$ enthält, wird sich die Verteilung $w(X, t)$ im Laufe der Zeit verbreitern. Setzt man die Amplitudenfunktion (4.9) und die Wellenfunktion (4.3) in den Ausdruck (4.6) ein, integriert und bildet das Betragsquadrat, so ergibt sich

$$w(X, t) = (a^2\pi)^{-1/2} \exp\{-(X - u_0 t)^2/a^2\} \tag{4.11}$$

mit

$$a = a_0[1 + (\hbar t/m a_0^2)^2]^{1/2}. \tag{4.11a}$$

Das Zentrum der Verteilung $w(X, t)$ läuft also mit der konstanten Geschwindigkeit $u_0 = P_0/m$ in die positive X-Richtung, wobei die Breite a gemäß Gl. (4.11a) zunimmt und die Amplitude sich verringert. Für den Mittelwert $\overline{X}$ der Ortskoordinate X,

$$\overline{X}(t) = \int_{-\infty}^{\infty} \Psi^*(X, t)\, X \Psi(X, t)\, \mathrm{d}X = \int_{-\infty}^{\infty} X w(X, t)\, \mathrm{d}X, \tag{4.12}$$

erhält man mit der Verteilung (4.11) die Relation

$$\overline{X}(t) = X_0 + u_0 t, \tag{4.13}$$

wenn das Wellenpaket anfangs in der Umgebung des Punktes X_0 lokalisiert ist; das entspricht dem 1. NEWTONschen Bewegungsgesetz der klassischen Mechanik. Das Zerfließen des Wellenpaketes erfolgt um so schneller, je kleiner die Masse m ist; schwere Teilchen sind über eine längere Zeit räumlich lokalisierbar als leichte Teilchen.

4.2.1.2. *Allgemeinere Formulierung*

Die Beschreibung der Teilchenbewegung durch ein (nichtstationäres) Wellenpaket läßt sich im Prinzip ohne weiteres auf Systeme mit mehreren Freiheitsgraden und mit Wechselwirkungen (Potential U) verallgemeinern. Die Wellenpakete haben dann allerdings kompliziertere Formen, die sich nicht mehr durch analytische Funktionen angeben lassen, sondern numerisch als Lösungen der zeitabhängigen SCHRÖDINGER-Gleichung (4.1) bestimmt werden müssen.

Auf Grund der Hermitezität des HAMILTON-Operators für die Kernbewegung nach Gl. (4.1),

$$\hat{H}_\mathrm{k} = \hat{T}^\mathrm{k}_{\boldsymbol{R}} + U(\boldsymbol{R}), \tag{4.14}$$

bleibt das Normierungsintegral $\langle\Psi \mid \Psi\rangle$ eines Wellenpaketes zeitlich konstant; die Bewegung von einem Zeitpunkt t_0 zu einem anderen Zeitpunkt t kann daher durch eine Transformation mit einem unitären Operator $\hat{U}$ beschrieben werden (vgl. z. B. [5, 9, 36]):

$$\Psi(X, t) = \hat{U}(t, t_0)\, \Psi(X, t_0) \tag{4.15}$$

mit

$$\hat{U}^+(t, t_0)\, \hat{U}(t, t_0) = \hat{U}(t, t_0)\, \hat{U}^+(t, t_0) = 1. \tag{4.16}$$

Dieser *dynamische Operator* (Zeitentwicklungsoperator, auch als Propagator bezeichnet) $\hat{U}$ genügt der Differentialgleichung

$$\mathrm{i}\hbar(\mathrm{d}/\mathrm{d}t)\, \hat{U}(t, t_0) = \hat{H}\hat{U}(t, t_0) \tag{4.17}$$

und der Integralgleichung

$$\hat{U}(t, t_0) = 1 - (\mathrm{i}/\hbar) \int_{t_0}^{t} \hat{H}\hat{U}(t', t_0)\, \mathrm{d}t', \tag{4.17'}$$

welche die Anfangsbedingung

$$\hat{U}(t_0, t_0) = 1 \tag{4.18}$$

mit enthält; dabei haben wir, um die Beziehungen möglichst allgemein zu schreiben, den Index k an $\hat{H}$ weggelassen. Hängt der HAMILTON-Operator $\hat{H}$ nicht explizite von der Zeit ab, so läßt sich der Operator $\hat{U}$ gemäß Gl. (4.17) bzw. (4.17') formal als

$$\hat{U}(t, t_0) = \exp\left[-(\mathrm{i}/\hbar)\, \hat{H} \cdot (t - t_0)\right] \tag{4.19}$$

schreiben. Bei der Lösung der zeitabhängigen SCHRÖDINGER-Gleichung (4.1) für einen molekularen Stoßprozeß wird zunächst der Anfangszustand $\Psi(\boldsymbol{R}, t_0)$ zu einem Zeitpunkt t_0 in dem entsprechenden asymptotischen Bereich der Potentialfläche (Reaktantbereich) vorgegeben und dann die Wellenfunktion, wie das Gl. (4.15) formal angibt, sukzessive von einem Zeitpunkt $t_0 \to t_0 + \Delta t \to t_0 + 2\Delta t \to \ldots$ transformiert.

In Abb. 19 ist ein Stoßvorgang vom Typ A + BC in einer Wellenpaketbeschreibung als eindimensionale Bewegung entlang des Minimumweges (Reaktionskoordinate s) schematisch dargestellt. Das Wellenpaket bewegt sich auf die Potentialbarriere zu und wird dort teilweise reflektiert, teilweise durchgelassen. Nach einer hinreichend großen Zeitspanne, zum Zeitpunkt t_e, bewegen

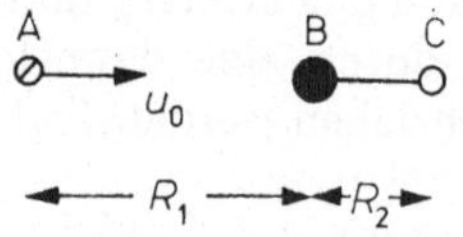

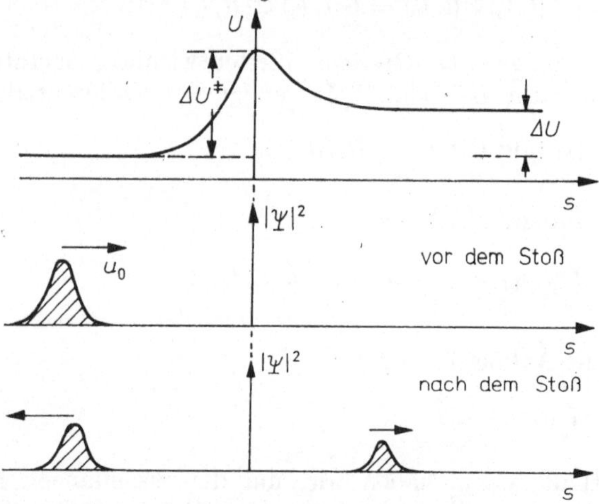

Abb. 19. Wellenpaketbeschreibung eines eindimensionalen Stoßvorganges (schematisch)

sich zwei Wellenpakete, ein reflektiertes und ein transmittiertes, im Reaktant- bzw. Produktbereich. Alle Informationen über den Ablauf des Stoßvorganges sind in dem Operator $\hat{U}$ enthalten. Führt man in $\hat{U}$ die Grenzübergänge $t_0 \to -\infty$ und $t_e \to +\infty$ durch, so ergibt sich ein Operator

$$\hat{S} \equiv \lim_{\substack{t_0 \to -\infty \\ t_e \to +\infty}} \hat{U}(t_e, t_0), \tag{4.20}$$

der das Ergebnis eines Stoßvorganges vollständig charakterisiert und den man als *Streuoperator* (S-Matrix) bezeichnet [9, 36—38].

4.2.2. Stationäre Streutheorie

Die im vorigen Abschnitt skizzierte zeitabhängige Streutheorie besitzt durch unmittelbare Analogien zur klassischen Mechanik den Vorteil physikalischer Anschaulichkeit und Interpretierbarkeit; dem steht der Nachteil gegenüber, daß die Zeitabhängigkeit die praktische Lösung des Streuproblems kompliziert. Durch die Superposition von Impulseigenfunktionen in einem größeren Wertebereich zu einem Wellenpaket können ferner nur gemittelte Streuquerschnitte (bzw. Reflexions- und Transmissionswahrscheinlichkeiten) berechnet werden, wobei einige feinere quantenmechanische Effekte — wie beispielsweise Resonanzphänomene — verlorengehen. Es ist daher wünschenswert, als Grenzfall räumlich ausgedehnter Wellengruppen Zustände mit scharfen Werten für Energie und Impuls zu betrachten. Diese Problemstellung führt auf die stationäre SCHRÖDINGER-Gleichung, auf die im folgenden zunächst anhand eines Modellfalles, der eindimensionalen Streuung an einer Potentialbarriere, eingegangen wird. Die anschließende Erweiterung auf dreidimensionale Stoßprozesse trägt einen etwas formalen Charakter; einige mathematische Probleme sowie Einzelheiten von Lösungsverfahren können hier nicht näher untersucht werden.

4.2.2.1. Eindimensionales Modell: Streuung an einer Potentialbarriere

Wir betrachten ein Wellenpaket, das aus Impulseigenfunktionen in einem sehr kleinen Intervall $(P' - \varepsilon, P' + \varepsilon)$ superponiert sei; die Amplitudenfunktion $g_\varepsilon(P)$ ist also nur innerhalb dieses Intervalls von Null verschieden. Das Wellenpaket besitzt dann annähernd einen scharfen Impuls P' und ist infolge der Unschärferelation (4.2) im Ortsraum über einen großen Bereich ausgedehnt. Im Grenzfall $\varepsilon \to 0$ und $g_\varepsilon(P) \to \delta(P - P')$ entartet das Wellenpaket zu einer unendlich ausgedehnten stationären Streuwelle mit scharfem Impuls P':

$$\Psi(X, t) \to \Psi_{P'}(X) \exp\left[-\frac{\mathrm{i}P'^2 t}{2m\hbar}\right]. \tag{4.21}$$

Die Wellenfunktion $\Psi_{P'}(X)$ genügt der zeitunabhängigen SCHRÖ-

DINGER-Gleichung

$$\{-(\hbar^2/2m)\,(\mathrm{d}^2/\mathrm{d}X^2) + U(X)\}\,\Psi_{P'}(X) = E'\Psi_{P'}(X) \tag{4.22}$$

mit noch zu besprechenden Randbedingungen; hierbei ist $E' = P'^2/2m$. Die Lösungen von Gl. (4.22) sind im allgemeinen nicht im üblichen Sinne normierbar; für die kräftefreie Bewegung (s. Abschn. 4.2.1.1.) gilt beispielsweise

$$\langle \Psi_{P'} \mid \Psi_{P''} \rangle = \delta(P' - P''). \tag{4.23}$$

Die stationären Lösungen (4.21) stellen daher zunächst mathematische Hilfsgrößen dar, aus denen durch Überlagerung mit geeigneten Amplitudenfaktoren $g(P)$ Wellenpakete gemäß Gl. (4.6) als reale Zustände erhalten werden können; mit einer Wellenfunktion (4.21) läßt sich allerdings die Vorstellung von einem homogenen monoenergetischen Teilchenstrom (genügend geringer Dichte) verbinden. Man kann zeigen (vgl. [37]), daß aus den Lösungen der Gl. (4.22) die gleichen Informationen zu gewinnen sind wie bei der Streuung eines Wellenpaketes mit sehr kleinem, aber endlichen Impulsbereich.

Aus Gründen der Einfachheit wollen wir annehmen, daß das Potential $U(X)$ eine endliche Reichweite besitzt, d. h.

$$U(X) \xrightarrow[|X| \to \infty]{} C\,|X|^{-\Lambda} \quad (\Lambda > 1). \tag{4.24}$$

Zur Erläuterung der Randbedingungen (bzw. des asymptotischen Verhaltens) der Lösungen von Gl. (4.22) erinnern wir an die Beschreibung der Bewegung von Wellenpaketen in Abschn. 4.2.1.1. Wir nehmen an, daß die Teilchen in positiver X-Richtung auf das Streuzentrum einfallen. In der stationären Beschreibung bedeutet das einen aus $X = -\infty$ einlaufenden konstanten Teilchenstrom (repräsentiert durch eine ebene Welle), der unter der Wirkung des Potentials in einen transmittierten (d. h. in die positive X-Richtung weiterlaufenden) und einen reflektierten Anteil aufgeteilt wird. Für das asymptotische Verhalten der stationären Streuwellen erhält man daher:

$$\Psi_P(X) \to \begin{cases} \exp(\mathrm{i}PX/\hbar) + \varrho\,\exp(-\mathrm{i}PX/\hbar) & \\ \qquad\qquad\qquad \text{bei } X \to -\infty & \\ \tau\,\exp(\mathrm{i}PX/\hbar) \qquad \text{bei } X \to +\infty \end{cases} \tag{4.25}$$

Die Transmissionsamplitude $\tau = \tau(P)$ und die Reflexionsamplitude $\varrho = \varrho(P)$ sind durch die Bedingung der Wahrscheinlichkeitserhaltung miteinander verknüpft:

$$|\tau|^2 + |\varrho|^2 = 1\,, \tag{4.26}$$

d. h., die Anzahl der gestreuten (d. h. transmittierten bzw. reflektierten) Teilchen muß gleich der Anzahl der einlaufenden Teilchen sein.

Als Beispiel für einen eindimensionalen Streuvorgang betrachten wir die Streuung an einer rechteckigen Potentialbarriere [5]; es sei

$$U(X) = \begin{cases} 0 & \text{im Bereich I} \quad (X < 0) \\ U_c = \text{const} & \text{im Bereich II} \quad (0 \leqq X \leqq c) \\ 0 & \text{im Bereich III} \quad (X > c) \end{cases} \tag{4.27}$$

mit $U_c > 0$. Die SCHRÖDINGER-Gleichung (4.22) wird zunächst in den drei Bereichen konstanten Potentials gelöst; die Lösungen für die Bereiche I und III sind ebene Wellen $\exp(\pm \mathrm{i}PX/\hbar)$, für die Lösung im Bereich II ergeben sich ebenfalls Exponentialfunktionen $\exp(\pm\beta X)$ mit $\beta = [2m(U_c - E)/\hbar^2]^{1/2}$. Die allgemeine Lösung des Streuproblems lautet dann in den Bereichen I bis III:

$$\begin{aligned} \Psi_{\mathrm{I}}(X) &= \exp(\mathrm{i}PX/\hbar) + \varrho\exp(-\mathrm{i}PX/\hbar) \\ \Psi_{\mathrm{II}}(X) &= A\exp(\beta X) + B\exp(-\beta X) \\ \Psi_{\mathrm{III}}(X) &= \tau\exp(\mathrm{i}PX/\hbar)\,, \end{aligned} \tag{4.28}$$

wobei entsprechend unseren Randbedingungen (4.25) im Bereich III nur eine auslaufende Welle auftritt. Die Koeffizienten ϱ, τ, A, B sind im allgemeinen komplex und von der Energie abhängig; zu ihrer Bestimmung dient die aus physikalischen Gründen zu fordernde Stetigkeit der Wellenfunktion und deren erster Ableitung an den „Nahtstellen" zwischen den Bereichen I und II sowie II und III (d. h. für $X = 0$ und $X = c$):

$$\begin{aligned} &\Psi_{\mathrm{I}}(0) = \Psi_{\mathrm{II}}(0), \qquad \Psi_{\mathrm{II}}(c) = \Psi_{\mathrm{III}}(c)\,, \\ &\mathrm{d}\Psi_{\mathrm{I}}/\mathrm{d}X|_0 = \mathrm{d}\Psi_{\mathrm{II}}/\mathrm{d}X|_0, \qquad \mathrm{d}\Psi_{\mathrm{II}}/\mathrm{d}X|_c = \mathrm{d}\Psi_{\mathrm{III}}/\mathrm{d}X|_c\,. \end{aligned} \tag{4.29}$$

Man erhält damit ein lineares Gleichungssystem für die vier zu bestimmenden Koeffizienten; wir geben hier die Lösung für die Transmissions- und Reflexionswahrscheinlichkeiten $\mathscr{P}_\varrho = |\varrho|^2$ bzw.

$\mathcal{P}_\tau = |\tau|^2$ an (vgl. [5]):

$$\mathcal{P}_\varrho = \begin{cases} \sinh^2|\beta|\,c/(\sinh^2|\beta|\,c + \varkappa^2) & \text{bei} \quad E < U_c \\ \sin^2|\beta|\,c/(\sin^2|\beta|\,c + \varkappa^2) & \text{bei} \quad E > U_c, \end{cases} \tag{4.30}$$

$$\mathcal{P}_\tau = 1 - \mathcal{P}_\varrho,$$

mit $\varkappa^2 = 4E\,|E - U_c|/U_c^2$.

Zur Illustration dieses Resultates wählen wir eine Barriere mit $U_c = 0{,}5$ eV, an der ein Proton gestreut wird; Abb. 20 zeigt die Reflexionswahrscheinlichkeit in Abhängigkeit von der Energie für zwei Werte des Parameters c (der Breite der Barriere). Für $c = 0{,}35$ at. E. ergibt sich ein monotoner Verlauf. Man sieht, daß ausgeprägte Quanteneffekte auftreten: die Reflexionswahrscheinlichkeit ist für Energien unterhalb der Barrierenhöhe kleiner als 1,

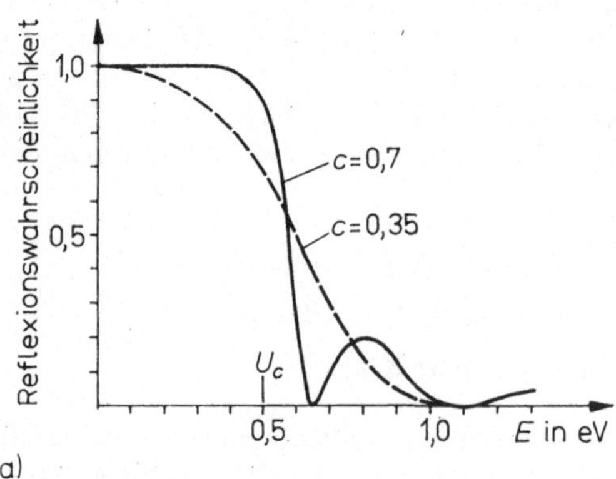

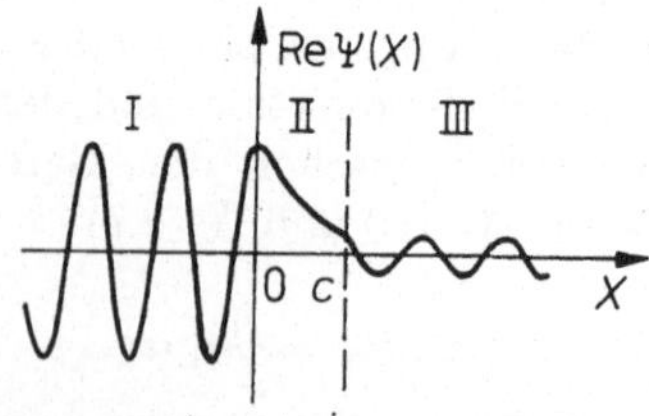

Abb. 20. Eindimensionale Streuung an einer Rechteck-Potentialbarriere.
a) Reflexionswahrscheinlichkeit in Abhängigkeit von der Energie,
b) Realteil der Wellenfunktion (Tunneleffekt)

die Transmissionswahrscheinlichkeit dementsprechend von Null verschieden (*Tunneleffekt*), und auch für größere Energien zeigt sich nicht der klassisch zu erwartende Verlauf (d. h. $\mathcal{P}_\varrho^{\text{klass}} = 1$ für $E < U_c$ und $\mathcal{P}_\varrho^{\text{klass}} = 0$ für $E > U_c$). Die Kurve für $c = 0{,}7$ at. E. weist außerdem deutliche Interferenzeffekte auf (oszillierendes Verhalten), die ebenfalls rein quantenmechanischer Natur sind.

In Abb. 20b ist qualitativ der Verlauf des Realteils der Wellenfunktion (für $E < U_c$) dargestellt. In den Bereichen I und III handelt es sich um ungedämpfte (freie) Wellen; im Bereich II klingt die Wellenfunktion exponentiell ab, bleibt wegen der endlichen Breite der Barriere aber von Null verschieden und bewirkt den Tunneleffekt.

4.2.2.2. *Dreidimensionale elastische Streuung. Verallgemeinerung des Formalismus*

Nach der Behandlung der Grundzüge der stationären Streutheorie am einfachen Beispiel der eindimensionalen Streuung lassen wir jetzt weitere Freiheitsgrade der Bewegung zu und betrachten zunächst die elastische Streuung eines strukturlosen Teilchens A an einem Hindernis, das zu einem sphärisch-symmetrischen Potential $U(R)$ führt. Es ist also die SCHRÖDINGER-Gleichung

$$\hat{H}\Psi(\boldsymbol{R}) \equiv \left\{-\frac{\hbar^2}{2m}\nabla_{\boldsymbol{R}}^2 + U(R)\right\}\Psi(\boldsymbol{R}) = E\Psi(\boldsymbol{R}) \qquad (4.31)$$

mit geeigneten Randbedingungen zu lösen. In Analogie zur Behandlung der eindimensionalen Streuung wählen wir diese Randbedingungen so, daß sie einem konstanten Teilchenstrom (A) — beschrieben durch eine ebene Welle — entsprechen, der in Richtung des Anfangsimpulses $\boldsymbol{P}$ aus dem Unendlichen auf das Streuzentrum trifft. Für große Abstände vom Streuzentrum ist die Wellenfunktion dann eine Superposition der einfallenden Welle und einer vom Streuzentrum auslaufenden Kugelwelle:

$$\Psi(\boldsymbol{R}) \underset{R\to\infty}{\simeq} \exp(\mathrm{i}\boldsymbol{P}\boldsymbol{R}/\hbar) + f(\vartheta)\,\frac{1}{R}\exp(\mathrm{i}PR/\hbar); \qquad (4.32)$$

in Abb. 21 sind die Verhältnisse veranschaulicht. Das Betragsquadrat der *Streuamplitude* $f(\vartheta)$ ist gemäß der in Abschn. 1.4. gegebenen Definition gleich dem differentiellen *Streuquerschnitt*:

$$q(\vartheta) = |f(\vartheta)|^2. \qquad (4.33)$$

Zur Bestimmung des gestreuten Anteils der Wellenfunktion (4.32) nutzt man die Symmetrie des Problems aus und setzt Ψ als Entwicklung nach Kugelfunktionen $Y_l^m(\vartheta, \varphi)$ an (Partialwellenentwicklung). Auf die Durchführung der Rechnungen gehen wir hier nicht ein (vgl. [5, 9, 15, 16, 36–38]).

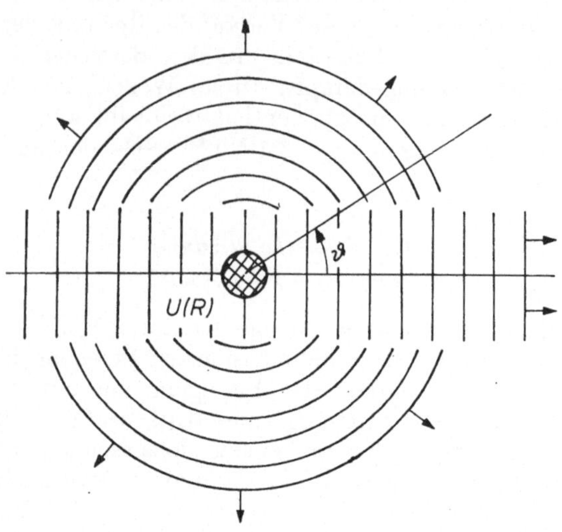

Abb. 21. Streuung im sphärisch-symmetrischen Potential (schematisch)

Für allgemeine Untersuchungen des durch die Gln. (4.31) und (4.32) definierten Randwertproblems ist es zweckmäßig, die SCHRÖDINGER-Gleichung in eine Integralgleichung umzuwandeln, in der die Randbedingung (4.32) unmittelbar enthalten ist. Eine solche Umformung führt auf die LIPPMANN-SCHWINGER-Gleichung (vgl. [9, 36–38])

$$\Psi(\boldsymbol{R}) = \exp\,(\mathrm{i}\boldsymbol{P}\boldsymbol{R}/\hbar) + \int \mathrm{d}^3\boldsymbol{R}'\, G_0(\boldsymbol{R}, \boldsymbol{R}'; E)\, \Psi(\boldsymbol{R}')\, U(R)', \tag{4.34}$$

die darin als Kern auftretende GREENsche Funktion $G_0(\boldsymbol{R}, \boldsymbol{R}'; E)$ genügt der Differentialgleichung

$$\left(-\frac{\hbar^2}{2m}\nabla_{\boldsymbol{R}}^2 + E\right) G_0(\boldsymbol{R}, \boldsymbol{R}'; E) = \delta(\boldsymbol{R} - \boldsymbol{R}') \tag{4.35}$$

und hat mit der Randbedingung, daß sie sich asymptotisch wie eine auslaufende Kugelwelle verhalten soll, die Form

$$G_0(\boldsymbol{R}, \boldsymbol{R}'; E) = -\frac{(2m/\hbar^2)}{4\pi\,|\boldsymbol{R} - \boldsymbol{R}'|} \exp(\mathrm{i}P\,|\boldsymbol{R} - \boldsymbol{R}'|/\hbar). \tag{4.36}$$

Man kann die LIPPMANN-SCHWINGER-Gleichung (4.34) noch übersichtlicher in einer Operatorschreibweise formulieren:

$$\Psi(\boldsymbol{R}) = \exp(\mathrm{i}\boldsymbol{PR}/\hbar) + \hat{G}_0(E)\,U(R')\,\Psi(\boldsymbol{R}) \tag{4.34'}$$

mit dem GREENschen Operator

$$\hat{G}_0(E) = \left(E + \frac{\hbar^2}{2m}\nabla_{\boldsymbol{R}}^2 + \mathrm{i}\eta\right)^{-1}, \tag{4.36'}$$

dessen Ortsdarstellung die GREENsche Funktion (4.36) ist. Die Behandlung der Gl. (4.34') erfolgt mit der Vorschrift, daß nach der Lösung der Grenzübergang $\eta \to 0$ durchgeführt wird (η sei reell und positiv).

4.2.2.3. Inelastische und reaktive Streuung

Wir betrachten nun ein System aus zwei zusammengesetzten „Teilchen" (Molekülen), die aufeinander stoßen; dabei seien elastische, inelastische und reaktive Streuung möglich:

$$X_1 + X_2 \to X_1' + X_2'. \tag{4.37}$$

Der Index α bezeichnet im folgenden (vgl. Abschn. 2.3.) den Eingangskanal, d. h. die Zerlegung $\{X_1, X_2\}$ des Gesamtsystems einschließlich der inneren Zustände; entsprechend bezeichnet β einen der möglichen Ausgangskanäle. Wo eine genauere Kennzeichnung nötig ist, wird zum Kanalindex $\alpha, \beta, \ldots$ ein kollektiver Index $a \equiv (i_1, i_2)$, $b \equiv (i_1', i_2'), \ldots$ hinzugefügt.

Die Bewegung im Kanal α wird nach Separation des Massenmittelpunktes durch den HAMILTON-Operator $\hat{H}_\alpha$ beschrieben, der sich aus einem die innere Bewegung bestimmenden Anteil $\hat{H}_\alpha{}^0$ und dem Operator $\hat{T}_{\boldsymbol{R}_\alpha}$ der kinetischen Energie der Relativbewegung der beiden Teilchen X_1 und X_2 zusammensetzt; entsprechendes gilt in anderen Kanälen. Zur Diskussion des asymptotischen Verhaltens der Wellenfunktion ist es daher zweckmäßig, eine kanalabhängige Aufteilung des gesamten HAMILTON-Operators $\hat{H}$ vorzunehmen:

$$\hat{H} = \hat{H}_\alpha + U_\alpha = \hat{H}_\beta + U_\beta, \tag{4.38}$$

mit

$$\hat{H}_\alpha = \hat{T}_{\boldsymbol{R}_\alpha} + \hat{H}_\alpha{}^0, \qquad \hat{H}_\beta = \hat{T}_{\boldsymbol{R}_\beta} + \hat{H}_\beta{}^0. \tag{4.39}$$

Die Abstände der Massenmittelpunkte von X_1 und X_2 bzw. von X_1' und X_2' bezeichnen wir mit R_α bzw. R_β; wir nehmen ferner an, daß die Potentiale U_α bzw. U_β bei großen Abständen schneller als $R_\alpha{}^{-1}$ bzw. $R_\beta{}^{-1}$ gegen Null gehen.

Für die inneren Zustände von Reaktanten bzw. Produkten sind folgende SCHRÖDINGER-Gleichungen zu lösen:

$$\begin{aligned} \hat{H}_\alpha{}^0 \chi_{\alpha a} &= E^{\text{int}}_{\alpha a} \chi_{\alpha a}, \\ \hat{H}_\beta{}^0 \chi_{\beta b} &= E^{\text{int}}_{\beta b} \chi_{\beta b}; \end{aligned} \tag{4.40}$$

die Gesamtenergie E ($\equiv \mathscr{E}$) ergibt sich aus den Eigenwerten durch Hinzufügen der Translationsenergie:

$$E = E^{\text{int}}_{\alpha a} + E^{\text{tr}}_{\alpha a} = E^{\text{int}}_{\beta b} + E^{\text{tr}}_{\beta b}, \tag{4.41}$$

$$E^{\text{tr}}_{\alpha a} = P^2_{\alpha a}/2\mu_\alpha, \; E^{\text{tr}}_{\beta b} = P^2_{\beta b}/2\mu_\beta, \tag{4.41 a}$$

wobei μ_α und μ_β die reduzierten Massen der Teilchenpaare $X_1 - X_2$ bzw. $X_1' - X_2'$ und $P_{\alpha a}$, $P_{\beta b}$ die Relativimpulse bezeichnen.

In Verallgemeinerung der Überlegungen zur elastischen Streuung nehmen wir an, ein stationärer Strom von Reaktanten X_1 falle auf einen Reaktanten X_2, wobei die Gesamtheit der inneren Zustände von X_1 und X_2 durch eine Funktion $\chi_{\alpha a}$ und die Relativbewegung durch eine ebene Welle $\exp(\mathrm{i}\boldsymbol{P}_{\alpha a}\boldsymbol{R}_\alpha/\hbar)$ beschrieben werde; die im Eingangskanal α einlaufende Welle hat somit die Form

$$\Phi_{\alpha a} = \chi_{\alpha a} \exp(\mathrm{i}\boldsymbol{P}_{\alpha a}\boldsymbol{R}_\alpha/\hbar). \tag{4.42}$$

Die vollständige stationäre Wellenfunktion im Eingangskanal ist (für ein Wechselwirkungspotential endlicher Reichweite) bei großen Abständen R_α eine Superposition der Funktion (4.42) und aller Kugelwellen, die den elastischen und inelastischen Prozessen entsprechen:

$$\begin{aligned} \Psi_{\alpha a} \underset{R_\alpha \to \infty}{\simeq} \Phi_{\alpha a} &+ \sum_{a'} f_{\alpha a, \alpha a'}(\Omega_\alpha)\, \chi_{\alpha a'} \\ &\times R_\alpha{}^{-1} \exp(\mathrm{i}P_{\alpha a'}R_\alpha/\hbar); \end{aligned} \tag{4.43}$$

in den offenen Ausgangskanälen β ergibt sie sich als Summe von Kugelwellen für die verschiedenen inneren Zustände der Produkte:

$$\Psi_{\alpha a} \underset{R_\beta \to \infty}{\simeq} \sum_b f_{\alpha a, \beta b}(\Omega_\beta)\, \chi_{\beta b} R_\beta^{-1} \exp(\mathrm{i} P_{\beta b} R_\beta/\hbar) \tag{4.44}$$

(Ω_α und Ω_β bezeichnen die Richtungen ϑ_α, φ_α bzw. ϑ_β, φ_β in den Kanälen α bzw. β.)

Die Aufgabe besteht damit in der Lösung der SCHRÖDINGER-Gleichung

$$\hat{H}\Psi_{\alpha a} = E\Psi_{\alpha a} \tag{4.45}$$

mit den Randbedingungen (4.43) und (4.44); der differentielle Streuquerschnitt für einen Prozeß $\alpha a \to \beta b$ berechnet sich dann aus dem Betragsquadrat der Streuamplitude $f_{\alpha a, \beta b}(\Omega_\beta)$, multipliziert mit dem Quotienten der Relativgeschwindigkeiten von Produktteilchen und Reaktantteilchen:

$$\begin{aligned} q_{\alpha a, \beta b}(\Omega_\beta) &\equiv q(a\ |u_{\alpha a}|\ b\ \|\ \Omega_\beta) \\ &= \frac{\mu_\alpha P_{b\beta}}{\mu_\beta P_{\alpha a}} |f_{\alpha a, \beta b}(\Omega_\beta)|^2 \end{aligned} \tag{4.46}$$

als Verallgemeinerung der Gl. (4.33) entsprechend der Definition in Abschn. 1.4.

Der Wirkungsquerschnitt läßt sich auch durch die Matrixelemente der Streumatrix (4.20) ausdrücken (vgl. z. B. [16]). Wir geben die entsprechende Beziehung für den totalen Wirkungsquerschnitt an:

$$\sigma_{\alpha a, \beta b} \equiv \sigma(a\ |u_{\alpha a}|\ b) = (\pi\hbar^2/P_{\alpha a}^2)\ |S_{\alpha a, \beta b}|^2 \tag{4.47}$$

mit $S_{\alpha a, \beta b} = \langle \Phi_{\beta b}|\ \hat{S}\ |\Phi_{\alpha a}\rangle$, wobei

$$\mathcal{P}_{\alpha a \to \beta b} = |S_{\alpha a, \beta b}|^2 \tag{4.48}$$

die Wahrscheinlichkeit für den Übergang von den Reaktanten (Kanal α) in den Zuständen $a \equiv (i_1, i_2)$ zu den Produkten (Kanal β) in den Zuständen $b \equiv (i_1', i_2')$ angibt.

Schließlich wollen wir noch die LIPPMANN-SCHWINGER-Gleichung auf reaktive Prozesse verallgemeinern; sie lautet in Operatorschreibweise:

$$\Psi_{\alpha a} = \Phi_{\alpha a} + \hat{G}_\alpha(E)\ U_\alpha \Psi_{\alpha a} \tag{4.49}$$

mit dem kanalabhängigen GREENschen Operator

$$\hat{G}_\alpha(E) = (E - \hat{H}_\alpha + \mathrm{i}\eta)^{-1}. \tag{4.50}$$

Auf Einzelheiten der von Gl. (4.49) ausgehenden formalen Streutheorie kann hier nicht eingegangen werden (s. z. B. [37, 38]).

Die quantenmechanische Bewegungsgleichung (4.1) ist invariant gegenüber einer Umkehr der Zeitrichtung ($t \to -t$), der Stoßvorgang ist somit reversibel. Infolgedessen gilt für einen Prozeß $\alpha a \to \beta b$ und seine Umkehrung $\beta b \to \alpha a$, daß ihre Wahrscheinlichkeiten gleich sind:

$$\mathcal{P}_{\alpha a \to \beta b} = \mathcal{P}_{\beta b \to \alpha a}. \tag{4.51}$$

Für die Wirkungsquerschnitte sind die Verhältnisse etwas komplizierter. Definieren wir den über alle Entartungen der Zustände der beiden Teilchen X_1 und X_2 im Kanal α (z. B. bezüglich der Drehimpulsrichtungen) sowie über alle Richtungen des Relativimpulses $P_{\alpha a}$ gemittelten und über die Entartungen der Zustände der Teilchen X_1' und X_2' im Kanal β summierten totalen Wirkungsquerschnitt

$$\begin{aligned}\breve{\sigma}_{\alpha a,\beta b} &\equiv \breve{\sigma}(a\,|u_{\alpha a}|\,b)\\ &\equiv (1/4\pi g_1 g_2) \sum_{m_1,m_2} \sum_{m_1',m_2'} \iint q(a\,|u_{\alpha a}|\,b\,\|\,\Omega_\beta)\,\mathrm{d}\Omega_\beta,\end{aligned} \tag{4.52}$$

entsprechend den Wirkungsquerschnitt $\breve{\sigma}_{\beta b,\alpha a}$, so gilt (vgl. [16])

$$g_1 g_2 P_{\alpha a}^2 \breve{\sigma}_{\alpha a,\beta b} = g_1' g_2' P_{\beta b}^2 \breve{\sigma}_{\beta b,\alpha a} \tag{4.53}$$

für jede beliebige Spezifizierung bezüglich der inneren Zustände; g_1, g_2 bzw. g_1', g_2' bezeichnen die Entartungsgrade (statistische Gewichte) der Zustände von X_1, X_2 bzw. X_1', X_2'. Dieser Zusammenhang drückt das *Prinzip des detaillierten Gleichgewichtes* aus; er ist eine Konsequenz der *mikroskopischen Reversibilität* gemäß Gl. (4.51).

Näherungsmethoden und praktische Lösungsverfahren der quantenmechanischen Streutheorie werden hier nicht detailliert behandelt; wir müssen uns mit Hinweisen auf einige methodische Richtungen begnügen. Ein wesentlicher Teil der aktuellen Forschung befaßt sich mit der Ausarbeitung „konvergenter" Verfahren, die eine im Prinzip beliebig genaue Lösung erlauben. Diese beruhen in der Hauptsache auf Entwicklungsansätzen: Nach Wahl eines Koordinatensystems für die Bewegungen in den verschiedenen Freiheitsgraden (Bewegung entlang einer Progreßvariablen bzw. Reaktionskoordinate s sowie Rotationen und Schwingungen in den restlichen Freiheitsgraden) wird die Wellenfunktion Ψ in jedem Streukanal nach Basisfunktionen ϕ_ν entwickelt, welche die Rotationen und Schwingungen entlang s beschreiben; für ein System mit einem inneren Freiheitsgrad x haben wir also

$$\Psi(s, x) = \sum_{\nu} F_{\nu}(s)\, \phi_{\nu}(x; s). \tag{4.54}$$

Aus der Bedingung, daß Ψ die SCHRÖDINGER-Gleichung erfüllen muß, folgt ein System gekoppelter Gleichungen (sog. Close-Coupling-Gleichungen) für die Translationsfunktionen $F_{\nu}(s)$. Im Konfigurationsraum der Kerne sind Grenzflächen zu definieren, welche die einzelnen Streukanäle voneinander trennen und an denen die Teillösungen und ihre ersten Ableitungen stetig aneinandergefügt werden müssen. Wesentliche Schwierigkeiten liegen dabei in der Wahl geeigneter Koordinatensysteme und Basisfunktionen sowie in der Ausarbeitung effektiver Algorithmen für die Rechnungen.

Eine Anzahl von Verfahren beruht auf einer Unterteilung des Kernkonfigurationsraumes in Abschnitte entlang des Reaktionsweges (im Falle zweier Freiheitsgrade etwa Sektoren bezüglich eines Drehpunktes P^*, vgl. Abb. 16). In diesen Abschnitten wird das Potential durch einen konstanten Wert oder eine einfache analytische Funktion angenähert, für welche die SCHRÖDINGER-Gleichung exakt analytisch lösbar ist; die Teillösungen werden dann glatt aneinandergefügt. Eine offenbar leistungsfähige Variante einer derartigen Verfahrensweise ist im Rahmen der R-Matrix-Theorie (vgl. [37—39, 41]) ausgearbeitet worden.

Alternativ zur Ausarbeitung konvergenter, prinzipiell unbegrenzt genauer Methoden bemüht man sich, quantenmechanische Näherungen zu finden, die von vornherein gewisse Vernachlässigungen vornehmen und dadurch die Rechnungen vereinfachen, ohne die Zuverlässigkeit der Ergebnisse wesentlich zu beeinträchtigen. Hierfür gibt es gegenwärtig verschiedene Konzepte: Reduzierung der Anzahl der gekoppelten Gleichungen (Drehimpulsentkopplung, speziell Infinite-Order-Sudden-Näherung), Distorted-Wave-Born-Näherung (vom Typ einer störungstheoretischen Näherung 1. Ordnung) sowie FRANCK-CONDON-Faktor-Modelle für die Übergangswahrscheinlichkeiten.

Ein Überblick über den Stand der Ausarbeitung und Anwendung bis Ende der 70er Jahre ist in [41] zu finden.

4.3. Klassische Näherung für die Kernbewegung

Die radikalste Vereinfachung bei der theoretischen Beschreibung atomarer und molekularer Stoßprozesse besteht darin, die Elektronenbewegung quantenmechanisch (gemäß Kap. 3.) und die Kernbewegung klassisch (d. h. nach den Gesetzen der klassischen Mechanik [5, 42, 43]) zu behandeln.

Wir untersuchen zuerst die Rechtfertigung einer solchen grobsemiklassischen Verfahrensweise und formulieren dann die Bewegungsgleichungen.

4.3.1. Argumente für die Anwendbarkeit der klassischen Näherung

Die kräftefreie Bewegung eines genügend lokalisierten Wellenpaketes entspricht, wie wir in Abschn. 4.2.1.1. gesehen haben, weitgehend der kräftefreien Bewegung eines Massenpunktes nach der klassischen Mechanik: sowohl die quantenmechanische Wahrscheinlichkeitsverteilung (4.11) als auch der klassische Massenpunkt laufen geradlinig mit konstanter Geschwindigkeit entsprechend dem 1. NEWTONschen Bewegungsgesetz (4.13). Diese Korrespondenz gilt unter bestimmten Bedingungen auch für die Bewegung unter dem Einfluß eines Potentials U (vgl. [6]). Wir bleiben der Einfachheit halber weiter bei dem eindimensionalen Modell.

Für $U(X) \neq 0$ wird die Wellenfunktion $\Psi(X, t)$ in der zeitabhängigen Beschreibung anstelle von (4.4) durch die SCHRÖDINGER-Gleichung

$$\{-(\hbar^2/2m)\,(\partial^2/\partial X^2) + U(X)\}\,\Psi(X,t) = \mathrm{i}\hbar(\partial/\partial t)\,\Psi(X,t) \tag{4.55}$$

bestimmt. Um zu ermitteln, welche Beziehung jetzt für den Mittelwert $\overline{X}(t)$ der Koordinate gilt, differenzieren wir Gl. (4.12) zweimal nach der Zeit, verwenden Gl. (4.55), integrieren partiell und beachten, daß $\Psi(X, t)$ bei $t \to \pm\infty$ gegen Null geht. Es ergibt sich

$$m(\mathrm{d}^2/\mathrm{d}t^2)\,\overline{X}(t) = \overline{F}(t), \tag{4.56}$$

wobei die rechte Seite

$$\overline{F}(t) \equiv \int_{-\infty}^{\infty} |\Psi(X,t)|^2\,(-\mathrm{d}U/\mathrm{d}X)\,\mathrm{d}X \tag{4.56a}$$

die mittlere Kraft auf das Teilchen bedeutet. Diese Beziehung (EHRENFEST-Gleichung) ist dem 2. NEWTONschen Bewegungsgesetz der klassischen Mechanik analog. An die Stelle der klassischen Bahn tritt hier die Bahn, die der Mittelwert $\bar{X}$ der Ortskoordinate durchläuft; beide Bahnen sind allerdings im allgemeinen nicht identisch, da sich $\bar{F}(t)$ von der „klassischen Kraft“ $-(\mathrm{d}U/\mathrm{d}X)_{X=\bar{X}}$ unterscheidet. Ist jedoch das Teilchen in einem genügend kleinen Bereich ΔX lokalisiert, so daß man die Änderung der Kraft über diesen Bereich vernachlässigen kann, und zwar

$$(1/2)\,|(\mathrm{d}^3U/\mathrm{d}X^3)_{\bar{X}}|\,(\Delta X)^2 \ll |(\mathrm{d}U/\mathrm{d}X)_{\bar{X}}|\,, \tag{4.57}$$

so geht Gl. (4.56) bei Anwendung des Mittelwertsatzes der Integralrechnung in die klassische Form

$$m(\mathrm{d}^2/\mathrm{d}t^2)\,\bar{X}(t) = -\mathrm{d}U(\bar{X})/\mathrm{d}\bar{X} \tag{4.58}$$

über.

Die Ortsunbestimmtheit ΔX ist nach der Beziehung (4.2) mit einer Impulsunbestimmtheit $\Delta P \approx \hbar/\Delta X$ verbunden; diese darf nicht zu groß werden, damit das Wellenpaket genügend lange lokalisiert bleibt und die kinetische Energie (4.10) annähernd ihren klassischen Wert $\bar{P}^2/2m$ besitzt. Hieraus folgt die Forderung

$$|\Delta P| \ll |\bar{P}|\,. \tag{4.59}$$

Die beiden Bedingungen (4.57) und (4.59) bedeuten, daß die Bewegung dann annähernd der klassischen Mechanik entspricht, wenn das Potential sich genügend schwach ändert und wenn der mittlere Impuls genügend groß ist.

Eine einfache, für grobe erste Abschätzungen geeignete Bedingung erhält man auf folgende Weise. Die lokale DE BROGLIEsche Wellenlänge einer Teilchenbewegung ist über die Beziehung

$$\lambda(X) = h/P \tag{4.60}$$

mit dem lokalen Impuls $P = (2mE^{\mathrm{tr}})^{1/2} = \big(2m(E - U)\big)^{1/2}$ verknüpft. Vergleicht man λ mit einer charakteristischen Länge d, über die sich das Potential merklich ändert, so resultiert die Bedingung

$$\lambda \ll d \tag{4.61}$$

für die Anwendbarkeit der klassischen Mechanik, d. h., die Bewegung muß mit genügend großem Impuls in Gebieten schwach veränderlichen Potentials verlaufen. Diese Bedingungen lassen sich um so eher erfüllen, je höher die Energien und je schwerer die Teilchen sind.

Wie die Erfahrungen bei der Anwendung rein klassischer Näherungen auf atomare und molekulare Stoßprozesse zeigen, sind die oben angegebenen Bedingungen zu einschränkend; auch wenn sie nicht gut erfüllt sind, ergeben sich bei einer klassischen Berechnung häufig gute Resultate (vgl. Abschn. 5.1.). Typische Quanteneffekte wie Zustandsquantelung, Interferenz, Tunnelung etc. können natürlich klassisch nicht beschrieben werden. Ferner ist darauf hinzuweisen, daß die vorausgesetzte adiabatische Näherung nur gilt, wenn die Geschwindigkeiten im langsamen Subsystem, das hier klassisch behandelt werden soll, nicht zu hoch sind.

4.3.2. Klassische Bewegungsgleichungen

Das Subsystem der N_k Kerne wird gemäß Abschn. 4.1. durch einen Satz von Koordinaten $\boldsymbol{Q} \equiv \{Q_1, \ldots, Q_{N_\mathrm{k}}\}$ beschrieben, über deren Art wir keine Voraussetzungen machen (verallgemeinerte Koordinaten). Die Werte dieser Koordinaten zu irgendeinem Zeitpunkt t geben die Lagen der Kerne im Raum an, die Zeitabhängigkeit $Q_i(t)$ bestimmt die Bahnkurven (*Trajektorien*), welche die Kerne bei ihrer Bewegung durchlaufen, und $\dot{Q}_i(t) \equiv \mathrm{d}Q_i/\mathrm{d}t$ sind die entsprechenden Geschwindigkeiten.

Wir nehmen an, die kinetische Energie der Kerne, die wir mit T^k bezeichnen wollen, und die potentielle Energie U seien durch die Koordinaten Q_i und die Geschwindigkeiten $\dot{Q}_i$ ausgedrückt, wobei T^k im allgemeinsten Falle die Form

$$\begin{aligned} T^\mathrm{k} &= T^\mathrm{k}(Q_1, \ldots, Q_{3N_\mathrm{k}}, \dot{Q}_1, \ldots, \dot{Q}_{3N_\mathrm{k}}) \\ &= (1/2) \sum_{i=1}^{3N_\mathrm{k}} \sum_{j=1}^{3N_\mathrm{k}} T_{ij}(Q_1, \ldots, Q_{3N_\mathrm{k}})\, \dot{Q}_i \dot{Q}_j \end{aligned} \tag{4.62}$$

hat [5, 42, 43]; ferner ist

$$U = U(Q_1, \ldots, Q_{3N_\mathrm{k}}). \tag{4.63}$$

Bildet man aus T^k und U die Funktion

$$L \equiv T^\mathrm{k} - U \tag{4.64}$$

(LAGRANGE-Funktion), so lassen sich die Bewegungsgleichungen als

$$(\mathrm{d}/\mathrm{d}t)\,(\partial L/\partial \dot{Q}_i) - (\partial L/\partial Q_i) = 0 \qquad (4.65)$$
$$(i = 1, 2, \ldots, 3N_\mathrm{k})$$

schreiben (LAGRANGE-Gleichungen) [5, 42, 43]. Dies sind $3N_\mathrm{k}$ gewöhnliche Differentialgleichungen 2. Ordnung für die Funktionen $Q_1(t), \ldots, Q_{3N_\mathrm{k}}(t)$. Es ist wesentlich leichter, dieses Gleichungssystem zu lösen als die partielle Differentialgleichung (4.1) für die Wellenfunktion $\Psi(Q_1, \ldots, Q_{3N_\mathrm{k}}; t)$.

Man kann die klassischen Bewegungsgleichungen in eine noch einfachere Form bringen. Hierzu definiert man die zu den verallgemeinerten Koordinaten Q_i konjugierten verallgemeinerten Impulse

$$P_i \equiv \partial L/\partial \dot{Q}_i \qquad (i = 1, 2, \ldots, 3N_\mathrm{k}), \qquad (4.66)$$

drückt in der kinetischen Energie T^k die verallgemeinerten Geschwindigkeiten $\dot{Q}_j$ durch die P_i und Q_i aus und bildet die HAMILTON-Funktion

$$H \equiv H(Q_1, \ldots, Q_{3N_\mathrm{k}}, P_1, \ldots, P_{3N_\mathrm{k}}) \equiv T^\mathrm{k} + U \qquad (4.67)$$

($= 2T^\mathrm{k} - L$). Anstelle der Gln. (4.65) ergeben sich dann $6N_\mathrm{k}$ gewöhnliche Differentialgleichungen 1. Ordnung für die Bestimmung der Funktionen $Q_i(t)$ und $P_i(t)$:

$$\dot{Q}_i = \partial H/\partial P_i\,, \qquad \dot{P}_i = -\partial H/\partial Q_i \qquad (4.68)$$
$$(i = 1, 2, \ldots, 3N_\mathrm{k}).$$

In dieser einfachen, in Q_i und P_i symmetrischen Gestalt werden die Bewegungsgleichungen als *kanonische Gleichungen* oder HAMILTON-Gleichungen bezeichnet. Der Bewegungsablauf ist vollständig bestimmt, wenn die Koordinaten und Impulse zu einem beliebigen Zeitpunkt t_0 vorgegeben werden.

Ein besonderer Vorteil dieser Darstellung liegt auch darin, daß Erhaltungssätze sehr leicht erkennbar sind. Hängt die HAMILTON-Funktion von einer Koordinate Q_k nicht ab (eine solche Koordinate nennt man zyklisch), so folgt aus der zweiten Gleichung (4.68): $\dot{P}_k = 0$, also $P_k = \mathrm{const}$ – d. h. die Größe P_k ist eine *Erhaltungsgröße* (Bewegungskonstante). Die HAMILTON-Funktion selbst ist solch eine Erhaltungsgröße, wenn sie die Zeit nicht explizite enthält ($\partial H/\partial t = 0$); ihr konstanter Wert ist gleich der Gesamtenergie des Kern-Subsystems, $H = E$.

4.3.3. Berechnung von Wirkungsquerschnitten

Zur Bestimmung der Wirkungsquerschnitte von Elementarprozessen simuliert man gewissermaßen ein Molekularstrahlexperiment, wie es in Abb. 2 schematisch dargestellt ist: Es wird eine große Anzahl von Stoßprozessen nach den im vorigen Abschnitt formulierten Bewegungsgesetzen berechnet, wobei in den Anfangsbedingungen die physikalisch kontrollierten Größen (Relativgeschwindigkeit der Stoßpartner sowie deren Quantenzustände, soweit sie im Experiment fixiert sind) durchgängig feste Werte haben und die übrigen Parameter (z. B. die gegenseitige Orientierung der Partner) entsprechend gewissen Häufigkeitsverteilungen, wie sie den experimentellen Gegebenheiten entsprechen, gewählt werden.

Nach der klassischen Mechanik sind die inneren Zustände (Schwingungen, Rotationen) von Molekülen nicht quantisiert; man kann jedoch die innere Energie so festlegen, daß sie bestimmten Quantenzuständen entspricht, und damit für die Anfangsbedingungen eine künstliche Quantisierung erreichen. Die Endzustände eines Stoßprozesses sind natürlich nicht quantisiert; man behilft sich im einfachsten Falle so, daß man einen berechneten Endzustand dem nächstgelegenen Quantenzustand des Produktmoleküls zuordnet. Nach einer solchen „Kästchensortierung“ der Prozesse berechnet man die Übergangswahrscheinlichkeit $\mathcal{P}_{\alpha a \to \beta b}$ mit $a \equiv (i_i, i_2)$ und $b \equiv (i_1', i_2')$ als denjenigen Anteil der Prozesse, der in der angegebenen Weise von den Zuständen a zu den Zuständen b führt. Zur Ermittlung des differentiellen Wirkungsquerschnittes hat man noch die berechneten Prozesse danach zu klassifizieren, in welches Raumwinkelelement $\Delta\Omega$ die Produkte auslaufen. Die so erhaltenen Wirkungsquerschnitte erfüllen nicht das Prinzip des detaillierten Gleichgewichtes, Gl. (4.53), obwohl auch die klassischen Bewegungsgleichungen (4.65) und (4.68) reversibel sind.

Einzelheiten der Verfahrensweise werden in Abschn. 5.1. näher erläutert.

Die klassische Behandlung der Kernbewegung ist zwar rechnerisch einfach durchführbar, weist jedoch eine Reihe schwerwiegender Nachteile auf: Vorgänge bei niedrigen Energien werden schlecht beschrieben, Quanteneffekte wie Interferenzen und Tunnelung durch Barrieren werden nicht erfaßt; infolgedessen ergibt die klassische Näherung meist ein falsches Schwellenverhalten und damit falsche Geschwindigkeitskonstanten bei tiefen Temperaturen. Die Quantisierung der Zustände der Fragmente, die in den verschiedenen Reaktionskanälen auftreten, muß in der klassischen Behandlung künstlich erzwungen werden. Hinzu kommt, daß nichtadiabatische Übergänge nicht ohne weiteres einbezogen werden können (vgl. Kap. 6.). Insgesamt jedoch liefert die klassische Näherung innerhalb der in Abschn. 4.3.1. abgesteckten Grenzen in der Regel sinnvolle, qualitativ (zuweilen auch quantitativ) richtige Resultate, insbesondere für Größen, die Mittelwerte über Quantenzustände beinhalten (vgl. Abschn. 5.1.3.).

4.4. *Quasiklassische und Hybridmethoden*

Vollständige quantenmechanische Berechnungen selbst einfachster molekularer Stoßprozesse sind extrem aufwendig; auch die methodischen Probleme hat man gegenwärtig noch nicht ganz überwunden. So wird der Einsatz quantenmechanischer Berechnungen vorerst sicher auf die Untersuchung grundsätzlicher Probleme (z. B. das Auftreten von Resonanzen) anhand einfacher Prototypprozesse oder Modelle sowie auf die Bereitstellung „innerer Standards" zur Testung vereinfachter Näherungen beschränkt bleiben (vgl. Abschn. 5.2.).

Seit Anfang der 70er Jahre sind auf Grund dieser Situation verschiedene Versuche unternommen worden, um Methoden zu entwickeln, die sich im wesentlichen auf eine klassische Behandlung der Kernbewegung stützen, diese jedoch durch Einbeziehung gewisser Elemente der Quantenmechanik so modifizieren, daß die hauptsächlichsten Quanteneffekte erfaßt werden können. Zu den aussichtsreichsten dieser Konzepte gehören die folgenden, die sowohl Quantenphänomene als auch eine starke Kopplung zwischen Zuständen berücksichtigen:

- Berechnung klassischer Trajektorien (in einem etwas verallgemeinerten Sinn) und Konstruktion einer „klassischen Streumatrix". Die Dynamik der Stöße wird durch die klassischen Bewegungsgleichungen für alle Kernfreiheitsgrade beschrieben. (*Methode der klassischen S-Matrix*)
- Quantenmechanische Behandlung eines Teils der Freiheitsgrade (des „schnellen Subsystems" oder „Quantensubsystems") und klassische Behandlung der verbleibenden Freiheitsgrade (des „langsamen Subsystems" oder „klassischen Subsystems")

in dem gleichen Sinne wie es in Abschn. 4.1. für Elektronen und Kerne beschrieben wurde. Die Kopplung zwischen beiden Subsystemen wird näherungsweise berücksichtigt.
(*Semiklassische Näherung*)

– Klassische störungstheoretische Behandlung der Kernbewegung oder Ermittlung des klassischen Grenzfalls für die Übergangsamplituden zwischen Zuständen mit hohen Quantenzahlen. Dieses Konzept kann als Spezialfall der beiden zuvor genannten Verfahren angesehen werden.
(*Anwendung des Korrespondenzprinzips*)

Um den Zusammenhang mit der strengen quantenmechanischen Behandlung herzustellen, gehen wir von dem in Abschn. 4.2.1.2. eingeführten dynamischen Operator $\hat{U}$ bzw. dem Streuoperator $\hat{S}$ aus. Die Matrixelemente des Streuoperators, $S_{\alpha a,\beta b}$, zwischen den inneren Zuständen des Systems a und b vor bzw. nach dem Stoß sind unmittelbar verknüpft mit der Streuamplitude $f_{\alpha a,\beta b}$ (s. Abschn. 4.2.2.3.). Ein fundamentaler Unterschied zwischen quantenmechanischer und klassischer Streutheorie besteht darin, daß bei der quantenmechanischen Behandlung Übergangswahrscheinlichkeits-*amplituden* $S_{\alpha a,\beta b}$ berechnet werden, deren Betragsquadrat gemäß Gl. (4.48) die Übergangswahrscheinlichkeit ergibt, wodurch das quantenmechanische Superpositionsprinzip berücksichtigt ist – bei der klassischen Behandlung hingegen bestimmt man direkt die Übergangswahrscheinlichkeiten (s. Abschn. 4.3.3.). Außerdem erlaubt der Wellencharakter der Teilchenbewegung in der quantenmechanischen Beschreibung das Eindringen in klassisch verbotene Bereiche.

Es ist nun möglich, im Rahmen einer verallgemeinerten klassischen Behandlung der Bewegung quantenmechanische Interferenzeffekte dadurch zu erfassen, daß Übergangsamplituden in einem klassischen Grenzfall (formal $h \to 0$) berechnet werden (Abschn. 4.4.1.). Bei einer semiklassischen Näherung beschreibt man alle jene Freiheitsgrade quantenmechanisch, für die Quanteneffekte voraussichtlich eine wesentliche Rolle spielen (Abschn. 4.4.2.). Bei Anwendung der Störungstheorie bzw. des Korrespondenzprinzips werden beide Näherungen identisch (vgl. [8]).

Soweit das nicht ausdrücklich anders angegeben wird, beschränken sich die Darlegungen dieses Abschnittes weiter auf elektronisch adiabatische Prozesse. Das Schema in Abb. 22 gibt einen Überblick über die Bezeichnungsweise und die Zusammenhänge zwischen verschiedenen Methoden.

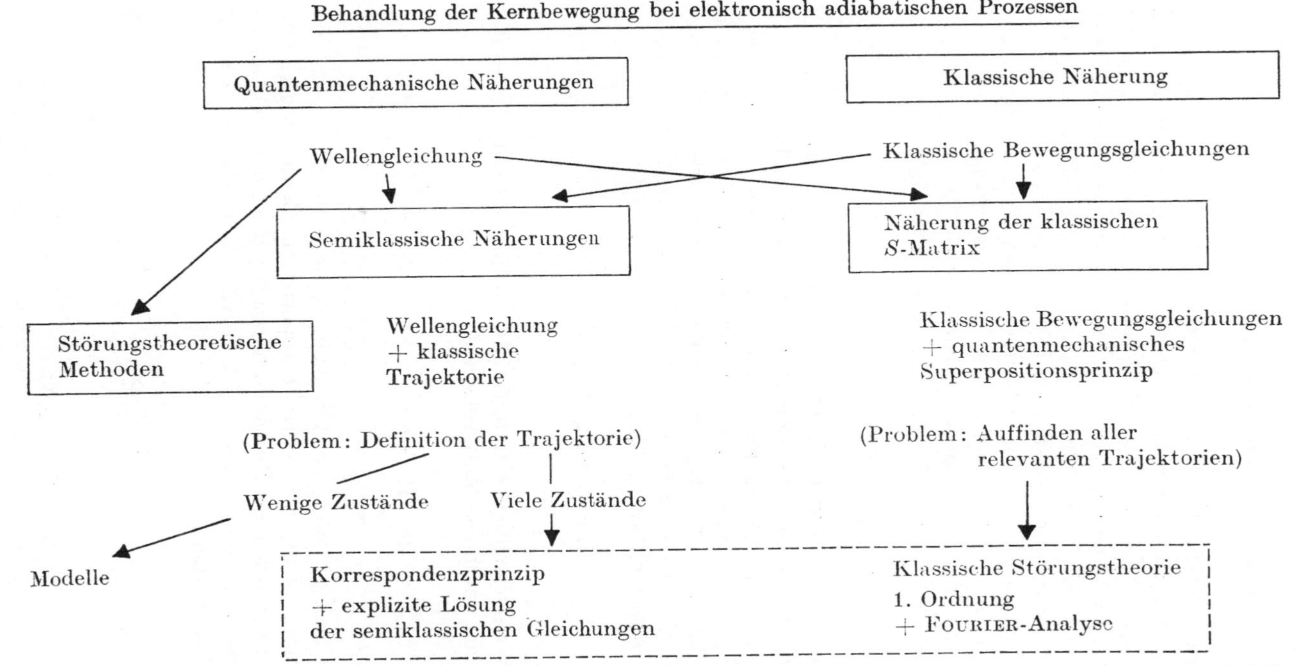

Abb. 22. Übersicht: **Methoden für die Berechnung von Übergangswahrscheinlichkeiten bzw. Wirkungsquerschnitten adiabatischer atomarer und molekularer Stoßprozesse**

4.4.1. Methode der klassischen S-Matrix

Die konsequenteste Konzeption zur Berücksichtigung von Quanteneffekten im Rahmen der klassischen Mechanik besteht darin, die vollständige S-Matrix des Stoßproblems in einem klassischen Grenzfall zu berechnen [44, 15]. Diese quasiklassische Näherung ist genügend allgemein, um auf die Behandlung nichtadiabatischer Prozesse ausgedehnt werden zu können [44]; darauf gehen wir jedoch hier nicht ein. Zur Erläuterung der Methode betrachten wir ein typisches Problem der molekularen Stoßtheorie — die Bestimmung der Übergangswahrscheinlichkeit für einen zustandsspezifizierten reaktiven Prozeß in einem dreiatomigen System:

$$\mathrm{A} + \mathrm{BC}(n) \rightarrow \mathrm{AB}(n') + \mathrm{C} \tag{4.69}$$

mit den Impulsen $\boldsymbol{P}$ bzw. $\boldsymbol{P}'$ für die Relativbewegung A — BC bzw. AB—C vor und nach dem Stoß; die Quantenzahlen n bzw. n' charakterisieren die inneren Zustände der stabilen nichtwechselwirkenden zweiatomigen Moleküle BC und AB. Diese asymptotischen Zustände, die Eigenzustände der HAMILTON-Operatoren $\hat{H}_\alpha$ bzw. $\hat{H}_\beta$ für den Eingangs- bzw. Ausgangskanal sind, werden durch Wellenfunktionen der Form (4.42) beschrieben:

$$|\boldsymbol{P}n\rangle = \chi_n \exp(\mathrm{i}\boldsymbol{P}\boldsymbol{R}/\hbar), \tag{4.70}$$

$|\boldsymbol{P}'n'\rangle$ entsprechend.

Die Wahrscheinlichkeitsamplitude für den Prozeß $\boldsymbol{P}n \rightarrow \boldsymbol{P}'n'$ ist gegeben durch das Matrixelement

$$S_{nn'} = \lim_{\substack{t_1\to-\infty\\ t_2\to+\infty}} \langle \boldsymbol{P}'n'|\, \mathrm{e}^{\frac{\mathrm{i}}{\hbar}\hat{H}_\beta t_2}\, \mathrm{e}^{-\frac{\mathrm{i}}{\hbar}\hat{H}(t_2-t_1)}\, \mathrm{e}^{-\frac{\mathrm{i}}{\hbar}\hat{H}_\alpha t_1} |\boldsymbol{P}n\rangle \tag{4.71}$$

eines Operators, der den Grenzfall $t_1 \rightarrow -\infty$, $t_2 \rightarrow +\infty$ des Propagators (4.19) mit korrekt separierten Zeitabhängigkeiten für die asymptotischen Zustände darstellt; $\hat{H}$ ist der vollständige HAMILTON-Operator. Dieser Ausdruck kann folgendermaßen geschrieben werden:

$$S_{nn'} = \lim_{\substack{t_1\to-\infty\\ t_2\to+\infty}} \mathrm{e}^{\frac{\mathrm{i}}{\hbar}E(t_2-t_1)} \langle \boldsymbol{P}'n'|\, \mathrm{e}^{-\frac{\mathrm{i}}{\hbar}\hat{H}(t_2-t_1)}\, |\boldsymbol{P}n\rangle \tag{4.72}$$

$$= \delta(E' - E)\, S_{nn'}(E). \tag{4.72'}$$

Eine klassische Näherung für die S-Matrix, d. h. für die Übergangsamplituden $S_{nn'}$, erhält man aus Gl. (4.72), indem man den Propagator (4.19) sowie die Wellenfunktionen (4.70) quasiklassisch approximiert, d. h. zum klassischen Grenzfall übergeht. Hierzu müssen für diese Größen geeignete Darstellungen benutzt werden. In der Ortsdarstellung gibt das Matrixelement $\langle \underset{\sim}{Q}^{(2)} | \hat{U} | \underset{\sim}{Q}^{(1)} \rangle$ des Propagators (4.19) die Wahrscheinlichkeitsamplitude dafür an, die Teilchen zum Zeitpunkt t_2 an Positionen, die hier zusammenfassend durch eine Koordinate $\underset{\sim}{Q}^{(2)}$ bezeichnet sind, zu finden, wenn sie zum Zeitpunkt t_1 an $\underset{\sim}{Q}^{(1)}$ lokalisiert waren. Die quasiklassische Näherung können wir dadurch definieren, daß das klassische Wirkungsintegral [42, 43]

$$\varphi(\underset{\sim}{Q}^{(2)}, \underset{\sim}{Q}^{(1)}) \equiv \int_{t_1}^{t_2} L(\underset{\sim}{Q}, \dot{\underset{\sim}{Q}})\, \mathrm{d}t, \tag{4.73}$$

wobei L die LAGRANGE-Funktion (4.64) bezeichnet, im Vergleich zu $\hbar$ sehr große Werte annimmt. Der Propagator $\hat{U}$ in der Ortsdarstellung läßt sich in diesem klassischen Grenzfall als Summe der Beiträge derjenigen Trajektorien (Index j) schreiben, die den oben angegebenen Randbedingungen genügen:

$$\langle \underset{\sim}{Q}^{(2)} | \hat{U}(t_2 - t_1) | \underset{\sim}{Q}^{(1)} \rangle = \sum_j A_j \exp\left[(\mathrm{i}/\hbar)\, \varphi_j(\underset{\sim}{Q}^{(2)}, \underset{\sim}{Q}^{(1)})\right] \tag{4.74}$$

mit vorerst nicht weiter spezifizierten Faktoren A_j. Dieser Ausdruck kann beispielsweise aus der FEYNMANschen Wegintegral-Formulierung der Quantenmechanik [45] erhalten werden, bei der im Grenzfall $\hbar \to 0$ von allen möglichen Trajektorien nur diejenigen beitragen, entlang derer das Wirkungsfunktional stationär ist. Eine solche Methode wird auch im folgenden Abschn. 4.4.2. benutzt.

Für den Fall zweier Freiheitsgrade (ein Translations- und ein innerer Freiheitsgrad) wollen wir die S-Matrix in quasiklassischer Näherung — die *klassische S-Matrix* — genauer aufschreiben; wir denken dabei an einen kollinearen Stoß eines Atoms mit einem zweiatomigen Molekül gemäß Gl. (4.69). In der üblichen Ortsdarstellung unter Benutzung der Koordinate R und des Impulses P für die Translation sowie der Koordinate r und des Impulses p für die innere Bewegung (Schwingung) hat der quasiklassische Propagator die Form (4.74) mit den Phasen (4.73) für die entsprechende LAGRANGE-Funktion. Die quasiklassische Wellenfunktion für die innere Bewegung wird

$$\chi_n(r) \simeq p^{-1/2} \exp\left[(\mathrm{i}/\hbar) \int^r p(n, r)\, \mathrm{d}r\right] \tag{4.75}$$

(WKB-Näherung [9, 16, 36]). Setzt man diese Ausdrücke in die Formel (4.72) ein, so ergibt sich die quasiklassische Näherung für das S-Matrixelement. Es ist im vorliegenden Fall zweckmäßig, die innere Bewegung anstelle der gewöhnlichen Koordinate und des entsprechenden kanonisch-konjugierten Impulses durch sogenannte Wirkungs- und Winkelvariable [42, 43], n bzw. w, zu beschreiben, wobei die Wirkungsvariable n das klassische Gegenstück zur Quantenzahl darstellt — d. h., in der quantenmechanischen Beschreibung der inneren Bewegung kann diese Variable nur ganzzahlige Werte annehmen. Der Übergang von einem Satz kanonischer Variabler zum anderen erfolgt mittels einer kanonischen Transformation [42, 43]. Insgesamt gelangt man auf diese Weise (die Herleitung übergehen wir) zu folgendem Ausdruck für das klassische S-Matrixelement, das die Übergangsamplitude vom Zustand n in den Zustand n' angibt:

$$S^{\mathrm{cl}}_{nn'} = \sum_j (1/2\pi\hbar)\, (\partial^2\varphi_j/\partial n\, \partial n')\, \exp\left[-(\mathrm{i}/\hbar)\, \varphi_j(P'n', Pn)\right]. \tag{4.76}$$

Diese Größe ist bestimmt durch das Wirkungsintegral φ entlang aller derjenigen Trajektorien (numeriert durch den Index j), welche die Zustände n und n' verbinden, d. h. den Randbedingungen

$$\begin{aligned} n(t_1) &= n, \qquad & P(t_1) &= P \\ n(t_2) &= n', \qquad & P(t_2) &= P' \end{aligned} \tag{4.77}$$

genügen; die Näherung ist gültig, solange die Differenz der Phasen benachbarter Trajektorien genügend groß ist.

Bei mehrdimensionalen Problemen haben wir einen Satz von Variablen n („Quantenzahlen“) und entsprechend einen Satz von Winkelvariablen (Phasen). Die Verallgemeinerung des Formalismus auf mehrere Freiheitsgrade soll hier nicht behandelt werden (vgl. [44]).

Wie man sieht, erfordert die Anwendung der Näherung der klassischen S-Matrix die numerische Integration der klassischen Bewegungsgleichungen (4.68). Die Problemstellung ist jedoch verschieden von der gewöhnlichen klassischen Trajektorienmethode (s. Abschn. 4.3.), bei der die Anfangswerte der dynamischen Variablen Q und P vorgegeben sind – es müssen nämlich jetzt solche Trajektorien gefunden werden, die entsprechend den Randbedingungen (4.77) von einem vorgegebenen Anfangswert n zu einem vorgegebenen Endwert n' führen. Zu dem Wertepaar n, n' kann es mehrere Trajektorien geben, die n und n' verknüpfen; sie unterscheiden sich durch die Anfangsphasen (d. h. die Anfangswerte der Winkelvariablen). Die praktische Bestimmung solcher Trajektorien, die „von beiden Enden her" definiert sind, ist eine ziemlich schwierige Aufgabe. Entlang jeder dieser Trajektorien j muß dann nach der Formel (4.73) das klassische Wirkungsintegral φ_j berechnet werden; es liefert gemäß Gl. (4.76) direkt den Phasenfaktor des Beitrages zum S-Matrixelement und über die Ableitungen nach n und n' den Amplitudenfaktor $A_j^{nn'}$, der die *klassische* Wahrscheinlichkeit $\mathcal{P}^j_{n\to n'} = |A_j^{nn'}|^2$ für die Trajektorie j bestimmt.

Die Übergangswahrscheinlichkeit erhält man auf Grund der Gln. (4.48) und (4.76) als

$$\mathcal{P}_{n\to n'} = \sum_j \mathcal{P}^j_{n\to n'} + \sum_{j\neq i}\sum (\mathcal{P}^j_{n\to n'})^{1/2} (\mathcal{P}^i_{n\to n'})^{1/2} \times \cos\left[(1/\hbar)(\varphi_j - \varphi_i)\right]. \tag{4.78}$$

Dieser Ausdruck (zuweilen als *primitive Näherung* der klassischen S-Matrix bezeichnet) besteht aus einem klassischen Anteil (Summe über die Wahrscheinlichkeiten der einzelnen Trajektorien) und einem nichtklassischen Anteil, der als Folge des quantenmechanischen Superpositionsprinzips auftritt und Interferenzeffekte berücksichtigt. Wird dieser zweite Anteil weggelassen (was z. B. dann gerechtfertigt ist, wenn der cos-Term für kleine Änderungen der Trajektorienparameter schnell oszilliert), so vereinfacht sich Gl. (4.78) zu

$$\mathcal{P}_{n\to n'} = \sum_j \mathcal{P}^j_{n\to n'} \tag{4.79}$$

(*klassische Näherung* der klassischen S-Matrix). Die Wahrscheinlichkeiten (4.78) und (4.79) erfüllen übrigens das Prinzip der mikroskopischen Reversibilität, da Anfangs- und Endzustände symmetrisch behandelt werden – im Unterschied zur gewöhnlichen klassischen Näherung (vgl. Abschn. 4.3.3.).

In vielen Fällen können Interferenzeffekte tatsächlich vernachlässigt werden, es gibt aber eine Anzahl von Phänomenen, für welche sie grundlegend wichtig sind: Beispielsweise liefern sie eine Erklärung für die strikte Einhaltung der Auswahlregel, daß ΔJ bei Rotationsübergängen in homonuklearen zweiatomigen Molekülen ganzzahlig sein muß, sowie für die nichtmonotone Abhängigkeit der Schwingungsübergangswahrscheinlichkeit von den Quantenzahlen und von der Energie.

Die Formeln (4.78) und (4.79) beziehen sich auf klassisch erlaubte Übergänge, d. h. Übergänge $n \to n'$, für die mindestens eine reelle Trajektorie als Lösung der klassischen Bewegungsgleichungen existiert, welche diese Zustände verbindet. In einer allgemeineren Formulierung [44] kann die Näherung der klassischen S-Matrix so erweitert werden, daß sie auch klassisch verbotene Übergänge einbezieht. Im Rahmen der hier behandelten primitiven Version der Methode erfordert eine solche Erweiterung das Aufsuchen komplexwertiger Trajektorien für den betreffenden Übergang $n \to n'$, d. h. die Integration der klassischen Bewegungsgleichungen entlang einer komplexen Zeitlinie, die so zu wählen ist, daß die Trajektorie „erzwungenermaßen" von n nach n' gelangen kann. Dieses Verfahren führt zur folgenden Formel für die Übergangswahrscheinlichkeit:

$$\mathcal{P}_{n \to n'} = (1/2\pi)\, |\partial^2 \varphi / \partial n\, \partial n'|\, \exp\,[-\mathrm{Im}\,(2\varphi/\hbar)], \tag{4.80}$$

wobei von allen möglichen Trajektorien der genannten Art diejenige benutzt wird, welche den kleinsten Imaginärteil des Wirkungsintegrals aufweist. In dieser Näherung, die nur für genügend große $\mathrm{Im}\,(\varphi/\hbar)$ gilt, können Anfangs- und Endphasen komplexe Werte haben.

Die Ausdrücke (4.78) und (4.80) sind nur korrekt, wenn man sich genügend weit entfernt vom Grenzbereich zwischen klassisch erlaubten und klassisch verbotenen Übergängen befindet; dieser Grenzbereich ist definiert durch die Bedingung, daß zwei oder mehrere Trajektorien, die ein Paar von Werten n und n' verknüpfen, sehr nahe beieinander liegen oder im Grenzfall verschmelzen. Zur Bestimmung der klassischen S-Matrix in Fällen, in denen die Phasendifferenzen $(\varphi_j - \varphi_i)/\hbar$ nicht groß sind, muß man von der allgemeinen Integraldarstellung der S-Matrix ausgehen und nicht nur die Beiträge einer endlichen Anzahl von Trajektorien einbeziehen, sondern eine kontinuierliche Mannigfaltigkeit von Trajektorien berücksichtigen. Hinreichend genaue Resultate lassen sich häufig durch Verwendung sogenannter *uniformer Näherungen* [15, 44] erzielen. Bei zwei eng benachbarten

Trajektorien 1 und 2 ergibt sich eine für manche Zwecke nützliche Näherungsformel für $\mathcal{P}_{n\to n'}$ mittels der AIRY-Funktionen Ai und Bi:

$$\mathcal{P}_{n\to n'} = |(\mathcal{P}^1_{n\to n'})^{1/2} + (\mathcal{P}^2_{n\to n'})^{1/2}|^2 \, \pi z^{1/2} \, \mathrm{Ai}(-z) + (\mathcal{P}^1_{n\to n'}\mathcal{P}^2_{n\to n'})^{1/2} \, \pi z^{1/2} \, \mathrm{Bi}(-z) \tag{4.81}$$

mit $z = |3(\varphi_1 - \varphi_2)/4\hbar|^{2/3}$. In den beiden Grenzfällen $z \gg 1$ und $z \ll 1$ wird der Ausdruck (4.81) identisch mit (4.78) bzw. (4.80), erlaubt aber auch die Beschreibung intermediärer Fälle. Wir diskutieren diese Probleme hier nicht weiter im Detail, sondern verweisen auf die Literatur (s. beispielsweise [44, 46, 47]).

4.4.2. *Semiklassische Näherung*

Eine der Hauptschwierigkeiten bei der Anwendung der klassischen Mechanik auf die Kernbewegung in elektronisch adiabatischen Stoßprozessen besteht in einer adäquaten Behandlung der quantisierten Schwingungen und Rotationen. Außerdem treten natürlich besondere Schwierigkeiten dann auf, wenn die adiabatische Separation von Kern- und Elektronenbewegung nicht mehr gilt und Übergänge zwischen verschiedenen Elektronenzuständen in Betracht gezogen werden müssen. Wir führen daher eine sogenannte *semiklassische Näherung* ein (in der englischsprachigen Literatur auch als Classical-Path Approach bezeichnet): Ein Teil der Freiheitsgrade (Koordinaten $\boldsymbol{q}$) — das *quantenmechanische Subsystem* — wird durch die Quantenmechanik beschrieben, der verbleibende Teil (Koordinaten $\boldsymbol{Q}$) — das *klassische Subsystem* — durch die klassische Mechanik, vgl. Abschn. 4.1. Es liegt auf der Hand, daß die Behandlung der Kopplung zwischen beiden Subsystemen in einer solchen Hybridtheorie ein ziemlich kompliziertes Problem darstellt [48].

Die im folgenden gegebene Formulierung der semiklassischen Näherung ist genügend allgemein, um verschiedene Situationen zu erfassen. Beispielsweise kann es sich beim q-System um die Elektronen und beim Q-System um die Kerne handeln; auf diesen Fall werden wir in Kap. 6. zurückkommen. Eine andere Möglichkeit besteht darin, bei Voraussetzung der Gültigkeit der elektronisch adiabatischen Näherung (gegebenes Potential U) das q-System mit den Schwingungs- und Rotationsfreiheitsgraden, das Q-System mit den restlichen Kernfreiheitsgraden zu identifizieren.

Die vollständige HAMILTON-Funktion des betrachteten Systems, dessen Dynamik untersucht werden soll, kann folgendermaßen aufgeteilt werden:

$$H(\boldsymbol{Q}, \boldsymbol{P}; \boldsymbol{q}, \boldsymbol{p}) = H^{\mathrm{cl}}(\boldsymbol{Q}, \boldsymbol{P}) + H^{\mathrm{qu}}(\boldsymbol{q}, \boldsymbol{p}) + V(\boldsymbol{q}, \boldsymbol{Q}); \tag{4.82}$$

$H^{\mathrm{cl}}(\boldsymbol{Q}, \boldsymbol{P})$ und $H^{\mathrm{qu}}(\boldsymbol{q}, \boldsymbol{p})$ sind die HAMILTON-Funktionen für die ungekoppelten Subsysteme, $\boldsymbol{P}$ und $\boldsymbol{p}$ bezeichnen den Satz der zu $\boldsymbol{Q}$ bzw. $\boldsymbol{q}$ konjugierten verallgemeinerten Impulse. Es sei vorausgesetzt, daß für die Wechselwirkungen zwischen den beiden Subsystemen vor und nach dem Stoß $V(\boldsymbol{q}, \boldsymbol{Q}) \to 0$ gilt.

Das klassische Subsystem wird durch Trajektorien

$$\boldsymbol{Q}(t) \equiv \{Q_1(t), Q_2(t), \ldots\} \tag{4.83}$$

beschrieben, das quantenmechanische Subsystem durch Wellenfunktionen, die wir auf Grund der zeitabhängigen Kopplung $V(\boldsymbol{q}, \boldsymbol{Q}) \equiv V(\boldsymbol{q}, \boldsymbol{Q}(t))$ an das klassische Subsystem ebenfalls zeitabhängig ansetzen müssen:

$$\Psi \equiv \Psi(\boldsymbol{q}, t). \tag{4.84}$$

Um diese Größen zu bestimmen, gehen wir von der Integraldarstellung des Propagators (4.19) bezüglich der Quantenzahlen n und n' für die Bewegung des q-Subsystems (häufig auch als „innere Bewegung" bezeichnet) aus:

$$\begin{aligned} &U_{nn'}(\boldsymbol{Q}^{(2)}t_2, \boldsymbol{Q}^{(1)}t_1) \\ &= \langle \Phi_{n'}(\boldsymbol{q}^{(2)}, \boldsymbol{Q}^{(2)})| \, \hat{U}(\boldsymbol{Q}^{(2)}\boldsymbol{q}^{(2)}t_2, \boldsymbol{Q}^{(1)}\boldsymbol{q}^{(1)}t_1) \, |\Phi_n(\boldsymbol{q}^{(1)}, \boldsymbol{Q}^{(1)})\rangle ; \end{aligned} \tag{4.85}$$

hier bedeuten $\hat{U}(\boldsymbol{Q}^{(2)}\boldsymbol{q}^{(2)}t_2, \boldsymbol{Q}^{(1)}\boldsymbol{q}^{(1)}t_1)$ den Propagator des Gesamtsystems in der Koordinatendarstellung mit $\boldsymbol{Q}^{(1)} \equiv \boldsymbol{Q}(t_1)$ usw. sowie $\Phi_n(\boldsymbol{q}, \boldsymbol{Q})$, $\Phi_{n'}(\boldsymbol{q}, \boldsymbol{Q})$ stationäre Eigenfunktionen des HAMILTON-Operators

$$\hat{H}^{\mathrm{fix}}(\boldsymbol{q}, \boldsymbol{Q}) \equiv \hat{H}^{\mathrm{qu}} + V(\boldsymbol{q}, \boldsymbol{Q}) + V(\boldsymbol{Q}), \tag{4.86}$$

d. h. es gilt mit $\mathcal{U}_n(\boldsymbol{Q})$ als parametrisch $\boldsymbol{Q}$-abhängigem Eigenwert:

$$\hat{H}^{\mathrm{fix}}\Phi_n(\boldsymbol{q}, \boldsymbol{Q}) = \mathcal{U}_n(\boldsymbol{Q}) \, \Phi_n(\boldsymbol{q}, \boldsymbol{Q}). \tag{4.87}$$

Der Ausdruck (4.85) für das klassische Subsystem kann in Form eines FEYNMANschen Wegintegrals (einer Verallgemeinerung des gewöhnlichen Integralbegriffes, vgl. [45]) geschrieben werden:

$$U_{nn'}(\boldsymbol{Q}^{(2)}t_2, \boldsymbol{Q}^{(1)}t_1) = \int \mathrm{d}[\tilde{\boldsymbol{Q}}] \exp\left\{(\mathrm{i}/\hbar) \int\limits_{\boldsymbol{Q}^{(1)}}^{\boldsymbol{Q}^{(2)}} L(\tilde{\boldsymbol{P}}, \tilde{\boldsymbol{Q}})\, \mathrm{d}t\right\} T_{nn'}(\tilde{\boldsymbol{Q}}); \tag{4.88}$$

dieses Integral enthält die LAGRANGE-Funktion L des klassischen Subsystems (vgl. Abschn. 4.3.2.) sowie die Amplitude $T_{nn'}$ für den Übergang $n \to n'$ des quantenmechanischen Subsystems[1]), der durch die Bewegung des klassischen Subsystems entlang irgendeiner Trajektorie $\tilde{\boldsymbol{Q}} = \tilde{\boldsymbol{Q}}(t)$ induziert wird. Diese Übergangsamplitude ist durch die Wellenfunktion $\Psi(\boldsymbol{q}, t)$ bestimmt, die man durch Lösen der zeitabhängigen SCHRÖDINGER-Gleichung für das quantenmechanische Subsystem,

$$\mathrm{i}\hbar\, \partial\Psi(\boldsymbol{q}, t)/\partial t = \hat{H}^{\mathrm{fix}}\Psi(\boldsymbol{q}, t), \tag{4.89}$$

erhält. Als Trajektorien $\boldsymbol{Q}(t)$ des klassischen Subsystems werden von den möglichen „Vergleichstrajektorien", die zwischen den Punkten $\boldsymbol{Q}^{(1)}$ und $\boldsymbol{Q}^{(2)}$ verlaufen, jene genommen, für welche die Phase des Integranden im Ausdruck (4.88) stationär wird:

$$\delta\left\{\int\limits_{\boldsymbol{Q}^{(1)}}^{\boldsymbol{Q}^{(2)}} L(\tilde{\boldsymbol{P}}, \tilde{\boldsymbol{Q}})\, \mathrm{d}t + \hbar\, \mathrm{Im}\big(\ln T_{nn'}(\tilde{\boldsymbol{Q}})\big)\right\} = 0. \tag{4.90}$$

Die Übergangsamplitude $T_{nn'}(\tilde{\boldsymbol{Q}})$ kann man aus der zur Trajektorie $\boldsymbol{Q}(t)$ gehörenden Wellenfunktion $\tilde{\Psi}(\boldsymbol{q}, t)$ ermitteln, und zwar ist (bis auf einen Phasenfaktor)

$$T_{nn'}(\tilde{\boldsymbol{Q}}) \sim \int \Phi^*_{n'}(\boldsymbol{q}, \tilde{\boldsymbol{Q}})\, \tilde{\Psi}(\boldsymbol{q}, t)\, \mathrm{d}\boldsymbol{q} \tag{4.91}$$

mit derjenigen Lösung $\tilde{\Psi}(\boldsymbol{q}, t)$ der SCHRÖDINGER-Gleichung (4.89), die zur Anfangsbedingung

$$\tilde{\Psi}(\boldsymbol{q}, t_1) = \Phi_n(\boldsymbol{q}, \tilde{\boldsymbol{Q}}^{(1)}) \tag{4.92}$$

gehört.

---

[1]) Die Matrixelemente $T_{nn'}$ des Übergangsoperators $\hat{T}$ hängen eng mit den S-Matrixelementen zusammen (vgl. z. B. [9, 36—38]).

Die Bedingung (4.90) stellt ein Variationsprinzip dar, formal analog dem HAMILTON-Prinzip (vgl. [42, 43]), aus dem für das Q-Subsystem klassische Bewegungsgleichungen vom Typ der HAMILTONschen Gleichungen (4.68) folgen. Sie bilden zusammen mit Gl. (4.89), welche die Wellenfunktion sowie über die Beziehung (4.91) die Übergangsamplituden für das q-Subsystem liefert, einen Satz von Gleichungen, die das Gesamtsystem $\{\boldsymbol{q}, \boldsymbol{Q}\}$ vollständig beschreiben. Die Kopplung zwischen den beiden Subsystemen wird einerseits durch die auf das quantenmechanische Subsystem wirkende Störung $V(\boldsymbol{q}, \boldsymbol{Q})$ bewerkstelligt, die von der Bewegung des klassischen Subsystems entlang einer bestimmten Trajektorie $\boldsymbol{Q}(t)$ herrührt; andererseits drückt sich die Kopplung darin aus, daß das effektive Potential für die Bewegung des klassischen Subsystems einen zeit- und energieabhängigen (d. h. nichtlokalen) Anteil enthält, der aus dem zweiten Term des Integranden in Gl. (4.90) resultiert und durch die gesamte Vorgeschichte des quantenmechanischen Subsystems bestimmt ist. In den Q-Bewegungsgleichungen tritt die Übergangsamplitude $T_{nn'}$ auf; diese hängt aber ihrerseits von der Trajektorie $\boldsymbol{Q}(t)$ ab, so daß das gesamte System der Bewegungsgleichungen iterativ gelöst werden muß.

In dieser allgemeinen Form erweist sich die semiklassische Näherung als außerordentlich kompliziert, so daß sie kaum praktisch anwendbar sein dürfte. Es werden daher vereinfachende Annahmen über die Kopplung der beiden Subsysteme gemacht. Die gebräuchlichste Methode besteht darin, die klassischen Trajektorien aus Bewegungsgleichungen (4.68) mit einer effektiven HAMILTON-Funktion

$$\begin{aligned} H^{\text{eff}}(\boldsymbol{Q}, \boldsymbol{P}; t) &\equiv H(\boldsymbol{Q}, \boldsymbol{P}) + V^{\text{eff}}(\boldsymbol{Q}; t) \\ &= T^{\text{k}} + \mathcal{U}^{\text{eff}}(\boldsymbol{Q}; t) \end{aligned} \tag{4.93}$$

zu bestimmen, in welcher das effektive Wechselwirkungspotential V^{eff} durch Mittelung aller $\boldsymbol{q}$-abhängigen Anteile des totalen HAMILTON-Operators $\hat{H}$ im momentanen Zustand $\Psi(\boldsymbol{q}, t)$ des quantenmechanischen Subsystems erhalten wird[1]):

$$V^{\text{eff}}(\boldsymbol{Q}; t) = \langle \Psi(\boldsymbol{q}, t)|\, \hat{H}^{\text{qu}}(\boldsymbol{q}, \boldsymbol{p}) + V(\boldsymbol{q}, \boldsymbol{Q})\, |\Psi(\boldsymbol{q}, t)\rangle . \tag{4.94}$$

---

[1]) Man beachte die formale Analogie zur adiabatischen Näherung (vgl. Abschn. 2.2.).

Damit ist die gegenseitige Beeinflussung von Q- und q-Subsystem pauschal berücksichtigt.

Um diese semiklassische Näherung in eine für Berechnungen geeignete Form zu bringen, nehmen wir analog zu Abschn. 3.1.2. an, für das quantenmechanische Subsystem seien approximative adiabatische Basisfunktionen $\mathring{\Phi}_l(\boldsymbol{q}, \boldsymbol{Q})$ als Lösungen einer SCHRÖDINGER-Gleichung vom Typ (3.5) bekannt:

$$^0\hat{H}^{\text{fix}}\mathring{\Phi}_l(\boldsymbol{q}, \boldsymbol{Q}) = \mathring{U}_l(\boldsymbol{Q})\,\mathring{\Phi}_l(\boldsymbol{q}, \boldsymbol{Q}) \tag{4.95}$$

mit dem approximativen HAMILTON-Operator

$$^0\hat{H}^{\text{fix}} \equiv \hat{H}^{\text{qu}}(\boldsymbol{q}, \boldsymbol{p}) + V(\boldsymbol{q}, \boldsymbol{Q}) + V(\boldsymbol{Q}) - \hat{Y}; \tag{4.96}$$

der Anteil $\hat{Y}$ enthält gemäß Gl. (3.6) die in $^0\hat{H}^{\text{fix}}$ fehlenden Anteile von $\hat{H}^{\text{fix}}$ (vgl. auch Abschn. 2.2.2.). Nach diesem als orthonormiert und vollständig vorausgesetzten Funktionensatz wird die Wellenfunktion $\Psi(\boldsymbol{q}, t)$ entwickelt:

$$\Psi(\boldsymbol{q}, t) = \sum_l \mathring{a}_l(t) \exp\left[-(\mathrm{i}/\hbar) \int^t \mathring{U}_l\big(\boldsymbol{Q}(t')\big)\, \mathrm{d}t'\right] \mathring{\Phi}_l\big(\boldsymbol{q}, \boldsymbol{Q}(t)\big). \tag{4.97}$$

Setzt man diese Entwicklung in die SCHRÖDINGER-Gleichung (4.89) ein, multipliziert von links mit $\mathring{\Phi}_k \exp\left[(\mathrm{i}/\hbar) \int^t \mathring{U}_k\, \mathrm{d}t'\right]$ und integriert über $\boldsymbol{q}$ unter Beachtung der Orthonormierung der $\mathring{\Phi}_k$, so ergibt sich ein System gekoppelter gewöhnlicher linearer Differentialgleichungen erster Ordnung für die Koeffizienten $\mathring{a}_k(t)$:

$$\mathrm{i}\hbar(\mathrm{d}/\mathrm{d}t)\, \mathring{a}_k(t) = \sum_{l(\neq k)} \{\mathring{C}_{kl}(t) + \mathring{Y}_{kl}(t)\} \times \exp\left[-(\mathrm{i}/\hbar) \int^t (\mathring{U}_l - \mathring{U}_k)\, \mathrm{d}t'\right] \mathring{a}_l(t) \tag{4.98}$$

mit den zeitabhängigen Matrixelementen

$$\mathring{C}_{kl}(t) \equiv \langle\mathring{\Phi}_k|\ -\mathrm{i}\hbar(\partial/\partial t)\ |\mathring{\Phi}_l\rangle_{\boldsymbol{q}}, \tag{4.99}$$

$$\mathring{Y}_{kl}(t) \equiv \langle\mathring{\Phi}_k|\ \hat{Y}(\boldsymbol{q}, \boldsymbol{Q}(t)\ |\mathring{\Phi}_l\rangle_{\boldsymbol{q}} \tag{4.100}$$

($\mathring{C}_{kk} = 0$); die Anfangsbedingungen lauten: $\mathring{a}_k(t_1) = \delta_{kn}$. Gemäß Gl. (4.91) sind die Koeffizienten $\mathring{a}_{n'}(t)$ bis auf einen Phasenfaktor gleich den Übergangsamplituden $\mathring{T}_{nn'}$.

Mit den Gln. (4.98) gekoppelt sind die Bewegungsgleichungen für das klassische Subsystem:

$$\dot{Q}_i = \partial H^{\mathrm{eff}}/\partial P_i, \qquad \dot{P}_i = -\partial H^{\mathrm{eff}}/\partial Q_i; \tag{4.101}$$

das in der effektiven HAMILTON-Funktion H^{eff} gemäß Gl. (4.93) auftretende effektive Potential $U^{\mathrm{eff}}(\boldsymbol{Q}, t)$ ist unter Berücksichtigung der Gl. (4.94) und der Entwicklung (4.97) durch

$$\mathcal{U}^{\mathrm{eff}}(\boldsymbol{Q}, t) = \sum_k |\mathring{a}_k|^2\, \mathring{U}_k(\boldsymbol{Q}) + \sum_{k \neq l}\sum \mathring{a}_k{}^* \mathring{a}_l\, \mathring{Y}_{kl}(\boldsymbol{Q}) \times \exp\left[-(\mathrm{i}/\hbar) \int^t (\mathring{U}_l - \mathring{U}_k)\, \mathrm{d}t'\right] \tag{4.102}$$

definiert.

Es läßt sich zeigen, daß in dieser *Näherung des effektiven Potentials* der Mittelwert der Gesamtenergie des Systems eine Erhaltungsgröße ist:

$$(\mathrm{d}/\mathrm{d}t)\, \langle \Psi |\, \hat{H}(\boldsymbol{Q}, \boldsymbol{P}; \boldsymbol{q}, \boldsymbol{p})\, | \Psi \rangle = 0\,. \tag{4.103}$$

Im Rahmen der einfacheren sogenannten *Näherung des äußeren Feldes* wird das effektive Potential V^{eff} bzw. $\mathcal{U}^{\mathrm{eff}}$ als zeitunabhängig angenommen. Im ersten Schritt erfolgt die Lösung des klassischen Bewegungsproblems; die gefundenen Trajektorien werden dann benutzt, um das quantenmechanische Problem (4.89) oder (4.98) zu lösen. In dieser Näherung wird die Rückwirkung des Quantensubsystems auf das klassische Subsystem nicht berücksichtigt. Der Mittelwert der Gesamtenergie ist daher keine Erhaltungsgröße, statt dessen ist nur die Energie des klassischen Subsystems bewegungskonstant — ein Defekt, der allerdings in vielen Fällen nicht wesentlich zu sein scheint.

Der Hauptmangel, den diese Näherung ebenso wie die allgemeine Näherung des effektiven Potentials aufweist, besteht in der unzulänglichen Berücksichtigung der wechselseitigen Kopplung der beiden Subsysteme, die auch im Grenzfall kleiner Wechselwirkung $V(\boldsymbol{q}, \boldsymbol{Q})$ wichtig ist. Wenn alle Amplituden a_k mit Ausnahme einer, der anfänglichen Amplitude a_n, klein sind, dann wird $\mathcal{U}^{\mathrm{eff}}$ mit hoher Genauigkeit gleich $\mathcal{U}_n$ und beide Näherungen geben praktisch ein und dasselbe Resultat. Das aber ist nicht korrekt, da die (angenommen kleine) Wahrscheinlichkeit $\mathcal{P}_{n\to n'}$ für eine Trajektorie berechnet worden ist, die von der möglicherweise großen Änderung des Quantensubsystems nichts merkt.

Wir betrachten als Beispiel wieder ein System mit zwei Freiheitsgraden — den kollinearen Stoß eines Atoms mit einem zweiatomigen Molekül in der elektronisch adiabatischen Näherung; das Wechselwirkungspotential sei gegeben. Die innere Bewegung (Schwingung) des Moleküls wird quantenmechanisch behandelt (Quantensubsystem), die relative Translation klassisch (klassisches Subsystem). Die letztere Bewegung hängt von einem Parameter ab, der Energie E_Q. Die Übergangswahrscheinlichkeiten im Quantensubsystem (Übergänge zwischen Schwingungszuständen des Moleküls) erfüllen die übliche Vollständigkeitsrelation,

$$\sum_{n'} \mathcal{P}_{n \to n'}(E_Q) = 1 \tag{4.104}$$

und die Reversibilitätsbedingung

$$\mathcal{P}_{n \to n'}(E_Q) = \mathcal{P}_{n' \to n}(E_Q). \tag{4.105}$$

Andererseits fordert das Prinzip des detaillierten Gleichgewichtes (als Konsequenz der Reversibilität der Bewegung des Gesamtsystems):

$$\mathcal{P}_{n \to n'}(E_Q) = \mathcal{P}_{n' \to n}(E_Q') \tag{4.106}$$

mit

$$E_Q + E_n = E_Q' + E_{n'}. \tag{4.107}$$

Offensichtlich widersprechen sich die Gln. (4.105) und (4.106). Man kann versuchen, diesen Widerspruch zu beseitigen, indem man beachtet, daß die Parameter der klassischen Trajektorie, die zur Berechnung der Übergangswahrscheinlichkeit $\mathcal{P}_{n \to n'}$ benutzt wird, prinzipiell nur mit einer gewissen Unsicherheit bestimmt werden können. So läßt sich unter Benutzung der exakten Erhaltungssätze der Zusammenhang zwischen den Anfangs- und Endparametern einer Trajektorie für einen gegebenen Übergang $n \to n'$ finden, und anstelle von E_Q kann in Gl. (4.105) eine Energie $\tilde{E}$ eingesetzt werden, die zwischen E_Q und E_Q' liegt. Solch eine Symmetrisierung der Parameter einer Trajektorie wird vermutlich das Resultat verbessern; Vergleiche von semiklassischen mit quantenmechanischen Berechnungen zeigen tatsächlich die Richtigkeit dieser Vermutung. Allerdings führt ein derartiges Verfahren zu neuen Schwierigkeiten, die mit der Verletzung der Vollständigkeitsrelation (4.104) für symmetrisierte Trajektorien zusammenhängen.

Wie diese Diskussion zeigt, treten in der semiklassischen Näherung, wenn sie nicht streng durchgeführt wird, leicht innere Widersprüche auf; bei der Benutzung der Resultate einer derartigen Berechnung muß man sich stets vergewissern, daß ein gefundener Effekt außerhalb der Unsicherheitsbereiche der Methode selbst liegt. Wir erwähnen zwei praktisch wichtige Fälle, in denen die Anwendung einer semiklassischen Näherung nicht zweifelhaft sein dürfte:

1. Kleine Übergangswahrscheinlichkeiten: $\mathcal{P}_{n \to n'} \ll 1$ für $n \neq n'$. In diesem Falle wird durch eine Symmetrisierung die Vollständigkeitsbedingung nicht verletzt; wegen $\mathcal{P}_{n \to n} \approx 1$ ist sie trivialerweise erfüllt.
2. Kleine Änderungen der Trajektorienparameter: $E_Q' \approx E_Q$. Von einer Symmetrisierung kann man dann absehen unter der Annahme, daß $\mathcal{P}_{n \to n'}(E_Q)$ und $\mathcal{P}_{n' \to n}(E_Q')$ sich nur wenig unterscheiden.

Da die wesentliche praktische Schwierigkeit bei der Anwendung der semiklassischen Näherung in der Lösung der zeitabhängigen Wellengleichung (4.89) besteht, ist die Untersuchung analytisch lösbarer Modelle wichtig. Hier müssen in erster Linie die sogenannten *Zweizustandsmodelle* [49, 50] genannt werden; sie sind geeignet für die Beschreibung der Übergänge zwischen zwei Zuständen des Quantensubsystems, vorausgesetzt, daß Übergänge zu allen übrigen Zuständen vernachlässigbar kleine Wahrscheinlichkeiten haben. Bei diesen beiden Zuständen kann es sich um zwei zufällig eng benachbarte Schwingungszustände eines mehratomigen Moleküls handeln oder um zwei Elektronenzustände, die sich in einem bestimmten Kernkonfigurationsbereich nahekommen oder überkreuzen (vgl. Abschn. 3.1.2.). Auf derartige Modelle gehen wir in Abschn. 6.2. ein.

Ein anderes wichtiges Modell behandelt die Schwingungsübergänge eines Oszillators als induziert durch eine zeitabhängige äußere Kraft mit variabler Frequenz. Die Lösung dieses Problems ist in aller Strenge durchgeführt worden (vgl. z. B. [51]), und die Übergangswahrscheinlichkeiten lassen sich durch analytische Ausdrücke angeben.

5. Dynamik elektronisch adiabatischer Prozesse

Im folgenden wird durchgängig vorausgesetzt, daß die adiabatische Näherung gilt und die Kernbewegung durch eine eindeutige Potentialfunktion $U(\boldsymbol{R})$ bestimmt wird. Eine detaillierte Beschreibung von Berechnungen und Ergebnissen erfolgt für den Fall, daß die klassische Näherung auf die Kernbewegung anwendbar ist. Quantenmechanische Näherungen sind für Systeme mit mehr als zwei Kernen schwierig und aufwendig, so daß wir uns mit einer knappen Darstellung einiger Resultate begnügen müssen. Zur Vereinfachung wird die BORN-OPPENHEIMER-Separation im raumfesten Koordinatensystem vorgenommen und danach die Massenmittelpunktsbewegung der Kerne absepariert; der Einfluß der Elektronenmassen ist dadurch vernachlässigt.

Wir werden uns in diesem Kapitel neben der Behandlung elastischer Stöße vorwiegend auf reaktive Prozesse in dreiatomigen Systemen konzentrieren. Inelastische Prozesse in solchen einfachen Systemen bieten heute keine wesentlichen Schwierigkeiten; neben strengeren Methoden stehen mehrere spezielle Näherungen zur Verfügung, über die es eine umfangreiche Spezialliteratur gibt (wir verweisen hier auf die Übersichten in [41]).

5.1. *Klassische Trajektorien*

5.1.1. *Atomstöße. Elastische Streuung*

Obwohl die Lösung der klassischen Bewegungsgleichungen (4.65) oder (4.68) auch für drei- und mehratomige Systeme heute keine wesentlichen Schwierigkeiten bereitet, erläutern wir zunächst die Verfahrensweise und einige Begriffe am einfachen Beispiel der elektronisch adiabatischen Streuung zweier Atome. In dieser Näherung reduziert sich das Problem auf die Bewegung zweier

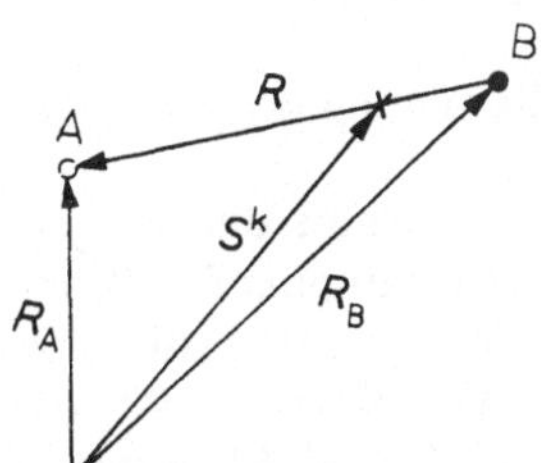

Abb. 23. Zweiteilchensystem A—B: Massenmittelpunkts- und Relativkoordinaten

strukturloser Teilchen (der Atomkerne) A und B, die als Punktmassen (m_A bzw. m_B) behandelt werden, unter dem Einfluß eines Wechselwirkungspotentials $U(R)$, das nur vom Abstand $R \equiv R_{AB}$ der beiden Teilchen abhängt (vgl. Abb. 5).

Die Anzahl der Freiheitsgrade dieses Systems beträgt $g = 6$; durch Eliminierung der Massenmittelpunktsbewegung der Kerne kann diese Anzahl um 3 vermindert werden. Der Massenmittelpunkt der Kerne ist durch den Vektor

$$\boldsymbol{S}^k \equiv (m_A \boldsymbol{R}_A + m_B \boldsymbol{R}_B)/(m_A + m_B) \tag{5.1}$$

definiert; der Vektor

$$\boldsymbol{R} \equiv \boldsymbol{R}_{\mathrm{A}} - \boldsymbol{R}_{\mathrm{B}} \tag{5.2}$$

legt die relative Lage von A zu B fest (s. Abb. 23). Geschrieben in diesen Koordinaten, hat die LAGRANGE-Funktion des Zweiteilchensystems folgende Form:

$$L' \equiv T - U = (1/2)\,(m_{\mathrm{A}} + m_{\mathrm{B}})\,(\dot{S}^{\mathrm{k}})^2 + (\mu/2)\,\dot{R}^2 - U(R), \tag{5.3}$$

und der Drehimpuls ist

$$\boldsymbol{l}' = (m_{\mathrm{A}} + m_{\mathrm{B}})\,(\boldsymbol{S}^{\mathrm{k}} \times \dot{\boldsymbol{S}}^{\mathrm{k}}) + \mu(\boldsymbol{R} \times \dot{\boldsymbol{R}}), \tag{5.4}$$

wobei μ die reduzierte Masse

$$\mu \equiv m_{\mathrm{A}} m_{\mathrm{B}}/(m_{\mathrm{A}} + m_{\mathrm{B}}) \tag{5.5}$$

des Teilchenpaares A—B bezeichnet. Die Massenmittelpunktsbewegung eliminieren wir aus der weiteren Betrachtung, indem wir formal $\dot{\boldsymbol{S}}^{\mathrm{k}} = 0$ setzen (s. Abschn. 2.1.) und nur die Größen

$$L \equiv L' - (1/2)\,(m_{\mathrm{A}} + m_{\mathrm{B}})\,(\dot{S}^{\mathrm{k}})^2, \tag{5.6}$$

$$\boldsymbol{l} \equiv \boldsymbol{l}' - (m_{\mathrm{A}} + m_{\mathrm{B}})\,(\boldsymbol{S}^{\mathrm{k}} \times \dot{\boldsymbol{S}}^{\mathrm{k}}) \tag{5.7}$$

betrachten, welche die „innere“ Bewegung des Systems mit $g = 3$ Freiheitsgraden beschreiben.

Man kann leicht zeigen, daß auf Grund der Kugelsymmetrie des Potentials $U(R)$[1]) der innere Drehimpuls $\boldsymbol{l}$ zeitlich konstant ist. Hierzu berechnet man die Zeitableitung $\mathrm{d}\boldsymbol{l}/\mathrm{d}t = \mu(\dot{\boldsymbol{R}} \times \dot{\boldsymbol{R}}) + \mu(\boldsymbol{R} \times \ddot{\boldsymbol{R}})$ und berücksichtigt die NEWTONsche Bewegungsgleichung $\mu\ddot{\boldsymbol{R}} = -\nabla U(R) = -(\mathrm{d}U/\mathrm{d}R)\,(\boldsymbol{R}/R)$, somit $\mathrm{d}\boldsymbol{l}/\mathrm{d}t = 0$. Die Bewegung verläuft folglich in einer festen Ebene senkrecht zu $\boldsymbol{l}$, die wir als (X, Y)-Ebene wählen; damit ist die Anzahl der Freiheitsgrade weiter reduziert auf $g = 2$. Das resultierende ebene Bewegungsproblem beschreiben wir zweckmäßig durch Polarkoordinaten R und χ,

$$X = R\cos\chi, \qquad Y = R\sin\chi; \tag{5.8}$$

[1]) Die Kraft auf das Teilchen A ist auf Kugelschalen mit dem Radius R um das Teilchen B betragsmäßig konstant und zum Zentrum B gerichtet; entsprechendes gilt für die Kraft auf das Teilchen B.

hiermit ergeben sich die Ausdrücke

$$L = (\mu/2)(\dot{R}^2 + R^2\dot{\chi}^2) - U(R), \tag{5.9}$$

$$l = \mu R^2 \dot{\chi} \tag{5.10}$$

für die LAGRANGE-Funktion bzw. den Betrag des Drehimpulses.

5.1.1.1. *Lösung der Bewegungsgleichungen*

Für die Behandlung von Streuproblemen mit mehr als zwei Teilchen ist der HAMILTONsche Formalismus (s. Abschn. 4.3.2.) am geeignetsten. Für den Zweiteilchenfall bringt er keinen Vorteil; trotzdem verwenden wir ihn hier, um das Verfahren zunächst an einem einfachen Beispiel zu demonstrieren. Hierfür müssen die zu den Koordinaten R und χ konjugierten verallgemeinerten Impulse P_R bzw. P_χ gemäß der Definition (4.66) eingeführt werden:

$$P_R \equiv \partial L/\partial \dot{R} = \mu \dot{R}, \qquad P_\chi \equiv \partial L/\partial \dot{\chi} = \mu R^2 \dot{\chi}. \tag{5.11}$$

Die HAMILTON-Funktion $H = T^k + U$ nach Gl. (4.67) wird damit

$$\begin{aligned} H &\equiv H(R, \chi, P_R, P_\chi) \\ &= (P_R{}^2/2\mu) + (P_\chi{}^2/2\mu R^2) + U(R). \end{aligned} \tag{5.12}$$

Die kanonischen Bewegungsgleichungen (4.68) stellen dann einen Satz von vier gewöhnlichen Differentialgleichungen 1. Ordnung dar:

$$\dot{R} = \partial H/\partial P_R = P_R/\mu, \tag{5.13c}$$

$$\dot{\chi} = \partial H/\partial P_\chi = P_\chi/\mu R^2, \tag{5.13d}$$

$$\dot{P}_R = -\partial H/\partial R = (P_\chi{}^2/\mu R^3) - (\mathrm{d}U/\mathrm{d}R), \tag{5.13a}$$

$$\dot{P}_\chi = -\partial H/\partial \chi = 0, \tag{5.13b}$$

welche zusammen mit den noch festzulegenden Anfangsbedingungen die vier Funktionen $R(t)$, $\chi(t)$, $P_R(t)$ und $P_\chi(t)$ bestimmen.

Zur Lösung dieser Gleichungen nutzen wir die Besonderheiten des Problems und gehen von den Erhaltungssätzen für die Energie und den Drehimpuls aus. Es gilt nach Abschn. 4.3.2., da H nicht explizite von der Zeit abhängt, $H = \mathrm{const}$ sowie auf Grund der

Gln. (5.10), (5.13b) und (5.13d) $l = \text{const}$, also:

$$(\mu/2)\,(\dot{R}^2 + R^2\dot{\chi}^2) + U(R) = \text{const} \equiv E, \tag{5.14}$$

$$\mu R^2\dot{\chi} - P_\chi = \text{const} = l. \tag{5.15}$$

Die Werte dieser Konstanten werden durch die Anfangsbedingungen festgelegt. Welche Größen für den Stoßvorgang maßgebend sind, ersehen wir aus Abb. 24, in der eine typische Bahnkurve

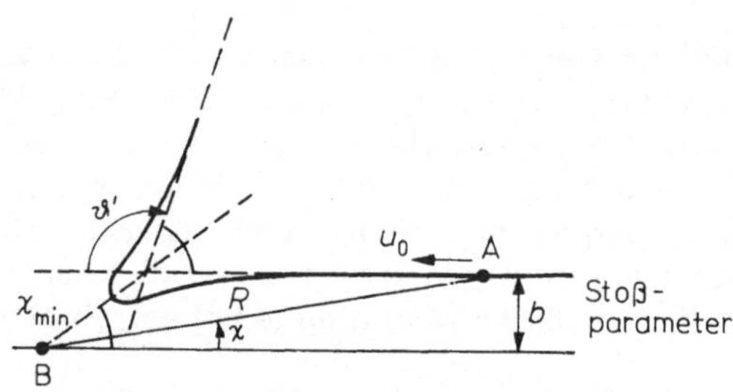

Abb. 24. Zur Festlegung der Anfangsbedingungen für einen Zweiteilchenstoß A—B

eines Teilchens A relativ zu B dargestellt ist. Der Anfangszustand ist charakterisiert durch den *Stoßparameter*[1]) b und die Relativgeschwindigkeit u_0 von A gegen B für die wechselwirkungsfreie Bewegung von A (d. h. für sehr große Abstände R). Der Ablenkwinkel ϑ' berechnet sich aus dem Polarwinkel $\chi_{\min}$ des Punktes, in welchem der Abstand A—B sein Minimum $R_{\min}$ erreicht, gemäß

$$\vartheta' = \pi - 2\chi_{\min} = \pi - 2\chi(R_{\min}). \tag{5.16}$$

Unter Benutzung der Erhaltungsgrößen

$$E = (\mu/2)\,u_0^2, \qquad l = \mu b u_0 \tag{5.17}$$

gelangt man von den Beziehungen (5.14) und (5.15) nach einigen elementaren Umformungen zu den folgenden Bewegungsgleichun-

---

[1]) Als Stoßparameter bezeichnet man den Abstand, in welchem die Partner bei vollständig fehlender Wechselwirkung aneinander vorbeifliegen würden.

gen, die den HAMILTON-Gleichungen (5.13a–d) äquivalent sind:

$$\begin{aligned} \mathrm{d}R/\mathrm{d}t &= \{(2E/\mu) - (l^2/\mu R^2) - (2U(R)/\mu)\}^{1/2} \\ &= u_0\{1 - (b/R)^2 - (U(R)/E)\}^{1/2}, \end{aligned} \tag{5.18a}$$

$$\mathrm{d}\chi/\mathrm{d}t = u_0 b/R^2. \tag{5.18b}$$

Hieraus können die den Bewegungsablauf beschreibenden Funktionen $R(t)$ und $\chi(t)$ berechnet werden. Uns interessiert hier die Bahnkurve (Trajektorie) des Teilchens A relativ zu B, d. h. die Funktion $\chi(R)$ oder $R(\chi)$; diese bestimmt sich aus der Gleichung

$$\begin{aligned} \mathrm{d}\chi/\mathrm{d}R &= (\mathrm{d}\chi/\mathrm{d}t)/(\mathrm{d}R/\mathrm{d}t) \\ &= (b/R^2)\{1 - (b/R)^2 - (U(R)/E)\}^{-1/2} \end{aligned} \tag{5.19}$$

in Form des Integrals

$$\chi(R) = \int_{\infty}^{R} \mathrm{d}R' b/\left(R'^2\{1 - (b/R')^2 - (U(R')/E)\}^{1/2}\right). \tag{5.20}$$

Im Punkt minimalen Abstandes ist $\dot{R} = 0$; nach Gl. (5.18a) ergibt sich daher $R_{\min}$ als Wurzel der Gleichung

$$(l^2/2\mu R^2) + U(R) = E. \tag{5.21}$$

Mit $R_{\min}$ folgt $\chi(R_{\min})$ aus Gl. (5.20) und daraus der Ablenkwinkel ϑ' nach Gl. (5.16). Er hängt von den Parametern b und E der Rechnung ab; für einen festen Wert von E bezeichnet man die Funktion $\vartheta'(b)$ als *Ablenkfunktion.* Im allgemeinen wird $\vartheta'(b)$ nicht in geschlossener analytischer Form erhalten; das Integral (5.20) muß numerisch berechnet werden.

5.1.1.2. *Diskussion der Ablenkfunktion*

Die Ablenkfunktion steht in engem Zusammenhang mit dem Potentialverlauf und gestattet, wie wir sehen werden, unmittelbar die Berechnung des differentiellen Streuquerschnitts. Zur Illustration betrachten wir in Abb. 25 typische Bahnkurven für ein Potential mit einem Minimum bei $R = R^0$ (z. B. ein LENNARD-JONES-Potential) und in Abb. 26 die zugehörige Ablenkfunktion. Wir verwenden R^0 als Längeneinheit und bezeichnen die entsprechenden reduzierten Größen mit $\beta \equiv b/R^0$ und $\varrho \equiv R/R^0$.

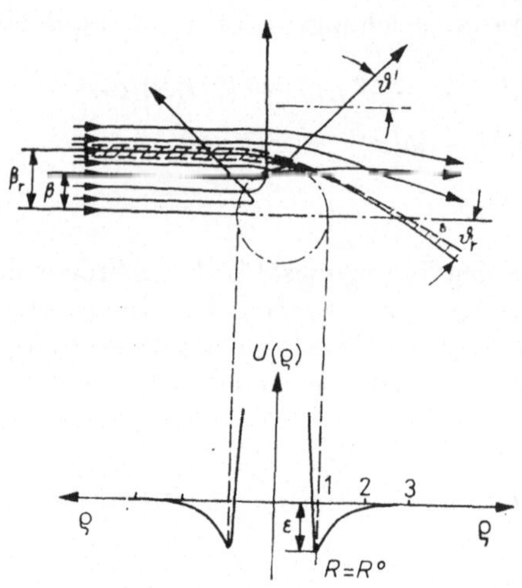

Abb. 25. Trajektorien für ein kugelsymmetrisches Potential mit einem Minimum der Tiefe ε bei $R = R^0$; Stoßparameter β und Kernabstand ϱ in Einheiten von R^0. Eingetragen ist der Regenbogenwinkel ϑ_r'

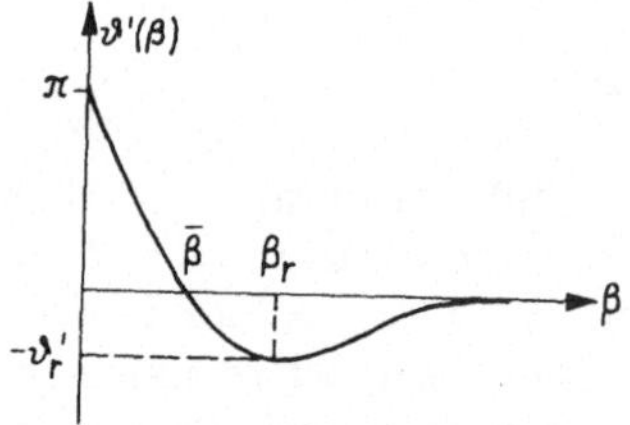

Abb. 26. Ablenkfunktion $\vartheta'(\beta)$ für das in Abb. 25 dargestellte Potential

Für kleine Stoßparameter (d. h. fast zentrale Stöße) ist der repulsive Anteil des Potentials für die Bewegung bestimmend, und es gilt demzufolge $\vartheta' > 0$; für $\beta = 0$ erfolgt Rückwärtsstreuung, d. h. $\vartheta' = \pi$. Mit wachsenden Werten von β nimmt ϑ' ab, bis sich attraktive und repulsive Kräfte aufheben und für einen Stoßparameter $\bar{\beta}$ keine Ablenkung auftritt ($\vartheta' = 0$). Wird $\beta > \bar{\beta}$, so dominieren die längerreichweitigen attraktiven Kräfte und die Ablenkfunktion nimmt negative Werte an; für einen Wert $\beta = \beta_r$ tritt ein Minimum auf, und mit weiterem Anwachsen des Stoßparameters geht ϑ' monoton gegen Null.

Während der hier diskutierte Verlauf der Ablenkfunktion bei größeren Streuenergien E charakteristisch für Potentiale mit einem Minimum ist, kann bei kleineren Energien das Minimum der Ablenkfunktion bei β_r zu einer Singularität entarten, d. h. $\vartheta' \to -\infty$ für $\beta \to \beta_r$. Um dieses Phänomen zu verstehen, betrachten wir das effektive Potential für die Bewegung, d. h. die Summe von Wechselwirkungspotential $U(\varrho)$ und Zentrifugalpotential:

$$U^{\text{eff}}(\varrho) = U(\varrho) + E\beta^2/\varrho^2. \tag{5.22}$$

Das Zentrifugalpotential klingt bei $\varrho \to \infty$ langsamer ab als das Potential U (für neutrale Teilchen), so daß für nicht zu große Werte von $E\beta^2$ das effektive Potential in einem Punkt $\varrho = \varrho^*$ ein Maximum $U^{\text{eff}}_{\max} \equiv U^{\text{eff}}(\varrho^*) > 0$ besitzt. Unter dieser Bedingung gibt es einen bestimmten Stoßparameter β^*, für den die Gleichung

$$U^{\text{eff}}(\varrho^*) = E \tag{5.23}$$

gilt, so daß ein Teilchen mit diesem Stoßparameter und dieser Energie gerade den Scheitel der *Rotationsbarriere* $U^{\text{eff}}(\varrho^*)$ zu erreichen vermag; die radiale Geschwindigkeit $\mathrm{d}R/\mathrm{d}t$ des Teilchens wird in diesem Punkt nach Gl. (5.18a) gleich Null, und die Ablenkfunktion (5.16) divergiert. Physikalisch bedeutet dies ein Kreisen des Teilchens A um B (*Orbiting*).

5.1.1.3. *Berechnung des Wirkungsquerschnitts*

Die Stromdichte der relativ zu B einfallenden Teilchen A sei j_0, und dem Stoßparameter b möge der Streuwinkel ϑ entsprechen (s. Abb. 27). Der gemessene Streuwinkel $\vartheta (> 0)$ ist nicht mit dem

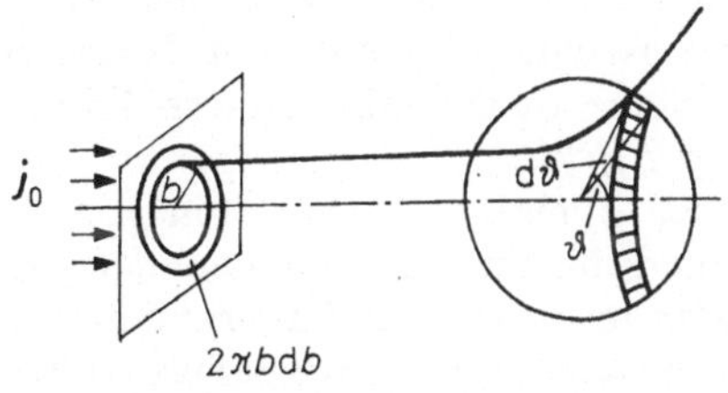

Abb. 27. Zur Definition des Wirkungsquerschnitts der elastischen Streuung

Ablenkwinkel ϑ' identisch; der letztere kann Werte $> \pi$ und < 0 annehmen. Es gilt die Beziehung $\vartheta = |\vartheta'|$ modulo π.

Die Teilchen mit Stoßparametern im Intervall $(b, b + \mathrm{d}b)$ werden in das Winkelintervall $(\vartheta, \vartheta + \mathrm{d}\vartheta)$ gestreut; die Anzahl $\mathrm{d}\mathcal{N}$ dieser Teilchen ergibt sich dann gemäß

$$\mathrm{d}\mathcal{N} = j_0 2\pi b \, \mathrm{d}b = j_0 2\pi \, q(\vartheta) \sin\vartheta \, \mathrm{d}\vartheta \tag{5.24}$$

(vgl. Abschn. 1.4.), wobei wir die Zylindersymmetrie des Problems ausgenutzt haben. Der Faktor $q(\vartheta)$ ist der *differentielle Wirkungsquerschnitt*. Da allgemein mehrere verschiedene Stoßparameter b_i zum gleichen Streuwinkel führen (für $\vartheta < \vartheta_r$ tragen z. B. in Abb. 26 drei Stoßparameter zum gleichen Streuwinkel bei), müssen wir noch über diese Stoßparameterwerte summieren und erhalten damit für den differentiellen Wirkungsquerschnitt:

$$q(\vartheta) = \sum_i \frac{b_i}{\sin\vartheta} \frac{\mathrm{d}b_i}{\mathrm{d}\vartheta} \tag{5.25}$$

$(q \geqq 0)$. Aus Gl. (5.25) ist ersichtlich, daß der differentielle elastische Wirkungsquerschnitt in folgenden Fällen singulär wird (d. h. $q \to \infty$):

1. $\mathrm{d}\vartheta/\mathrm{d}b = 0$, d. h. für $\beta = \beta_r$ im Beispiel von Abb. 26. Diese Singularität ist eine Unzulänglichkeit der klassischen Näherung und verschwindet bei der quantenmechanischen Behandlung (s. Abschn. 5.2.1.). Es tritt dann ein endliches Maximum des differentiellen Streuquerschnitts für einen Winkel in der Nähe von ϑ_r auf. Dieser Effekt wird als *Regenbogenstreuung* bezeichnet, weil das optische Analogon für die Entstehung eines Regenbogens verantwortlich ist.

2. $\vartheta \to 0$, d. h. für $\beta = \bar{\beta}$ und $\beta \to \infty$ in Abb. 26. Diese Singularitäten sind ebenfalls Artefakte der klassischen Näherung. Die quantenmechanische Rechnung liefert ein Maximum in der Vorwärtsrichtung (kleine Streuwinkel); diese Erscheinung ist der sogenannte *Glory-Effekt*.

   Aus Abb. 28 ist der typische Verlauf eines differentiellen elastischen Streuquerschnitts im Massenmittelpunktsystem ersichtlich, wie er sich in klassischer Näherung ergibt. Messungen des differentiellen elastischen Streuquerschnitts bei verschiedenen Energien ermöglichen die Bestimmung von Potentialparametern (vgl. Abschn. 3.2.5.). So folgt aus der Abhängig-

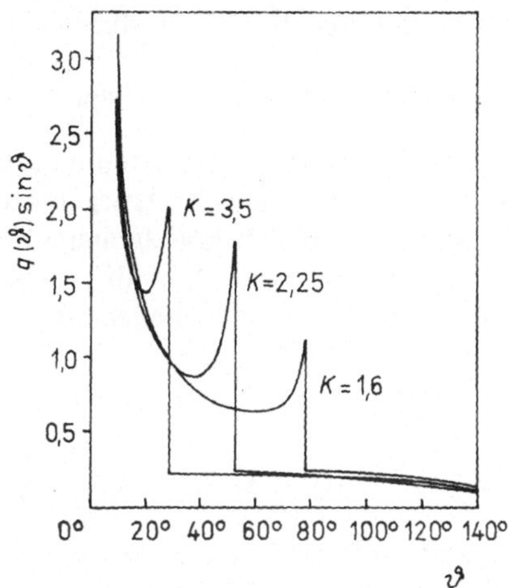

Abb. 28. Winkelverteilung $q(\vartheta)\sin\vartheta$ der elastischen Streuung an einem Lennard-Jones-(10,6)-Potential im Massenmittelpunktsystem für verschiedene reduzierte Energien $K = E/\varepsilon$ (nach [7])

keit des Regenbogenwinkels von der Energie die Tiefe ε eines Lennard-Jones-Potentialminimums; anhand von Messungen des Streuquerschnitts bei kleinen Winkeln läßt sich auf den attraktiven Anteil, bei großen Winkeln auf den repulsiven Anteil des Potentials schließen.

Hinsichtlich weiterer Einzelheiten verweisen wir auf die Literatur [7, 15, 37, 38, 41, 52, 53].

5.1.2. *Atom-Molekül-Stöße. Inelastische und reaktive Streuung*

Zur Berechnung elektronisch adiabatischer Elementarprozesse zwischen einem Atom A und einem zweiatomigen Molekül BC können wir nach Ausführung der Born-Oppenheimer-Separation im Laborkoordinatensystem für die $g = 3N_k = 9$ Kernfreiheitsgrade beispielsweise raumfeste kartesische Koordinaten

$$\{\boldsymbol{R}_A, \boldsymbol{R}_B, \boldsymbol{R}_C\} \equiv \{Q_1', \ldots, Q_9'\} \tag{5.26}$$

verwenden. Durch Eliminierung der Massenmittelpunktsbewegung der Kerne läßt sich die Anzahl der Freiheitsgrade auf $g = 6$ reduzieren. Der Massenmittelpunkt der Kerne ist durch den Vektor

$$\boldsymbol{S}^{\mathrm{k}} \equiv (m_{\mathrm{A}}\boldsymbol{R}_{\mathrm{A}} + m_{\mathrm{B}}\boldsymbol{R}_{\mathrm{B}} + m_{\mathrm{C}}\boldsymbol{R}_{\mathrm{C}})/(m_{\mathrm{A}} + m_{\mathrm{B}} + m_{\mathrm{C}}) \tag{5.27}$$

gegeben; außerdem führen wir Relativkoordinaten ein, die für die Beschreibung der Bewegung in dem jeweils betrachteten Kanal (s. Abschn. 2.3.) geeignet sind, sogenannte kanalangepaßte Relativkoordinaten. Für den Reaktantkanal A + BC beispielsweise verwenden wir zur Kennzeichnung der räumlichen Anordnung der Kerne die Vektoren

$$\boldsymbol{r} \equiv \boldsymbol{R}_{\mathrm{BC}} \equiv \boldsymbol{R}_{\mathrm{C}} - \boldsymbol{R}_{\mathrm{B}}, \tag{5.28a}$$

$$\boldsymbol{R} \equiv \boldsymbol{R}_{\mathrm{BC,A}} \equiv \boldsymbol{R}_{\mathrm{A}} - (m_{\mathrm{B}}\boldsymbol{R}_{\mathrm{B}} + m_{\mathrm{C}}\boldsymbol{R}_{\mathrm{C}})/(m_{\mathrm{B}} + m_{\mathrm{C}}), \tag{5.28b}$$

welche die Lage von C relativ zu B sowie von A relativ zum Massenmittelpunkt $\boldsymbol{S}^{\mathrm{k}}_{\mathrm{BC}}$ von BC angeben (s. Abb. 29). Das adiabatische Wechselwirkungspotential für das Dreiteilchensystem {ABC} hängt nur von den gegenseitigen Abständen R_{AB}, R_{BC} und R_{AC} ab.

Die kartesischen Komponenten der Vektoren (5.27) und (5.28a, b) sowie die entsprechenden konjugierten Impulse bezeichnen wir wie folgt:

$$\boldsymbol{r} \equiv \{Q_1, Q_2, Q_3\}, \qquad \boldsymbol{R} \equiv \{Q_4, Q_5, Q_6\}, \tag{5.29}$$

$$\boldsymbol{S}^{\mathrm{k}} \equiv \{Q_7, Q_8, Q_9\},$$

$$\boldsymbol{p} \equiv \{P_1, P_2, P_3\}, \qquad \boldsymbol{P} \equiv \{P_4, P_5, P_6\}, \tag{5.30}$$

$$\boldsymbol{P}_S \equiv \{P_7, P_8, P_9\}.$$

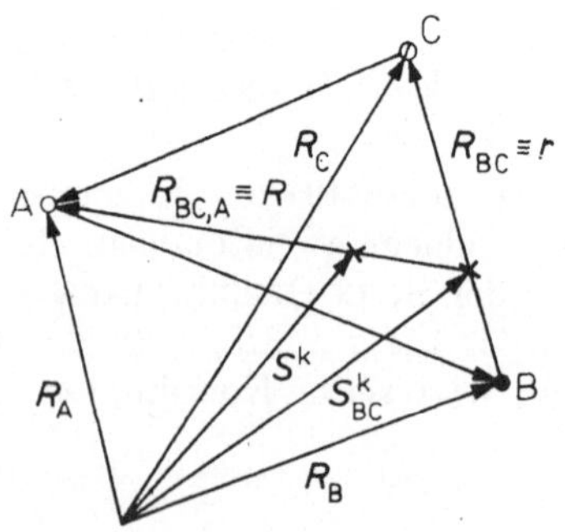

Abb. 29. Dreiteilchensystem ABC: Massenmittelpunkts- und Relativkoordinaten im Kanal A—BC

Damit hat die vollständige HAMILTON-Funktion H' die Form

$$H' = (1/2\mu_{BC}) \sum_{j=1}^{3} P_j^2 + (1/2\mu_{BC,A}) \sum_{j=4}^{6} P_j^2 + (1/2M) \sum_{j=7}^{9} P_j^2 + U\big(R_{AB}(Q_1, \ldots, Q_6), R_{BC}(Q_1, \ldots, Q_6), R_{AC}(Q_1, \ldots, Q_6)\big), \quad (5.31)$$

wobei M die Gesamtmasse der drei Kerne,

$$M \equiv m_A + m_B + m_C, \quad (5.31\,a)$$

sowie μ_{BC} und $\mu_{BC,A}$ die reduzierten Massen der Teilchenpaare B—C bzw. A—BC bezeichnen:

$$\mu_{BC} \equiv m_B m_C/(m_B + m_C), \quad (5.31\,b)$$

$$\mu_{BC,A} \equiv m_A(m_B + m_C)/M. \quad (5.31\,c)$$

Da das Potential nur von den Koordinaten $Q_1, \ldots, Q_6$ abhängt, kann die Bewegung in den Massenmittelpunktskoordinaten Q_7, Q_8, Q_9 abseparierte werden, und die „innere“ Bewegung des Systems wird durch die HAMILTON-Funktion

$$H = (1/2\mu_{BC}) \sum_{j=1}^{3} P_j^2 + (1/2\mu_{BC,A}) \sum_{j=4}^{6} P_j^2 + U\big(R_{AB}(Q_1, \ldots, Q_6), \ldots\big) \quad (5.32)$$

beschrieben. Die kanonischen Bewegungsgleichungen (4.68) sind somit:

$$\dot{Q}_j = P_j/\mu_{BC} \qquad (j = 1, 2, 3), \quad (5.33\,a)$$

$$\dot{Q}_j = P_j/\mu_{BC,A} \qquad (j = 4, 5, 6), \quad (5.33\,b)$$

$$\dot{P}_j = -\sum_{i=1}^{3} (\partial U/\partial R_i)\,(\partial R_i/\partial Q_j) \qquad (j = 1, \ldots, 6), \quad (5.33\,c)$$

wenn wir die Kernabstände R_{AB}, R_{BC}, R_{AC} mit R_1, R_2, R_3 bezeichnen.

5.1.2.1. Lösung der Bewegungsgleichungen

Zur Lösung dieses Systems von 12 gewöhnlichen Differentialgleichungen 1. Ordnung für die Größen $Q_1(t), \ldots, Q_6(t)$ und $P_1(t), \ldots, P_6(t)$ müssen die Anfangsbedingungen spezifiziert werden, d. h. die Werte $Q_j^0 \equiv Q_j(t_0)$ und $P_j^0 \equiv P_j(t_0)$ zu einem Zeitpunkt t_0, zu dem das Atom A und das Molekül BC weit voneinander entfernt sind und nicht in Wechselwirkung stehen.

Die den Anfangszustand kennzeichnenden Größen zeigt Abb. 30. Das Koordinatensystem ist so gewählt, daß der Schwerpunkt des Moleküls BC im Ursprung liegt, das Atom A sich in der YZ-Ebene befindet und u_0 in die Z-Richtung zeigt.

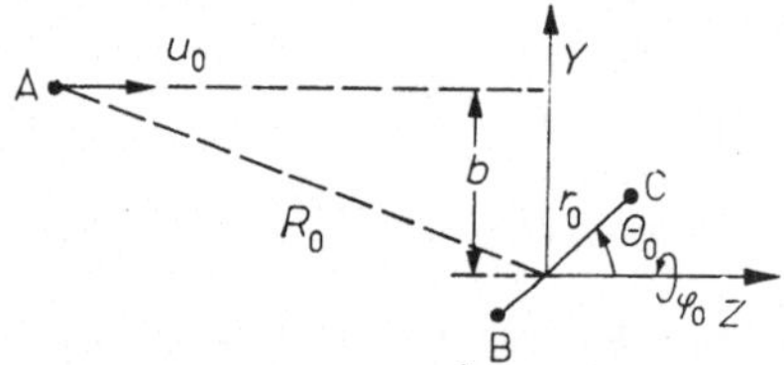

Abb. 30. Zur Festlegung der Anfangsbedingungen für einen Stoß A—BC

Durch die Lage und den Impuls von A relativ zum Molekül BC sind 6 Anfangsbedingungen gegeben:

$$\begin{aligned} \boldsymbol{R}_0 &= \{0, b, -(R_0^2 - b^2)^{1/2}\}, \\ \boldsymbol{P}_0 &= \{0, 0, \mu_{\mathrm{BC,A}} u_0\}. \end{aligned} \tag{5.34}$$

Die übrigen 6 Anfangsbedingungen spezifizieren die Lage des Moleküls BC durch Angabe der Werte von r_0, θ_0, φ_0 sowie den Impuls durch dessen Betrag und Richtung.

Der innere Zustand des Moleküls in dem betrachteten adiabatischen Elektronenzustand wird durch die Quantenzahlen der Schwingung und der Rotation bestimmt. In der klassischen Mechanik sind diese Bewegungen nicht quantisiert. Man kann nun ein Element der Quantenmechanik in die Rechnung einführen, indem man für die innere Energie des Anfangszustandes nur die quantenmechanisch bestimmten Rotationsschwingungsniveaus (v, J) zuläßt. Diese ansonsten rein klassische Näherung wird häufig als quasiklassische Trajektorienmethode bezeichnet.

Insgesamt ist demnach der Anfangszustand durch folgende 9 Angaben festgelegt:

E_0^{tr}	relative Translationsenergie (Stoßenergie im Massenmittelpunktsystem) $= \mu_{BC,A} u_0^2/2$	relevante Parameter	(5.35a)
v	Schwingungsquantenzahl von BC		
J	Rotationsquantenzahl von BC		
R_0	Anfangsabstand A—BC		(5.35b)
b	Stoßparameter		
r_0	Anfangsabstand B—C (≙ Schwingungsphase)		
θ_0, φ_0	Anfangswinkellage des Moleküls BC		
η_0	Anfangsrichtung des Molekülgesamtimpulses ($\perp \boldsymbol{r}_0$) bei maximaler oder minimaler Auslenkung B—C;		

die restlichen 3 Angaben sind in der speziellen Wahl des Koordinatensystems enthalten, nach Gl. (5.34) ist

$$Q_4^0 = 0, \qquad P_4^0 = P_5^0 = 0. \tag{5.35c}$$

Nur die Parameter E_0^{tr}, v und J wollen wir als *kinetisch relevante Parameter* ansehen (s. Abschn. 1.4.)[1]). Dem unterschiedlichen Charakter der beiden Gruppen von Anfangsbedingungen (5.35a) und (5.35b, c) entspricht eine unterschiedliche Verfahrensweise ihrer Festlegung:

1. feste Vorgabe von E_0^{tr}, v und J;
2. Wahl der übrigen Parameter in zufälliger Weise entsprechend geeigneten Verteilungen (sog. *Monte-Carlo-Methode*).

Für jeden Satz von Anfangsbedingungen (5.35) werden die kanonischen Gln. (5.33) numerisch gelöst; hierzu sind leistungsfähige Computer erforderlich. In Abhängigkeit vom Typ des betrachteten Systems wird dabei ein Abstand $\bar{\bar{R}}$ so bestimmt, daß man die Wechselwirkung zwischen Atomen, die weiter als $\bar{\bar{R}}$ voneinander entfernt sind, vernachlässigen kann. Das bedeutet zunächst, daß $R_0 > \bar{\bar{R}}$ sein muß. Die Integration der Bewegungsgleichungen wird dann so lange weitergeführt, d. h. die Bahn der Kerne so lange

[1]) Neuerdings sind Experimente gelungen, in denen auch andere Parameter kontrolliert wurden (Prozesse mit orientierten Molekülen [54]).

verfolgt, bis mindestens zwei Abstände, z. B. R_{AC} und R_{BC}, größer als $\bar{\bar{R}}$ sind. Dann wird die Rechnung abgebrochen, und der Computer signalisiert im erwähnten Beispiel die Bildung eines Moleküls AB. Werden alle drei Abstände R_{AB}, R_{BC} und R_{AC} größer als $\bar{\bar{R}}$, so haben wir es mit einem dissoziativen Prozeß zu tun.

Weitere Details über die praktische Durchführung derartiger Trajektorienberechnungen molekularer Stoßprozesse findet man in der Literatur [41, 55–58].

5.1.2.2. *Auswertung von Trajektorienrechnungen*

Als primäres Resultat einer klassischen Trajektorienberechnung erhält man die Koordinaten und Impulse in Abhängigkeit von der Zeit, für den betrachteten Fall dreier Atome also:

$$Q_1(t), \ldots, Q_6(t), \qquad P_1(t), \ldots, P_6(t).$$

Zur Veranschaulichung der klassischen Dynamik von Stößen eines Atoms A mit einem Molekül BC kann man folgende Darstellungen verwenden:

1. Auf Grund des eindeutigen Zusammenhanges zwischen den Koordinaten Q_j' und Q_j (s. Gln. (5.26) bzw. (5.29)) erhält man aus den Q_j die Funktionen $Q_j'(t)$ und damit die *Bahnkurven* der Teilchen A, B und C im Raum.

Für eine ebene Bewegung (d. h., A, B und C liegen ständig in einer festen Ebene) läßt sich der Bewegungsablauf leicht zeichnerisch darstellen. Abbildung 31 zeigt einen zentralen Stoß ($b = 0$) im System H + H_2. Das Molekül H_BH_C vollführt im betrachteten Fall anfänglich eine ungestörte Nullpunktschwingung und rotiert nicht ($v = 0$, $J = 0$). Bei der Annäherung der Stoßpartner weitet sich die Bindung $H_B{-}H_C$ auf und die Atome H_A und H_B gehen eine neue Bindung ein. Das gebildete Molekül H_AH_B bewegt sich rückwärts in bezug auf die Richtung des einfallenden Atoms H_A und schwingt stärker als das Reaktantmolekül H_BH_C, d. h., ein Teil der Translationsenergie wurde in Schwingungsenergie umgewandelt.

2. Aus den Koordinaten $Q_i(t)$ können die Teilchenabstände berechnet und in *Abstand-Zeit-Diagrammen* graphisch dargestellt werden. Abbildung 32 zeigt ein solches Diagramm für einen nichtreaktiven inelastischen Stoß H + H_2. Man sieht, daß sich die Schwingungsamplitude des Moleküls H_BH_C bei dem Stoß ver-

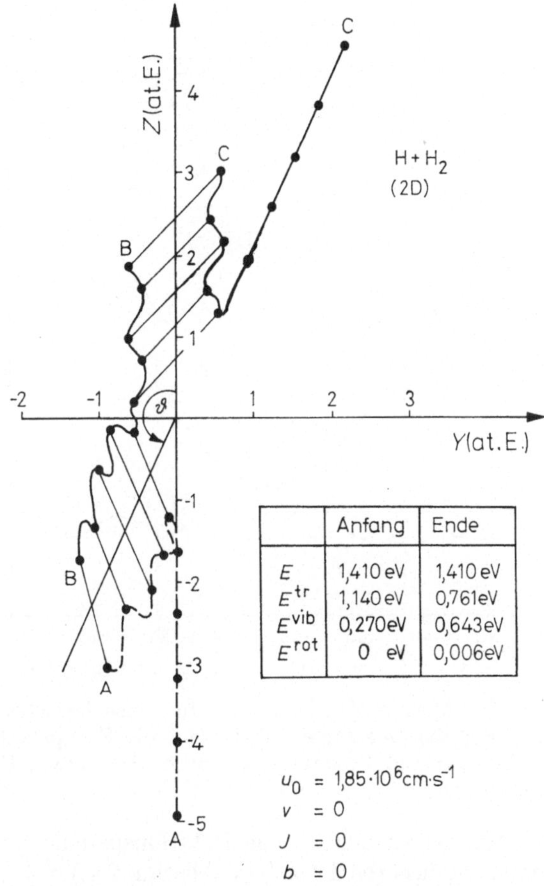

	Anfang	Ende
E	1,410 eV	1,410 eV
E^{tr}	1,140 eV	0,761 eV
E^{vib}	0,270 eV	0,643 eV
E^{rot}	0 eV	0,006 eV

Abb. 31. Bahnkurven der Kerne für einen reaktiven zentralen koplanaren Stoß H + H_2; die eingefügte Tabelle gibt die Energieverteilung in Reaktanten und Produkten an (nach HAVEMANN, U., unveröffentlicht)

ringert, d. h. Schwingungsenergie wird teilweise in Translationsenergie und teilweise in Rotationsenergie umgesetzt.

Bei dem in Abb. 33 wiedergegebenen reaktiven Stoß wird ein beträchtlicher Teil der Translationsenergie in Schwingungsenergie, ein kleinerer Teil in Rotationsenergie des Produktmoleküls umgewandelt. Die Dauer des Vorganges (Stoßzeit) ist von der Größen-

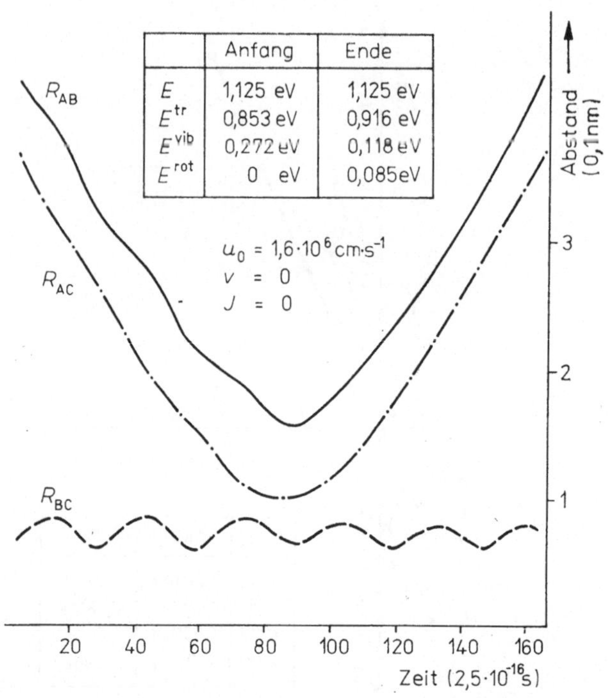

Abb. 32. Abstand-Zeit-Diagramm für einen inelastischen Stoß $H + H_2$; die eingefügte Tabelle gibt die Energieverteilung in Reaktanten und Produkten an (nach HAVEMANN, U., unveröffentlicht)

ordnung 10^{-14} s, viel kleiner als eine Rotationsperiode; es handelt sich also um einen direkten Prozeß (s. Abschn. 2.4.).

3. Die Parameterdarstellung der durchlaufenen Kernanordnungen in der Form $R_i = f(R_j, R_k)$ wird als *Systemtrajektorie* bezeichnet. Die Abb. 34 entspricht einer kollinearen Bewegung (ständige Bewegung aller drei Teilchen auf einer festen Geraden); sie zeigt die Kurve $R_{BC} = f(R_{AB})$ in der (R_{AB}, R_{BC})-Ebene, wiederum für einen reaktiven Stoß $H + H_2$. Man sieht, daß es sich um einen direkten Prozeß handelt, bei dem die Translationsenergie teilweise in Schwingungsenergie des Produkts umgewandelt wird.

Aus den Werten der Impulskomponenten P_i zum Zeitpunkt des Abbruchs der Rechnung lassen sich die verschiedenen Energieanteile (Translations-, Schwingungs- und Rotationsenergie) des Produktmoleküls sowie der Streuwinkel ϑ bestimmen; letzterer

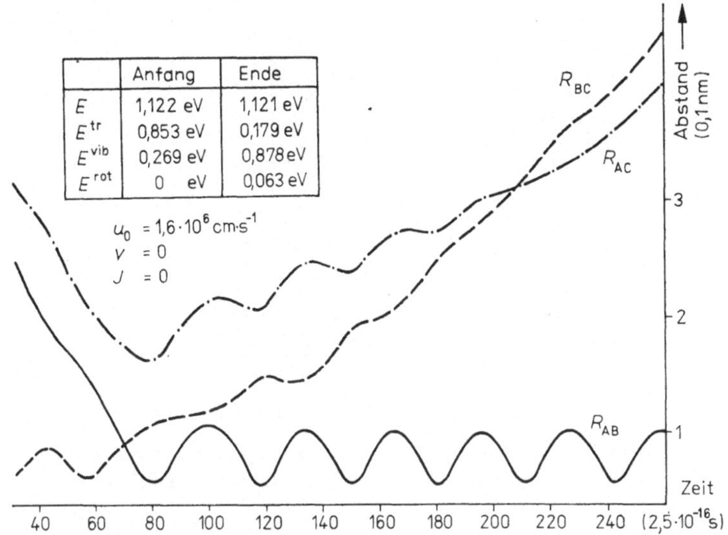

Abb. 33. Abstand-Zeit-Diagramm für einen reaktiven Stoß $H + H_2$; die eingefügte Tabelle gibt die Energieverteilung in Reaktanten und Produkten an (nach HAVEMANN, U., unveröffentlicht)

kann bei einem reaktiven Prozeß A + BC beispielsweise durch die Bewegungsrichtungen des einfallenden Atoms A und des mit diesem Atom neugebildeten Moleküls AB definiert werden (s. Abb. 31).

Hinsichtlich der Aufteilung der Gesamtenergie in verschiedene Anteile ist zu beachten, daß relative Translationsenergie und innere Energie exakt separierbar sind, sobald die Wechselwirkung zwischen den Produkten aufhört; eine Separation der inneren Energie in Schwingungs- und Rotationsbeiträge ist jedoch nur näherungsweise möglich.

Nach Ausführung dieser Analyse drückt man häufig die erhaltenen Schwingungs- und Rotationsenergien unter Verwendung geeigneter Modelle (die einfachsten Näherungen sind der harmonische Oszillator oder der MORSE-Oszillator und der starre Rotator) durch „Quantenzahlen" aus; diese haben im allgemeinen keine ganzzahligen Werte. Durch Rundung auf ganze Zahlen erhält man dann klassische Werte für die Quantenzahlen v' und J' der Produkte. Bei der Interpretation solcher Daten muß man jedoch vorsichtig sein (vgl. Abschn. 4.3.3.).

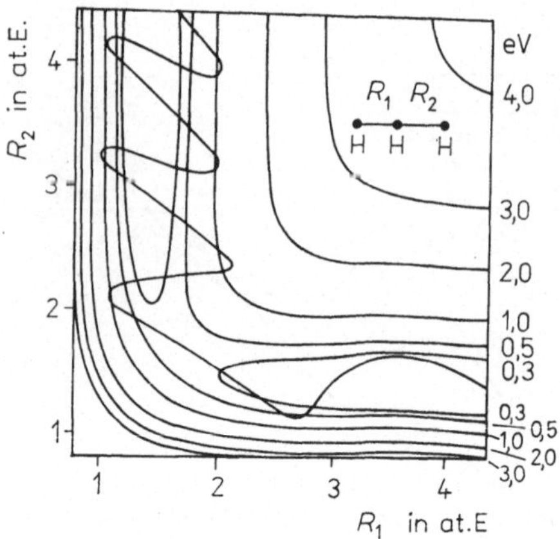

Abb. 34. Systemtrajektorie für einen kollinearen reaktiven Stoß $H + H_2$ (nach HAVEMANN, U., unveröffentlicht)

Für jeden Stoßprozeß liefert somit die klassische Rechnung eine Vielzahl wichtiger Informationen, insbesondere über Energieaustauschprozesse, bevorzugte Übergangskonfigurationen und deren energetische Verhältnisse sowie über Stoßzeit und Stoßmechanismus.

5.1.2.3. *Berechnung des Wirkungsquerschnitts*

Die Wirkungsquerschnitte sind entsprechend ihrer Definition (s. Abschn. 1.4.) summarische, gemittelte Kenngrößen. Um den Zusammenhang zwischen Theorie und Experiment herzustellen, wobei wir uns wieder auf dreiatomige Systeme A + BC beschränken wollen, muß eine genügend große Anzahl $\mathcal{N}(E_0^{tr}, v, J)$ von Stoßprozessen mit fixierten Werten E_0^{tr}, v, J und zufällig gewählten Werten R_0, b, r_0, θ_0, φ_0, η_0 durchgerechnet und nach den im vorigen Abschnitt dargestellten Verfahren ausgewertet werden. Die Größenordnung von $\mathcal{N}$ liegt für typische Fälle zwischen 100 und 1000. Für den Stoßparameter b wird ein Bereich zwischen 0 und einem maximalen Wert b_{max} vorgegeben, oberhalb dessen keine Prozesse der betrachteten Art mehr auftreten; man erhält b_{max} anhand von Modellbetrachtungen oder aus Testrechnungen.

Wir nehmen an, es interessiert der differentielle Wirkungsquerschnitt $q(v, J \mid E_0^{tr} \parallel \Omega)$ eines reaktiven Prozesses $A + BC(v, J) \rightarrow AB + C$ für fixierte Anfangszustände bei beliebigen inneren

Produktzuständen (v', J'). Die Zahl der reaktiven Prozesse, bei denen das Produktmolekül AB (im Massenmittelpunktsystem) in den Winkelbereich zwischen ϑ und $\vartheta + \Delta\vartheta$ gestreut wird (s. Abb. 31) sei

$$\Delta\mathcal{N}(E_0{}^{\mathrm{tr}}, v, J \parallel \vartheta); \tag{5.36}$$

diese Anzahl ist proportional der einfallenden Teilchenstromdichte (etwa A auf BC),

$$j_0 = \mathcal{N}(E_0{}^{\mathrm{tr}}, v, J)/\pi b_{\mathrm{max}}^2, \tag{5.37}$$

und dem Raumwinkelintervall $\Delta\Omega = 2\pi \sin\vartheta \, \Delta\vartheta$. Der Proportionalitätsfaktor ist der *differentielle reaktive Wirkungsquerschnitt:*

$$q(v, J \mid E_0{}^{\mathrm{tr}} \parallel \vartheta) = \pi b_{\mathrm{max}}^2 \frac{\mathcal{N}(E_0{}^{\mathrm{tr}}, v, J \parallel \vartheta)}{\mathcal{N}(E_0{}^{\mathrm{tr}}, v, J)\, 2\pi \sin\vartheta \, \Delta\vartheta}. \tag{5.38}$$

Unterscheidet man in jedem Winkelintervall noch die Prozesse nach den inneren Zuständen (v', J') der Produktmoleküle AB, so ergibt sich der detaillierte differentielle Wirkungsquerschnitt $q(v, J \mid E_0{}^{\mathrm{tr}} \mid v', J' \parallel \vartheta)$. In jedem Falle erhält man als Resultat einer solchen „Kästchensortierung" eine graphische Darstellung des differentiellen Wirkungsquerschnitts als Histogramm. Ein Beispiel findet man in Abb. 37; nachträglich läßt sich eine solche Verteilung glätten (vgl. Abb. 35).

5.1.3. *Resultate von Trajektorienrechnungen*

Berechnungen adiabatischer molekularer Stoßprozesse in klassischer Näherung für Systeme mit wenigen (etwa bis zu sechs) Atomen sind heute routinemäßig durchführbar, wenn Computer mittlerer Leistung zur Verfügung stehen. Es ist hier nicht möglich, eine detaillierte Übersicht über die Vielzahl der in den letzten Jahren publizierten Untersuchungen zu geben. Wir stellen aber einige repräsentative Resultate zusammen, um die Aussagefähigkeit der Methode zu illustrieren. Insgesamt haben sich derartige Berechnungen als sehr nützlich erwiesen bei der Aufklärung des Stoßmechanismus und der Energieübertragungsvorgänge sowie zur Abschätzung von Reaktionsquerschnitten außerhalb von Bereichen, in denen Quanteneffekte bestimmend sind (vgl. Abschn. 4.4.).

Für die Wasserstoffaustauschreaktion

$$H + H_2 \rightarrow H_2 + H \tag{5.39}$$

und ihre Isotopenanalogen liegen zahlreiche experimentelle und theoretische Untersuchungen vor. Das System ist elektronisch genügend einfach, die adiabatische Grundzustandspotentialfläche kennt man ziemlich genau (s. Abschn. 3.2.3.1.), und Wirkungsquerschnitte sind in verschiedenen Näherungen (vor allem klassisch, aber auch quantenmechanisch) wiederholt berechnet worden. In Abb. 35 ist der differentielle Wirkungsquerschnitt des Prozesses $D + H_2 \rightarrow DH + H$, wie er mit der Molekularstrahlmethode ohne

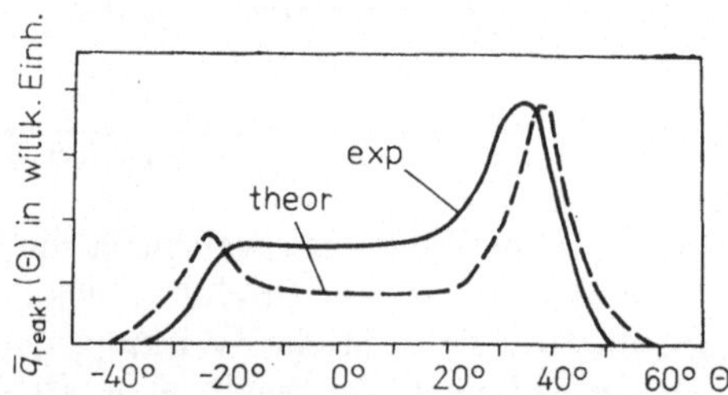

Abb. 35 Experimentell (durchgezogene Kurve) und theoretisch (gestrichelte Kurve) bestimmter thermisch gemittelter differentieller Reaktionsquerschnitt für $D + H_2 \rightarrow DH + H$ im Laborsystem (nach [59, 60])

Zustands- und Geschwindigkeitsselektion von Reaktanten und Produkten gemessen wurde [59], den Resultaten von Trajektorienberechnungen [60] (mit entsprechender Mittelung der Reaktantzustände und -geschwindigkeiten über thermische Verteilungen und „Sortierung" der Produkte nur nach dem Streuwinkel) gegenübergestellt; die Übereinstimmung ist recht gut. Die vorliegenden Daten für die totalen reaktiven Wirkungsquerschnitte der Wasserstoffaustauschreaktionen streuen in ziemlich weiten Bereichen. Eine besonders starke Diskrepanz zwischen Experiment und Theorie besteht gegenwärtig bei den detaillierten Geschwindigkeitskonstanten für Prozesse vom Typ $H + H_2(v = 1)$ mit Reaktantmolekülen im ersten angeregten Schwingungszustand [61].

Das System $(HeH_2)^+$ ist elektronisch noch einfacher als das System H_3; es stellt ein Modell für das Studium von Ion-Molekül-Prozessen dar. Experimentelle Daten liegen vor über die energetischen Verhältnisse der Umlagerung

$$He + H_2^+ \rightarrow HeH^+ + H, \tag{5.40}$$

die für Reaktanten und Produkte im Grundzustand um 0,8 eV endoergisch ist, sowie über die Wirkungsquerschnitte und andere Kenngrößen [62]. Umfangreiche Berechnungen in klassischer Näherung [63], ergänzt durch quantenmechanische Untersuchungen [64], ergaben eine Vielzahl von Detailinformationen über den Stoßmechanismus und die Energieaustauschvorgänge zwischen den Freiheitsgraden. Wir vergleichen in Abb. 36 experimentelle und theoretische Wirkungsquerschnitte für Umlagerung und Dissoziation des Reaktantmolekülions im Schwingungszustand $v = 3$ als Funktion der Stoßenergie. In Abb. 37 sind experimentelle und theoretische Resultate für gemittelte differentielle Wirkungsquerschnitte der Umlagerung (entsprechend einem nichtselektierten Reaktantmolekularstrahl) dargestellt; der starke Vorwärtspeak weist auf einen Abstreifmechanismus hin (vgl. Abschn. 2.4.). Ferner zeigt sich, daß der Wirkungsquerschnitt der reaktiven Stöße bei Schwingungsanregung des Reaktantmolekülions stark anwächst, s. Abb. 38; diese Erscheinung (Vibrational Enhance-

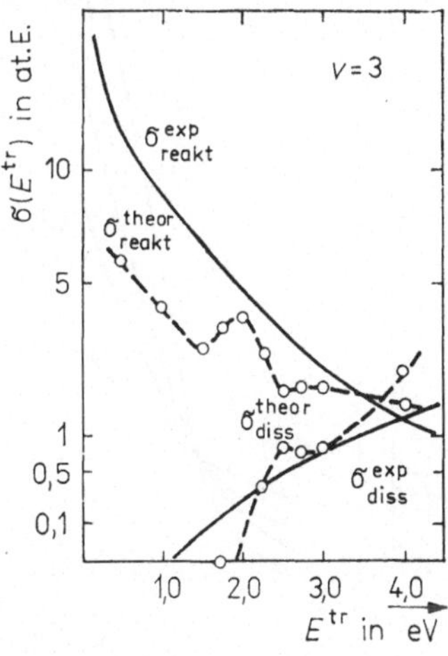

Abb. 36. Experimentell (durchgezogene Kurve) und theoretisch (gestrichelte Kurve) bestimmter totaler spezifischer Reaktionsquerschnitt für $He + H_2^+(v = 3) \rightarrow HeH^+ + H$ in Abhängigkeit von der Stoßenergie (nach [63a])

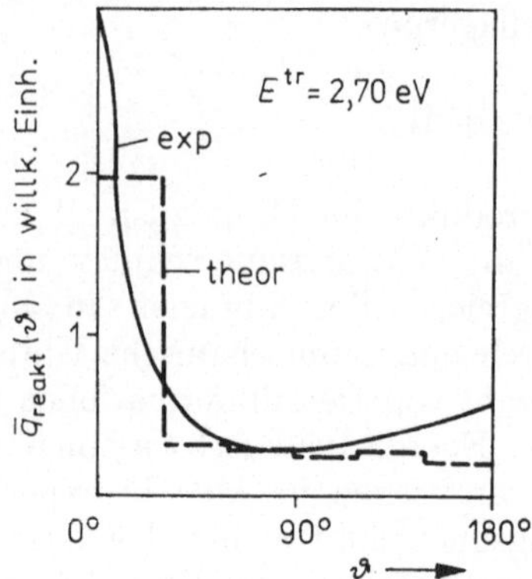

Abb. 37. Experimentell (durchgezogene Kurve) und theoretisch (gestricheltes Histogramm) bestimmter, über die inneren Zustände gemittelter differentieller Reaktionsquerschnitt für $He + H_2^+ \rightarrow HeH^+ + H$ bei $E^{tr} = 2{,}7$ eV (nach [63b]) im Massenmittelpunktsystem

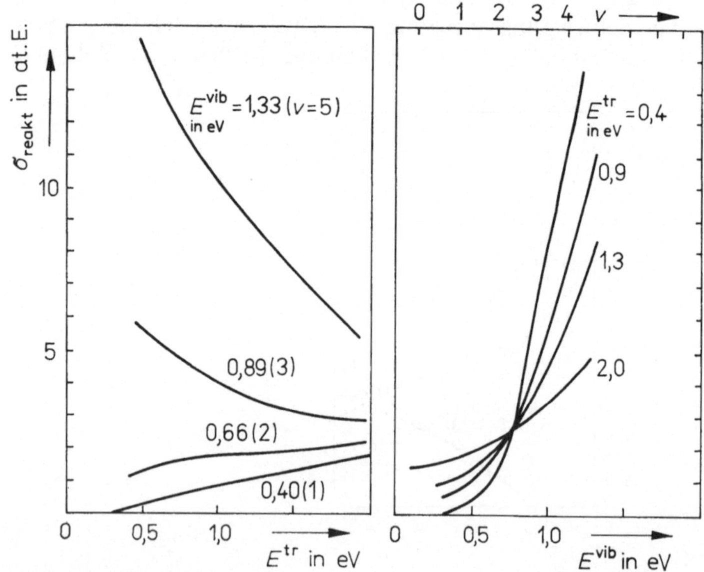

Abb. 38. In klassischer Näherung berechnete Abhängigkeit des totalen Reaktionsquerschnitts für $He + H_2^+ \rightarrow HeH^+ + H$ von der relativen Translationsenergie (links) und der Schwingungsenergie (rechts) der Reaktanten (nach [63c])

ment) ist typisch für endoergische Prozesse, bei denen der Anstieg des Potentials im Produkttal erfolgt (Late Uphill, vgl. Abb. 14). Die gute qualitative Übereinstimmung zwischen Experiment und Theorie berechtigt zu der Annahme, daß auch die detaillierteren theoretischen Aussagen über Einzelheiten des Stoßvorganges, die experimentell nicht zugänglich sind, als richtig angesehen werden können.

Eingehend untersucht wurden auch die Elementarprozesse

$$F + H_2 \rightarrow FH + H \tag{5.41}$$

sowie deren Isotopenanaloge mit HD und D_2; sie sind für Reaktanten und Produkte im Grundzustand exoergisch um ca. 1,3 eV. Dieser bei der Reaktion freiwerdende Energiebetrag wird vorzugsweise (zu rund 80%) in Schwingungsenergie der Produktmoleküle umgesetzt, und zwar entstehen die Produkte überwiegend in den Schwingungszuständen $v' = 2$ oder 3 (Besetzungsinversion). Diese Reaktion ist daher auch von praktischem Interesse als Pumpreaktion eines chemischen Lasers [65]. Klassische Trajektorienberechnungen [66] ergeben in Übereinstimmung mit den experimentellen Befunden die Besetzungsinversion (vgl. Abb. 44); sie liefern darüber hinaus Einzelheiten über die dynamischen Ursachen dieses Verhaltens, das charakteristisch ist für exoergische Prozesse, bei denen die Potentialabsenkung bereits im Reaktanttal erfolgt, die Energie also während der Annäherung der Stoßpartner freigesetzt wird (Early Downhill, vgl. Abb. 15). In dieser Hinsicht sind also die beiden Prozesse (5.40) und (5.41) reziprok zueinander. Die Potentialfläche des FH_2-Systems weist im Reaktanttal, kurz bevor sich das Potential absenkt, eine niedrige Barriere auf (s. Abb. 15), zu deren Überwindung sich eine Erhöhung der relativen Translationsenergie der Reaktanten als wirksam erweist (s. Abb. 39), nicht jedoch eine Schwingungsanregung des H_2-Moleküls [67]. Es ergibt sich weiterhin, daß die reaktiven Stöße dominant nach einem Rückstoßmechanismus ablaufen (vgl. Abschn. 2.4.).

Die beschriebene Wirksamkeit von Schwingungs- und Translationsenergie bei der Überwindung von Barrieren im Produkt- bzw. Reaktanttal läßt sich leicht verstehen, wenn man sich für den kollinearen Stoß (der in beiden Fällen dominiert) anhand der Potentialbilder 14 bzw. 15 klarmacht, daß diese beiden Bewegungsformen gerade Impulskomponenten in der erforderlichen Richtung (auf die Barriere zu) liefern.

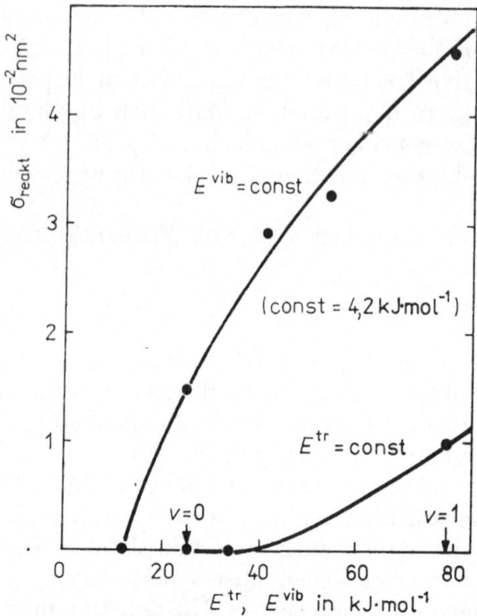

Abb. 39. In klassischer Näherung berechnete Abhängigkeit des totalen Reaktionsquerschnitts für $F + H_2 \rightarrow FH + H$ von der relativen Translationsenergie und der Schwingungsenergie der Reaktanten (nach [67])

Derartige Beziehungen zwischen der Form des Potentials (insbesondere der Lage von Potentialbarrieren bzw. Potentialabhängen und dem Verlauf des Minimumweges), den Massenkombinationen der beteiligten Atome sowie der Verteilung der Gesamtenergie auf die verschiedenen Freiheitsgrade der Reaktanten (somit den in verschiedenen Konfigurationen wirksamen Impulskomponenten) einerseits und der Dynamik des Stoßvorganges andererseits sind von Polanyi und seiner Schule systematisch untersucht worden (s. etwa [68]). Einige typische Aussagen stellt die Tab. 8 zusammen, in der die Potentialflächen nach den oben genannten Merkmalen klassifiziert sind. Besonders bei der Suche nach solchen allgemeinen Zusammenhängen und den sie bestimmenden Faktoren erweist sich der Vorzug der klassischen Näherung, eine unmittelbar anschaulich faßbare Beschreibung der Bewegungsabläufe zu liefern.

Wir wollen abschließend noch ein Beispiel erwähnen, das zeigt, wie klassische Trajektorienberechnungen im Zusammenhang mit

Tabelle 8
Zusammenhänge zwischen Charakteristika der Potentialfläche und der Dynamik der reaktiven Stoßprozesse (nach [57, 68])

Typ	Potentialcharakterisierung		Spezifik der Dynamik
I	exoergisch	Energiefreisetzung früh (attraktives Potential)	Schwingungsanregung der Produkte (Besetzungsinversion) $\langle E^{\mathrm{vib}'} \rangle \sim$ Attraktivität Vorwärtsstreuung
		Energiefreisetzung spät (repulsives Potential)	keine Schwingungsanregung der Produkte Rückwärtsstreuung
II	endoergisch oder energetisch neutral mit Barriere	Energieaufnahme früh	Translationsenergie aktiviert
		Energieaufnahme spät	Schwingungsenergie aktiviert
III	Potentialmulde	früh	Schwingungsenergie aktiviert
		spät	Translationsenergie aktiviert

experimentellen Untersuchungen bei der Aufklärung des Mechanismus chemischer Reaktionen eine wichtige Rolle spielen können. Seit den Pionierarbeiten von BODENSTEIN galt die Iodwasserstoffreaktion

$$H_2 + I_2 \rightarrow 2\,HI \tag{5.42}$$

als Prototyp einer elementaren bimolekularen Reaktion. Von SULLIVAN [69] konnte jedoch 1967 experimentell gezeigt werden, daß es sich um einen zusammengesetzten Vorgang handelt, der folgendermaßen abläuft:

$$I_2 + M \rightarrow 2\,I + M, \tag{5.43a}$$

$$H_2 + 2\,I \nearrow 2\,HI \tag{5.43b}$$

$$H_2 + 2\,I \searrow H_2I + I \rightarrow 2\,HI \tag{5.43c}$$

(M ist einer der Reaktionspartner oder die Gefäßwand). Warum nicht direkt die Reaktion (5.42), sondern die Schritte (5.43) ablaufen, ist anhand rein energetischer (statischer) Überlegungen nicht zu verstehen und muß durch eine Berechnung der Dynamik untersucht werden. Tatsächlich zeigen Rechnungen in klassischer Näherung [70], daß der Prozeß (5.42) „dynamisch verboten" ist: die Struktur der Potentialfläche ist so beschaffen, daß auch bei hohen Stoßenergien die Systemtrajektorie fast niemals das Produkttal erreicht, sondern vorher reflektiert wird. Die entsprechende Geschwindigkeitskonstante ergibt sich um 5 Größenordnungen zu niedrig. Demgegenüber sind die Schritte (5.43) für die Systemtrajektorie viel leichter zu bewältigen; die hierfür berechnete Geschwindigkeitskonstante kommt in die richtige Größenordnung. Die Rechnungen zeigten, daß auch der Schritt (5.43c) vorkommt; die Potentialfläche weist eine flache Mulde auf, in der sich die Trajektorien „fangen", was der Bildung eines Zwischenkomplexes H_2I entspricht.

5.2. *Quantendynamik atomarer und molekularer Stöße*

Wie in Kap. 4. festgestellt wurde, ist die quantenmechanische Behandlung atomarer und molekularer Stoßprozesse wesentlich komplizierter und aufwendiger als die klassische Näherung. Wir beschränken uns daher auf eine knappe Darstellung mit wenigen repräsentativen Beispielen.

5.2.1. *Elastische Streuung*

Die Berechnung von Wellenfunktionen und Streuamplituden für elastische Stöße mit einem kugelsymmetrischen Potential $U(R)$ beliebiger Form stellt heute eine relativ einfache Aufgabe dar, wenn auch der Rechenaufwand hoch werden kann. Hierfür stehen effektive Methoden zur Verfügung (Literaturhinweise findet man z. B. in [41], Kap. 4.). In Abb. 40 ist die typische Form eines quantenmechanisch berechneten differentiellen elastischen Streuquerschnitts (gewichtet mit sin ϑ) dargestellt [71]; zum Vergleich ist auch die klassische Näherung angegeben. Für Winkel unterhalb des klassischen Regenbogenwinkels weist der Streuquerschnitt eine komplizierte Interferenzstruktur auf. Die Oszillationen mit größeren Winkelintervallen zwischen den Maxima werden durch den Regenbogeneffekt verursacht, wobei das erste, dem klassischen Regenbogen nächstbenachbarte Maximum als primärer Regenbogen, die weiteren als „überzählige" Regenbögen bezeich-

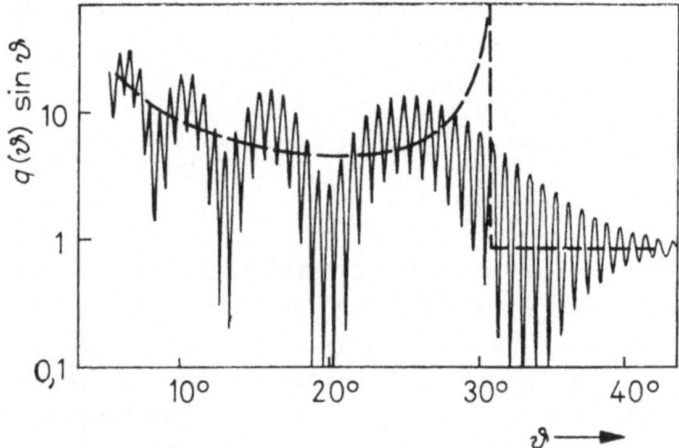

Abb. 40. Differentieller elastischer Streuquerschnitt, gewichtet mit sin ϑ, für ein LENNARD-JONES-(12,6)-Potential, eine reduzierte Energie $K = 4$ und eine reduzierte Wellenzahl $A \equiv kR^0 = 300$ (nach [71]).
Gestrichelte Kurve: entsprechender klassischer differentieller Streuquerschnitt (vgl. Abb. 28)

net werden. Überlagert sind durchgängig Oszillationen mit kleinen Winkelintervallen. Oberhalb des klassischen Regenbogens klingen alle diese Interferenzen ab. Wichtig ist, daß keine Singularitäten auftreten und daß die klassische Näherung (abgesehen von der Regenbogensingularität) den mittleren Verlauf des quantenmechanischen Streuquerschnitts gut wiedergibt.

5.2.2. *Quantenmechanische Berechnungen inelastischer und reaktiver Molekülstöße*

Eine konzeptionell einfache und anschauliche, wenn auch rechnerisch sehr aufwendige Beschreibung atomarer und molekularer Stoßprozesse liefert die Wellenpaketnäherung. Wir stellen sie daher an den Anfang und gehen dann zu stationären Näherungen über.

Atom- und Molekülstöße in Wellenpaketnäherung

Die Abb. 19 vermittelt eine Vorstellung von der Bewegung eines Wellenpaketes in der Umgebung des Reaktionsweges in einem Potential mit einer Barriere. Wir betrachten diese Bewegung jetzt etwas genauer für den Fall eines kollinearen Stoßes A + BC.

Mit der Bezeichnungsweise des Abschn. 5.1.2. hat der HAMILTON-Operator nach Abseparation der Massenmittelpunktsbewegung der Kerne die Form

$$\hat{H} = -(\hbar^2/2\mu_{BC})\,(\partial^2/\partial r^2) \quad (\hbar^2/2\mu_{BC,A})\,(\partial^2/\partial R^2) + U(r, R) \tag{5.44}$$

in Analogie zum Ausdruck (5.32); r ist der Kernabstand im Molekül BC und R der Abstand des Atoms A vom Massenmittelpunkt von BC. Für große Werte von R reduziert sich U auf das Wechselwirkungspotential $U_{mol}(r)$ des Moleküls BC; die Wellenfunktion für den Anfangszustand läßt sich dann als Produkt eines Wellenpaketes $F(R)$ für die Relativbewegung A—BC und einer Schwingungseigenfunktion $\chi_v(r)$ des Moleküls BC schreiben:

$$\Psi_v(r, R; t_0) = F(R) \cdot \chi_v(r), \tag{5.45}$$

wobei $\chi_v(r)$ eine Lösung der SCHRÖDINGER-Gleichung

$$\{-(\hbar^2/2\mu_{BC})\,(\mathrm{d}^2/\mathrm{d}r^2) + U_{mol}(r)\}\,\chi_v(r) = \epsilon_v \chi_v(r) \tag{5.46}$$

ist. Die Funktion $F(R)$ wird gemäß Gl. (4.8) gebildet, wobei jetzt an die Stelle von X die Relativkoordinate R tritt; das Wellenpaket sei in der Umgebung eines hinreichend großen Abstandes R_0 lokalisiert. Die Zeitabhängigkeit der Wellenfunktion Ψ_v läßt sich im allgemeinen nicht in analytischer Form bestimmen, so daß die Lösung der SCHRÖDINGER-Gleichung

$$\mathrm{i}\hbar(\partial/\partial t)\,\Psi_v(r, R; t) = \hat{H}\Psi_v(r, R; t) \tag{5.47}$$

mit der Anfangsbedingung (5.45) mittels numerischer Methoden erfolgen muß (vgl. [72]).

Um einen Eindruck von der Bewegung eines derartigen Wellenpaketes zu geben, zeigen wir einige Ergebnisse für die kollineare Austauschreaktion

$$H + H_2 \rightarrow H_2 + H. \tag{5.48}$$

Zur besseren Veranschaulichung des Bewegungsablaufes wurde die Wahrscheinlichkeitsdichte $|\Psi_v|^2$ im Reaktanttal über die Koordinate R_{BC} und im Produkttal über die Koordinate R_{AB} integriert. In den Abbn. 41a bis h sind einige der dabei erhaltenen eindimensionalen Wahrscheinlichkeitsdichten dargestellt — ge-

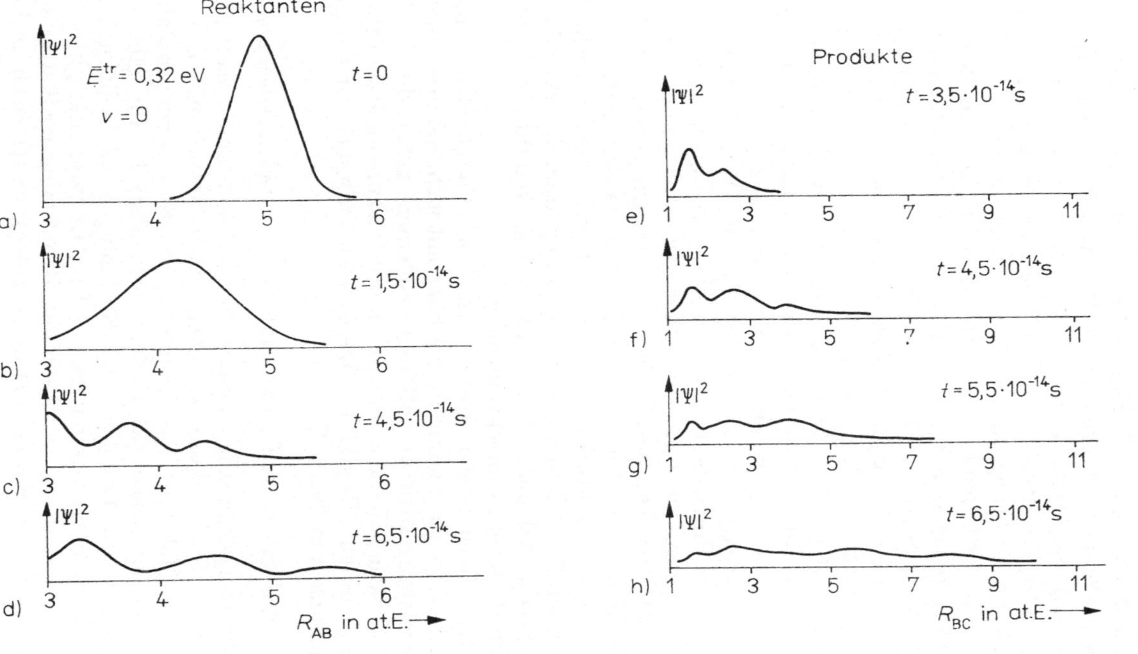

Abb. 41. Wellenpaketnäherung für die kollineare Wasserstoffaustauschreaktion $H + H_2 \rightarrow H_2 + H$: eindimensionale Wahrscheinlichkeitsdichten (s. Text) zu verschiedenen Zeiten (nach ZUHRT, Ch., unveröffentlicht). a—d) im Reaktanttal, e—h) im Produkttal

wissermaßen „Schnappschüsse" von der Bewegung des Wellenpaketes. Zur Interpretation dieser Bilder sei daran erinnert, daß der Ausdruck $|\Psi_v|^2\,\Delta R_{AB}$ im Reaktanttal die Wahrscheinlichkeit dafür angibt, daß sich die beiden Atome A und B in einem Abstand zwischen R_{AB} und $R_{AB} + \Delta R_{AB}$ voneinander befinden; entsprechendes gilt im Produkttal. Die Abb. 41a zeigt den Anfangszustand, ein GAUSSsches Wellenpaket, dessen Zentrum sich bei $R_{AB} \approx 5a_B$ im Reaktanttal befindet. Die Bewegung erfolgt nach links in Richtung auf die Wechselwirkungsregion (d. h. in die Nähe des Sattelpunktes); in Abb. 41b hat sich das Zentrum um ca. $0{,}8a_B$ verlagert, das „Auseinanderfließen" des Wellenpaketes ist deutlich zu erkennen. Die Interferenz zwischen einlaufenden und reflektierten Teilen des Wellenpaketes führt zu der wellenförmigen Struktur der Verteilung in den folgenden Abbildungen. In Abb. 41d ist die Reaktion fast beendet, und die reflektierten (d. h. elastisch und inelastisch gestreuten) Reaktanten bewegen sich in Richtung zu größeren Teilchenabständen R_{AB}.

Die Wahrscheinlichkeitsverteilung für die Wechselwirkungsregion und das Produkttal ist in den Abbn. 41e bis h dargestellt. Die Abb. 41e zeigt einen Zeitpunkt der Bewegung, zu dem bereits ein beträchtlicher Teil des Wellenpakets in den Bereich starker Wechselwirkung der Atome gelangt ist. Der transmittierte Anteil beginnt in das Produkttal auszulaufen und verbreitert sich schnell über einen größeren Raumbereich. Die Integration der Verteilung 41h im Produkttal über die Koordinate R_{BC} von 0 bis ∞ ergibt direkt die Reaktionswahrscheinlichkeit.

Derartige Rechnungen kosten sehr viel Computerzeit und lassen sich daher auch kaum für Systeme mit mehr als zwei räumlichen Freiheitsgraden durchführen; außerdem gehen durch die Impulsunschärfe gewisse Feinheiten in den Wirkungsquerschnitten verloren (s. unten). Es gibt aus diesen Gründen bisher nur wenige Untersuchungen in dieser Näherung [72].

Atom-Molekülstöße in stationären quantenmechanischen Näherungen

Die quantenmechanische Beschreibung kollinearer reaktiver adiabatischer Stoßprozesse zwischen einem Atom und einem zweiatomigen Molekül (1D-Behandlung) bereitet seit einigen Jahren keine wesentlichen Schwierigkeiten mehr; hierfür gibt es mehrere effektive Methoden, die Rechnungen mit sehr hoher Genauigkeit auch mit Computern mittlerer Leistung ermöglichen. Ein solcher Stand ist für die vollständige Berechnung der Bewegung der drei Kerne im Raum (3D-Behandlung) bisher noch nicht erreicht. Lediglich das System $H + H_2$, das auf Grund seiner Symmetrie gewisse Vereinfachungen ermöglicht, ist bisher mit hoher Genauigkeit (Wirkungsquerschnitte mit relativen Fehlern der Ordnung 10^{-2}) berechnet worden, einige andere Systeme mit geringerer Genauigkeit. Die wenigen genauen quantenmechanischen Berechnungen, die bisher durchgeführt wurden, dienen vorwiegend der quantitativen Untersuchung spezifischer Quanteneffekte (z. B. Resonanzen) und der Testung bzw. Fundierung vereinfachter Näherungsmethoden, die auf Grund ihres niedrigeren Aufwandes breitere Anwendungsmöglichkeiten bieten. Darüber hinaus wird man in den nächsten Jahren für einige einfache Prototypreaktionen, etwa die (H, H_2)- und die (F, H_2)-Austauschreaktionen einschließlich ihrer Isotopenanalogen, genügend genaue, quantenmechanisch berechnete detaillierte Wirkungsquerschnitte zur Verfügung haben, um die für einen quantitativen Vergleich mit experimentellen Daten erforderlichen Summationen und Mittelungen durchführen zu können.

Typische Unterschiede zwischen quantenmechanischer und klassischer Näherung zeigen sich bereits beim kollinearen Modell. In Abb. 42 werden für die kollineare Austauschreaktion $H + H_2(v = 0)$

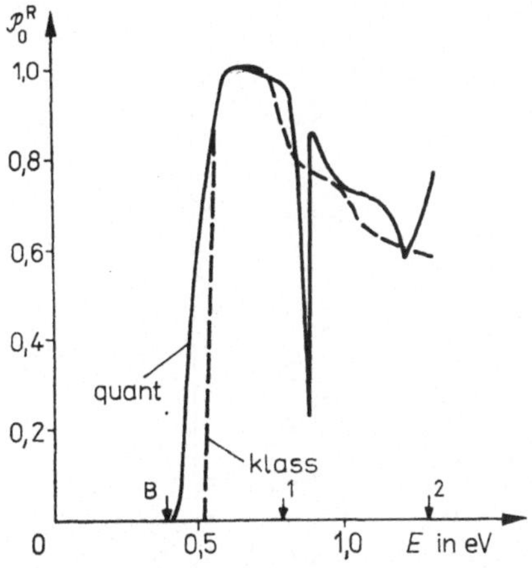

Abb. 42. Quantenmechanisch in stationärer Näherung (durchgezogene Kurve) und klassisch (gestrichelte Kurve) berechnete Reaktionswahrscheinlichkeit für den kollinearen Wasserstoffaustauschprozeß $H + H_2(v = 0) \rightarrow H_2 + H$ als Funktionen der Gesamtenergie (nach [73]).

Die Pfeile B, 1 und 2 geben die Barrierenhöhe sowie die Energien des ersten bzw. zweiten angeregten Schwingungszustandes von H_2 an.

$\to H_2 + H$ die in beiden Näherungen erhaltenen Reaktionswahrscheinlichkeiten $\mathcal{P}_0{}^R$ für die Bildung von Produktmolekülen in beliebigen Schwingungszuständen miteinander verglichen [73]. Man erkennt deutliche Quanteneffekte:

1. Die quantenmechanisch erhaltene *Reaktionsschwelle* liegt um rund 0,1 eV tiefer als die klassische; das bedeutet, daß in Einklang mit den Betrachtungen in Abschn. 4.3.1. die klassische Behandlung für niedrige Energien nicht ausreicht.

2. Beträchtliche Abweichungen treten bei 0,9 eV und 1,2 eV Gesamtenergie auf, wo die quantenmechanisch erhaltene Kurve in engen Intervallen scharfe Minima, sog. *Resonanzen* besitzt, wie man sie von inelastischen Streuprozessen (Kernphysik, Elektron-Molekül-Streuung, Atom-Molekül-Streuung) schon seit längerer Zeit kennt. Insgesamt wird jedoch die Reaktionswahrscheinlich-

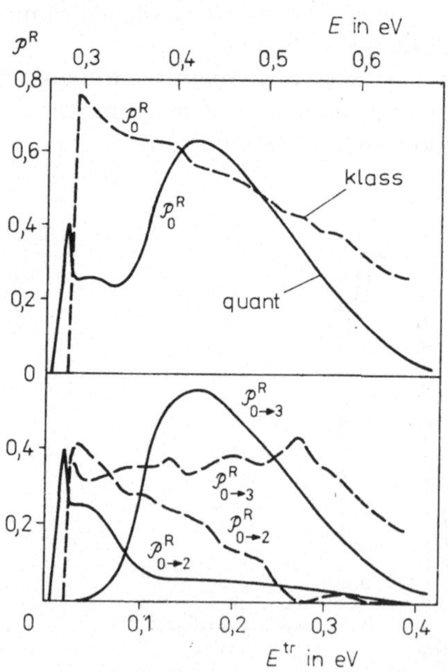

Abb. 43. Quantenmechanisch in stationärer Näherung (durchgezogene Kurve) und klassisch (gestrichelte Kurve) berechnete Reaktionswahrscheinlichkeit für den kollinearen Austauschprozeß $F + H_2(v = 0) \to FH + H$ als Funktionen der Gesamtenergie (nach [74]).
Unterer Teil: $\mathcal{P}^R_{0\to 2}$ und $\mathcal{P}^R_{0\to 3}$; oberer Teil: $\mathcal{P}_0{}^R = \mathcal{P}^R_{0\to 2} + \mathcal{P}^R_{0\to 3}$

keit in Abhängigkeit von der Energie durch die klassische Näherung qualitativ recht gut wiedergegeben; ähnlich wie bei der elastischen Streuung erhält man klassisch einen geglätteten mittleren Verlauf.

Entsprechende Resultate für reaktive Prozesse $F + H_2(v = 0) \rightarrow FH + H$ sind in Abb. 43 wiedergegeben [74]; hier zeigen sich analoge charakteristische Quanteneffekte: Wiederum liegt die in quantenmechanischer Näherung erhaltene Schwelle tiefer als die klassische, und die quantenmechanische Wahrscheinlichkeit $\mathscr{P}^R_{0\rightarrow 2}$ für die Bildung von Produktmolekülen HF im zweiten angeregten Schwingungszustand weist eine scharfe Resonanz unmittelbar oberhalb der Schwelle auf; bei $\mathscr{P}^R_{0\rightarrow 3}$ ist der Peak relativ breit. Die quantenmechanisch und klassisch erhaltenen Besetzungswahrscheinlichkeiten der Produktschwingungszustände sind für eine ausgewählte Energie in Abb. 44 noch einmal gesondert dargestellt.

Hinsichtlich der physikalischen Bedeutung von Resultaten, die mittels des kollinearen Modells erhalten wurden, ist zu beachten, daß man mit diesem Modell einerseits auf Grund der Eliminierung einiger Freiheitsgrade die Möglichkeit hat, bestimmte Quanteneffekte gewissermaßen in reiner Form zu studieren, daß aber andererseits die erhaltenen Aussagen nicht ohne weiteres [75] auf die tatsächliche dreidimensionale Dynamik übertragbar sind.

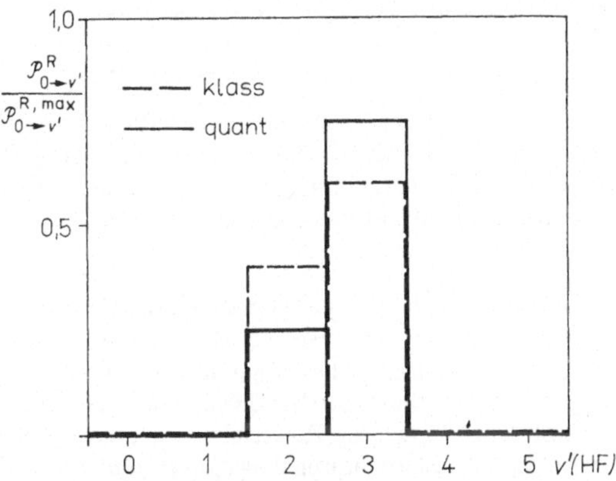

Abb. 44. Besetzung der Produktzustände FH(v') des kollinearen Austauschprozesses $F + H_2(v = 0) \rightarrow FH + H$ für $E = 0{,}37$ eV; quantenmechanisch (durchgezogene Linien) und klassisch (gestrichelte Linien) berechnet nach [74]

Für die ($H + H_2$)-Austauschreaktion ist durch genaue Berechnungen [76] inzwischen gesichert, daß die Resonanzen auch in der dreidimensionalen Behandlung erscheinen und nicht etwa durch Orientierungseffekte, Interferenzen etc. verwischt werden; sie sind weniger scharf und nach etwas höheren Energien verschoben (s. Abb. 45). Da sie außerdem kaum vom Gesamtdrehimpuls J abhängen, treten sie auch im detaillierten Reaktionsquerschnitt auf und müßten meßbar sein; allerdings ist ihr Nachweis noch nicht zweifelsfrei gelungen. Bei anderen Systemen wie $F + H_2$ ist gegenwärtig noch unklar, inwieweit die Resonanzen auch bei der dreidimensionalen Behandlung hervortreten [77].

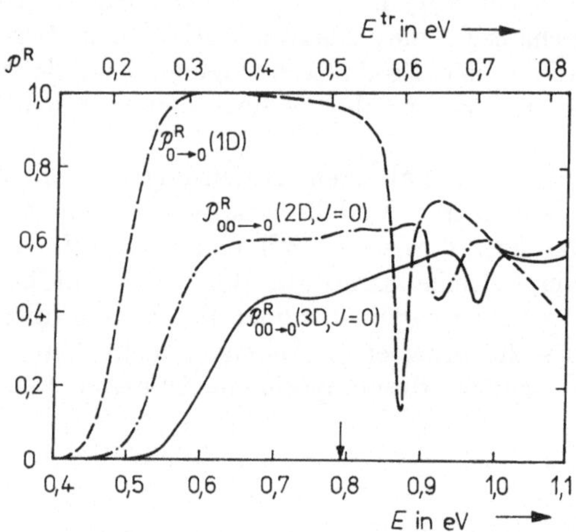

Abb. 45. Quantenmechanisch berechnete Reaktionswahrscheinlichkeiten für den Wasserstoffaustauschprozeß $H + H_2(v = 0) \to H_2(v' = 0) + H$ bei kollinearer (1D), koplanarer (2D) und uneingeschränkter dreidimensionaler Bewegung (3D) (nach [76])

Die physikalische Interpretation der Resonanzphänomene bei reaktiven Stößen erfordert eine genauere Analyse, die den Rahmen dieser kurzen Darstellung überschreiten würde; wir begnügen uns daher mit einer Plausibilitätsbetrachtung für den kollinearen Fall. Denkt man sich die Bewegung zerlegt in eine Komponente längs der Reaktionskoordinate (Energieminimumweg) und eine innere Schwingungsbewegung senkrecht dazu (bei $H + H_2$ eine symmetrische Streckschwingung des linearen dreiatomigen Systems), so werden die möglichen Quantenzustände für die Schwingung in Abhängigkeit von der Form der Potentialfläche bei der Bewegung entlang der Reaktionskoordinate ihre energetische Lage ändern, sich anheben oder absenken. Wird bei einem Stoßprozeß infolge einer lokalen Absenkung der Energieniveaus angeregter innerer Zustände in einem bestimmten Kernkonfigurationsbereich (d. h. auf einem bestimmten Abschnitt des Reaktionsweges) ein solcher angeregter Zustand v' vorübergehend energetisch zugänglich, so wächst die Wahrscheinlichkeit dafür, daß das System in diesen Zustand übergeht und ein schwingungsangeregtes Produktmolekül entsteht. Die Bewegung entlang der Reaktionskoordinate wird entsprechend verzögert, und das System gewissermaßen in einer Potentialfalle „eingefangen“. Effekte dieser Art sind bei Vorhandensein von *Mulden* in den adiabatischen vibronischen Potentialen (vgl. Abschn. 2.2.3.) zu erwarten [78] und äußern sich in einem scharfen Minimum der Übergangswahrscheinlichkeit $\mathscr{P}^{R}_{0\to0}$ und einem scharfen Maximum der Übergangswahrscheinlichkeit $\mathscr{P}^{R}_{0\to v'}$ bei diesen Energien (Resonanzen der inneren Anregung, FESHBACH-*Resonanzen*). Ferner wurde gefunden, daß Resonanzen mit „Wirbeln“ in der quantenmechanischen Wahrscheinlichkeitsstromdichte, also mit einer indirekten „Strömung“ von den Reaktanten zu den Produkten verbunden sind [78]. Interessanterweise ist es in letzter Zeit gelungen [79], das Auftreten von Resonanzen so zu deuten, daß ein resonanter Energieaustausch zwischen (adiabatisch von der Translation entlang der Reaktionskoordinate separierten) Schwingungszuständen des Reaktantsystems und des Produktsystems stattfindet (sog. *periodische Resonanzorbits*). Dabei handelt es sich um eine im wesentlichen klassische Beschreibung, lediglich die Quantisierung der Schwingungsbewegung wird berücksichtigt.

Beim Übergang vom kollinearen Modell (1D) über ein planares Modell (2D), in dem die Bewegung auf eine Ebene beschränkt ist, zum dreidimensionalen Fall (3D) beobachtet man in der quantenmechanischen Beschreibung eine Erhöhung der Energieschwelle, bei der (H, H_2)-Austauschreaktion um etwa 0,06 eV bzw. 0,12 eV. Das ist die Energie der Knickschwingung des Übergangskomplexes, die somit in der Translationsenergie fehlt, so daß die für eine bestimmte Reaktionswahrscheinlichkeit erforderliche Gesamtenergie um diesen Betrag erhöht wird. Den Unterschied zwischen quantenmechanisch und klassisch berechneter Reaktionswahrscheinlichkeit im Schwellenbereich bezeichnet man pauschal als *Tunnelbeitrag*[1]). Die Resonanzstellen werden übrigens aus dem gleichen Grunde um etwa den gleichen Energiebetrag verschoben.

In Abb. 46 sind Resultate verschiedener quantenmechanischer Berechnungen sowie einer neueren klassischen Trajektorienrechnung des Wirkungsquerschnitts für die (H, H_2)-Austauschreaktion

---

[1]) Im Falle von Bewegungen in mehr als zwei Freiheitsgraden ist es schwierig, Tunnelvorgänge in eindeutiger Weise zu definieren; darauf kann hier nicht im einzelnen eingegangen werden.

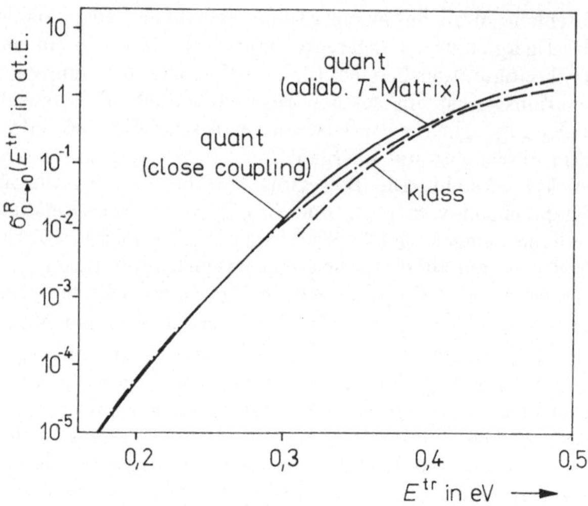

Abb. 46. Vergleich verschiedener quantenmechanisch und klassisch berechneter Wirkungsquerschnitte für die Wasserstoffaustauschreaktion $H + H_2(v = 0) \to H_2 + H$: genaue Close-Coupling-Näherung (nach [78b], durchgezogene Kurve), adiabatische T-Matrix-Näherung (nach [80], strichpunktierte Kurve), klassische Trajektoriennäherung (gestrichelte Kurve, nach Mayne, H. R., Toennies, J. P.: J. chem. Phys. **70** (1979), 5314).

zusammengestellt [80]; durchgängig wurde die genaueste gegenwärtig verfügbare adiabatische Potentialfläche für den Elektronengrundzustand [23] verwendet. Von den approximativen quantenmechanischen Methoden geben offenbar verfeinerte Näherungen vom Distorted-Wave-Typ wenigstens qualitativ, die sogenannte adiabatische T-Matrix-Näherung auch quantitativ gute Übereinstimmung mit den genauen Resultaten [76]. Besonders bemerkenswert aber ist das in Energiebereichen genügend weit oberhalb der Schwelle und außerhalb von Resonanzen quantitativ richtige Resultat der klassischen Näherung. Inwieweit diese Verhältnisse auch bei anderen adiabatischen reaktiven Prozessen bestehen, ist allerdings gegenwärtig nicht abzusehen. Erste qualitativ gute Ergebnisse für reaktive Prozesse liegen auch für die sog. Infinite-Order-Sudden-Näherung (*IOS*, vgl. [41]) vor.

5.3. Einige Resultate quasiklassischer und semiklassischer Berechnungen

Näherungen vom Typ der in Abschn. 4.4. beschriebenen sind bisher bei der Behandlung elektronisch adiabatischer Prozesse vorwiegend zur Lösung spezieller Teilprobleme eingesetzt worden. Sie haben insbesondere bei reaktiven Prozessen noch nicht den durchschlagenden Erfolg gebracht, den man vor einigen Jahren erwartet hatte.

Die Methode der klassischen S-Matrix hat vor allem bei der Beschreibung klassisch verbotener Prozesse teilweise sehr gute Ergebnisse erzielt. In Abb. 47 ist die Reaktionswahrscheinlichkeit $\mathcal{P}^{R}_{0\to 0}$ für die kollineare (H, H_2)-Austauschreaktion im Schwellenbereich, wie sie in dieser Näherung erhalten wurde [81], mit genauen quantenmechanischen Resultaten sowie mit Ergebnissen klassischer Trajektorienrechnungen verglichen. Die Tunnelbeiträge werden praktisch vollständig erfaßt, und die Übereinstimmung mit den quantenmechanischen Daten ist sehr gut. Wenig befrie-

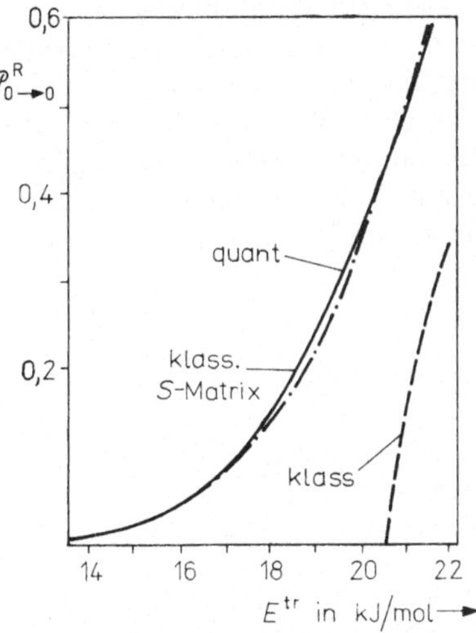

Abb. 47. Reaktionswahrscheinlichkeit für den kollinearen Wasserstoffaustauschprozeß $H + H_2(v = 0) \to H_2(v' = 0) + H$ im Schwellenbereich, berechnet in Close-Coupling-Näherung (durchgezogene Kurve), nach der Methode der klassischen S-Matrix (strichpunktierte Kurve) und in klassischer Trajektoriennäherung (gestrichelte Kurve) (nach [81])

digend waren bisher die Resultate für Energiebereiche, in denen Resonanzen auftreten. Die Schwierigkeiten bestehen (neben den numerischen Problemen) vor allem im Auffinden aller wesentlich zum Prozeß beitragenden Trajektorien.

In Abb. 48 sind Ergebnisse von Berechnungen der Wahrscheinlichkeit eines Schwingungsübergangs im Modell des harmonischen Oszillators unter dem Einfluß eines äußeren Feldes dargestellt. Dieses Modell wird viel benutzt in der Theorie des Energieaustausches zwischen Schwingung und Translation (Schwingungsrelaxation) [51]; es scheint auch für die Interpretation der Energieumverteilung in exoergischen Austauschreaktionen nützlich zu sein. Die Übergangswahrscheinlichkeit hängt ab von einem Parameter $\triangle E_0$ — der durch die äußere Kraft auf den anfänglich in Ruhe befindlichen Oszillator übertragenen Energie. Die Kurve *A* entspricht einer quantenmechanischen störungstheoretischen Behandlung erster Ordnung, Kurve *B* ist eine semiklassische Näherung mit Berücksichtigung von 16 Zuständen in der Entwicklung (4.97) bei der Lösung der zeitabhängigen SCHRÖDINGER-Gleichung (4.89). Kurve *C* wurde in einer semiklassischen Näherung für hohe Quantenzahlen berechnet (Anwendung des Korrespondenzprinzips, vgl. [8]). Diese Methode, die auf einer klassischen störungstheoretischen Behandlung erster Ordnung beruht, liefert offenbar bei dem vorliegenden Problem eine sehr gute Näherung für das „exakte" semiklassische Resultat (Kurve *D*).

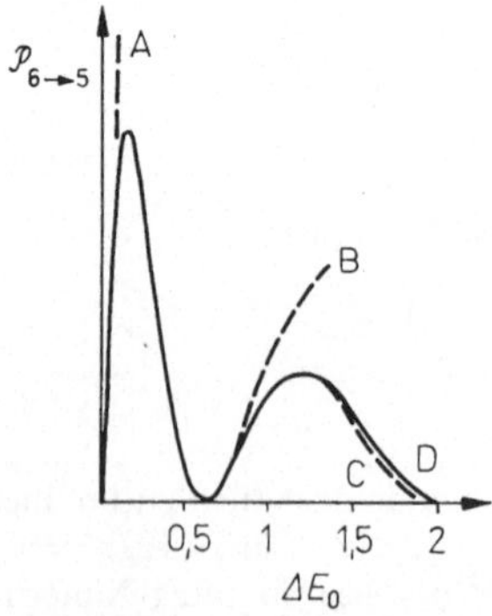

Abb. 48. Schwingungsübergangswahrscheinlichkeit $6 \to 5$ für einen erzwungenen harmonischen Oszillator als Funktion der übertragenen Energie $\triangle E_0$ (nach [8])

Kurve A — quantenmechanische Störungstheorie erster Ordnung, *Kurve B* — semiklassische Näherung (16 Zustände), *Kurve C* — Korrespondenzprinzip-Näherung, *Kurve D* — „exakte" semiklassische Berechnung

6. Nichtadiabatische Übergänge bei Atom- und Molekülstößen

Die adiabatische Näherung (s. Abschn. 2.2.) beruht auf der Voraussetzung, daß die Bewegung der Atome keine Übergänge zwischen verschiedenen Elektronenzuständen des gesamten wechselwirkenden Systems bewirkt, der Prozeß also bei festem Elektronenzustand unter dem Einfluß der entsprechenden, eindeutig bestimmten Potentialfläche abläuft. Für genügend kleine Geschwindigkeiten der Atome des Systems und genügend weite energetische Abstände zwischen den einzelnen Elektronenzuständen bzw. Potentialflächen, d. h. große Massey-Parameter (2.20), liefert die adiabatische Näherung häufig eine hinreichend gute Beschreibung, und nichtadiabatische Effekte bringen nur kleine Korrekturen. Bei vielen, wahrscheinlich sogar den meisten Systemen werden die Elementarprozesse jedoch entscheidend durch nichtadiabatische Übergänge beeinflußt, so daß eine Beschreibung in adiabatischer Näherung versagt. Es zeigt sich allerdings oft, daß solche Übergänge zwischen Elektronenzuständen nur in der Umgebung bestimmter Kernkonfigurationen erfolgen und daß in den übrigen Bereichen des Kernkonfigurationsraumes die Bewegung adiabatischen Charakter hat, d. h. nur durch eine einzige Potentialfläche bestimmt wird. Ist dies der Fall, dann kann man sich die Bewegung des Systems aus einzelnen Abschnitten, jeweils unter dem Einfluß eines adiabatischen Potentials, zusammengesetzt denken, wobei in bestimmten schmalen Bereichen, in denen die nichtadiabatischen Kopplungen stark sind, plötzliche Sprünge von einer Potentialfläche zu einer anderen erfolgen. Ein solches Bild adiabatischer, durch Sprünge unterbrochener Bewegung kann nur bei niedriger kinetischer Energie zutreffen; für hohe Geschwindigkeiten der Atome schrumpfen die Gebiete, in denen die adiabatische Näherung gilt, oder verschwinden ganz, so daß die adiabatischen Elektronenterme ihre Bedeutung als Bestandteile der effektiven potentiellen Energie verlieren. Eine derartige Situation tritt allerdings erst bei ziemlich hohen Energien ein (oberhalb 100 eV, in Abhängigkeit vom betrachteten System), so daß die Vorstellung plötzlicher Sprünge für viele Typen nichtadiabatischer Elementarprozesse verwendbar ist.

Eine strenge, konsistente Behandlung nichtadiabatischer Elementarprozesse müßte natürlich von einer vollständig quantenmechanischen Formulierung ausgehen, wie sie in Abschn. 2.2.2.

angegeben ist; nach Bestimmung der Elektronenterme $E_n^e(\boldsymbol{R})$ bzw. der effektiven Potentiale $U_n(\boldsymbol{R})$ und der zugehörigen Elektronenwellenfunktionen $\Phi_n(\boldsymbol{r}; \boldsymbol{R})$ wären die Kopplungsoperatoren $\hat{C}_{nn'}(\boldsymbol{R})$ zu berechnen und das gekoppelte Gleichungssystem (2.16) zu lösen. Aus der Diskussion der quantenmechanischen Behandlung adiabatischer Prozesse in Abschn. 4.2. kann man folgern, daß die Berechnung nichtadiabatischer Prozesse einen noch wesentlich höheren Aufwand erfordert. Trotzdem gibt es erste Versuche in dieser Richtung [82], und für die Zukunft kann man hiervon wichtige Informationen zumindest über Modellsysteme erwarten.

Wir wollen uns in diesem Kapitel weiter auf das bereits bei der einleitenden Betrachtung verwendete semiklassische Bild stützen, d. h., wir verwenden eine quantenmechanische Beschreibung der Elektronenbewegung und eine klassische Beschreibung der Kernbewegung mit quantenmechanisch bestimmten nichtadiabatischen Übergangswahrscheinlichkeiten. Die Konzeption ist ähnlich der in Abschn. 4.4.2. beschriebenen, spezialisiert auf den Fall, daß das Quantensubsystem die Elektronenfreiheitsgrade und das klassische Subsystem die Kernfreiheitsgrade umfaßt. Ferner nehmen wir Bezug auf Abschn. 3.1.2., in dem das Verhalten von Potentialflächen in lokalisierten Bereichen nichtadiabatischer Kopplung behandelt wurde.

6.1. *Nichtadiabatische Kopplung und Auswahlregeln*

6.1.1. *Einfache semiklassische Beschreibung*

Um die Behandlung möglichst allgemein zu halten, berücksichtigen wir, daß die Elektronenzustände in der Regel nur näherungsweise berechnet werden können; bekannt seien approximative Potentiale $\mathring{U}_n(\boldsymbol{R})$ und Zustandsfunktionen $\mathring{\Phi}_n(\xi; \boldsymbol{R})$ als Lösungen der Gl. (3.5) mit dem HAMILTON-Operator ${}^0\hat{H}^{\text{fix}}$ für fixierte Kerne (approximative adiabatische Basis). Die durch die Kernbewegung gestörte Elektronenbewegung wird durch eine nichtstationäre Wellenfunktion $\Psi(\xi, t)$ beschrieben, die wir analog zu Gl. (4.97) nach den $\mathring{\Phi}_n$ entwickeln:

$$\Psi(\xi, t) = \sum_n \mathring{a}_n(t) \exp\left\{-(\mathrm{i}/\hbar) \int^t \mathring{U}_n \, \mathrm{d}t'\right\} \mathring{\Phi}_n(\xi, \boldsymbol{R}(t)). \quad (6.1)$$

Für die Koeffizienten $\mathring{a}_n(t)$ ergibt sich das Gleichungssystem (4.98); die darin auftretenden Matrixelemente sind in den Gln.

(4.99) und (4.100) erklärt, lediglich jetzt mit ξ und $\boldsymbol{R}$ anstelle von $\boldsymbol{q}$ und $\boldsymbol{Q}$. Die rechte Seite der Gl. (4.98) zeigt, daß die Kopplung zwischen den Zuständen der approximativen adiabatischen Basis herrührt von einer *dynamischen Wechselwirkung* infolge der Kernbewegung, beschrieben durch den Operator $\hat{C} = -\mathrm{i}\hbar(\partial/\partial t)$, und den *statischen Wechselwirkungen* $\hat{Y}$, die in ${}^0\hat{H}^{\text{fix}}$ nicht berücksichtigt sind.

Zwei Grenzfälle lassen sich unterscheiden: Wenn die approximativen adiabatischen Funktionen $\mathring{\Phi}_n$ eine gute Näherung für die exakten adiabatischen Eigenfunktionen Φ_n darstellen, dann sind die Matrixelemente $\mathring{Y}_{nm}$ klein und können vernachlässigt werden; es bleibt nur die dynamische Kopplung. Sind die dynamischen Kopplungsmatrixelemente $\mathring{C}_{nm}$ vernachlässigbar klein im Vergleich zu $\mathring{Y}_{nm}$, dann nennt man die durch $\mathring{\Phi}_n$ beschriebenen Zustände *diabatisch* und bezeichnet sie mit $\Phi_n{}^{\mathrm{d}}$; sie können in diesem Fall als unabhängig von $\boldsymbol{R}$ angesehen werden.

Hat man es mit vollständigen Sätzen von Basisfunktionen zu tun, so ist jeder von ihnen gleichberechtigt und führt zu ein und derselben Wellenfunktion $\Psi(\xi, t)$. Bei Verkürzung auf eine endliche Anzahl N von Basisfunktionen gilt das im allgemeinen nicht mehr. Koppeln jedoch im betrachteten System tatsächlich nur wenige Zustände, so läßt sich häufig durch geeignete Wahl der adiabatischen oder diabatischen Basis erreichen, daß beide praktisch identische Resultate ergeben. Die Basissätze lassen sich untereinander unitär transformieren, um Vereinfachungen in den Bestimmungsgleichungen zu erreichen.

Für die Diskussion der nichtadiabatischen Kopplung von Elektronenzuständen ist es wichtig zu wissen, unter welchen Bedingungen die Matrixelemente $\mathring{C}_{nm}$ und $\mathring{Y}_{nm}$ von Null verschieden sind.

6.1.2. *Auswahlregeln für dynamische Kopplung*

Adiabatische Elektronenwellenfunktionen lassen sich klassifizieren nach ihren Transformationseigenschaften bei Symmetrieoperationen des elektronischen Hamilton-Operators für fixierte Kerne; es ist daher zweckmäßig, den dynamischen Kopplungsoperator in einer Form zu schreiben, in der sich die Auswirkungen eines bestimmten Symmetrieverhaltens leicht übersehen lassen.

Wir behandeln zunächst als einfachsten Fall zwei wechselwirkende Atome.

Für feste Positionen der Kerne besitzt der HAMILTON-Operator axiale Symmetrie, so daß die adiabatischen Elektronenwellenfunktionen durch eine Quantenzahl Ω charakterisiert werden können, welche die Komponente des gesamten resultierenden Drehimpulses der Elektronen entlang der Achse des Quasimoleküls angibt [6, 9, 16, 36]; es ist $\Omega = \Lambda + S_z$, wobei Λ und S_z die Projektionen des gesamten Bahndrehimpulses bzw. des Gesamtspins der Elektronen auf die Achse bedeuten. Die adiabatischen Elektronenzustände eines solchen Systems hängen von einem einzigen Parameter ab, dem Kernabstand R. Zwei adiabatische Zustände haben die gleiche Symmetrie, wenn sie zum gleichen Wert von Ω gehören, andernfalls haben sie unterschiedliche Symmetrie. Im erstgenannten Falle ist nach den Regeln des Abschn. 3.1.2. nur eine vermiedene Kreuzung möglich, während im zweiten Fall eine Kreuzung auftreten kann.

Betrachten wir nun die Kernbewegung. Eine beliebige relative Verschiebung der Kerne zueinander kann dargestellt werden als eine Linearkombination einer radialen Bewegung und einer Drehung; erstere läßt die Richtung der Kernverbindungsachse, letztere den Kernabstand unverändert. Dementsprechend kann man den Operator $\hat{C} = -i\hbar(\partial/\partial t)$ in zwei Anteile zerlegen, von denen jeder einen dieser beiden Bewegungstypen beschreibt (vgl. [14, 47]),

$$-i\hbar(\partial/\partial t) = -i\hbar\dot{R}(\partial/\partial R) + \omega\hat{J}_\omega; \tag{6.2}$$

hier bedeuten: $\dot{R}$ und ω die Radialgeschwindigkeit bzw. die Winkelgeschwindigkeit der Relativbewegung der beiden Kerne, $\hat{J}_\omega$ ist der Operator der Projektion des Elektronendrehimpulses auf die Richtung des Winkelgeschwindigkeitsvektors $\boldsymbol{\omega}$ des Quasimoleküls. Die Beziehung (6.2) ermöglicht es, die Matrixelemente des Operators $-i\hbar(\partial/\partial t)$ durch die leichter zu berechnenden Matrixelemente der Operatoren $\partial/\partial R$ und $\hat{J}_\omega$ auszudrücken, die nicht mehr von der Relativgeschwindigkeit der Kerne abhängen und wohlbekannten Auswahlregeln genügen. Die Matrixelemente des Operators $\partial/\partial R$ verschwinden nur dann nicht, wenn beide Zustände Φ_n und Φ_m (bzw. $\mathring{\Phi}_n$ und $\mathring{\Phi}_m$) die gleiche Symmetrie haben, während man für $\hat{J}_\omega$ nur dann nichtverschwindende Matrixelemente erhält, wenn sich die Quantenzahlen Ω beider Zustände um 1 unterscheiden. Die radiale Relativbewegung der Kerne kann daher nichtadiabatische Übergänge nur zwischen Elektronenzuständen gleicher Symmetrie hervorrufen, die Rotationsbewegung hingegen nur zwischen Elektronenzuständen unterschiedlicher Symmetrie Ω und $\Omega \pm 1$.

Sind die Elektronenzustände ohne Berücksichtigung der Spin-Bahn-Kopplung bestimmt, also durch die Quantenzahlen Λ für die Achsenkomponente des Bahndrehimpulses und S für den Spin charakterisiert, so ist in Gl. (6.2) $\hat{L}_\omega$ an die Stelle von $\hat{J}_\omega$ zu setzen, und Übergänge können nur zwischen Zuständen gleicher Multiplizität erfolgen.

Außer der axialen Symmetrie kann ein System zweier Atome auch andere Symmetrien besitzen (Inversion, Spiegelung an einer Ebene, welche die Kernverbindungslinie enthält); diese führen zu weiteren Auswahlregeln für die nichtadiabatischen Übergänge.

Eine Zusammenstellung der Auswahlregeln für die dynamische Kopplung in zweiatomigen Systemen gibt der linke Teil der Tab. 9, wobei die Symbole $\mathcal{X}$ und $\mathcal{D}$ radiale Bewegungen bzw. Drehungen bedeuten. Die Vorzeichen $+$ und $-$ an den Symbolen für $\Omega = 0$ beziehen sich auf den Spiegelungscharakter einer adiabatischen Wellenfunktion (mit Berücksichtigung der Spin-Bahn-Wechselwirkung) bezüglich einer Ebene, welche die Kernverbindungsachse enthält; analog ohne Spin-Bahn-Wechselwirkung bei den Σ-Termen. Der Symmetriecharakter bei Inversion ist mit g bzw. u bezeichnet.

Die Bewegung eines beliebigen dreiatomigen Systems setzt sich zusammen aus einer Bewegung in einer raumfesten Ebene (be-

Tabelle 9
Auswahlregeln für dynamische und statische Kopplung für zweiatomige Systeme

Dynamische Kopplung	Statische Kopplung	
	Spin-Bahn-Kopplung	Elektrostatische (Coulomb- und Austausch-) Wechselwirkung
$\Delta\Omega = 0\ (\mathcal{X})$	$\Delta S = 0, \pm 1$	$\Delta S = 0$
$\Delta\Omega = \pm 1\ (\mathcal{D})$	$\left.\begin{matrix}\Delta S_z = \pm 1 \\ \Delta\Lambda = \mp 1\end{matrix}\right\}\ \Delta\Omega = 0$	$\Delta\Lambda = 0$
$g \nleftrightarrow u$	$g \nleftrightarrow u$	$g \nleftrightarrow u$
$0^+ \nleftrightarrow 0^-$	$\Sigma^+ \leftrightarrow \Sigma^-$	$\Sigma^+ \nleftrightarrow \Sigma^-$

schrieben durch drei Koordinaten) und einer Drehung dieser Ebene (beschrieben durch drei weitere Koordinaten). Gleichung (6.2) läßt sich leicht entsprechend verallgemeinern. Es gibt für ein solches System nur eine einzige adiabatische Quantenzahl, nämlich den Spiegelungscharakter der Elektronenwellenfunktion bezüglich der Ebene, die durch die drei Kerne definiert ist. Drehungen dieser Ebene rufen eine Änderung des Spiegelungscharakters hervor und mischen daher alle Zustände des Systems.

Für einen speziellen Fall, den Stoß eines Atoms mit einem homonuklearen zweiatomigen Molekül, kann eine detailliertere Klassifizierung der Zustände und der nichtadiabatischen Kopplungen vorgenommen werden. Wir betrachten Kernkonfigurationen der Symmetrie C_{2v} und C_s; die adiabatischen Quantenzahlen ohne Spin-Bahn-Kopplung sind die Symbole für die irreduziblen Darstellungen dieser Punktgruppen. Tabelle 10 gibt eine Übersicht über die Auswahlregeln für die dynamische Kopplung. Hierbei bedeuten $\mathcal{X}$ und $\mathcal{Y}$ für C_{2v}-Geometrien zwei diese Symmetrie nicht zerstörende Bewegungen in der festen Ebene der drei Kerne (entlang der Symmetrieachse bzw. senkrecht dazu), für C_s-Symmetrie sind es einfach zwei Bewegungskomponenten in der Ebene (etwa die radiale und die tangentiale Relativbewegung). Mit $\mathcal{D}_x$ ist eine Drehung des Systems in der festen Ebene bezeichnet; $\mathcal{D}_z$ und $\mathcal{D}_y$ sind zwei zueinander und zu $\mathcal{D}_x$ senkrechte Drehungen

Tabelle 10
Auswahlregeln für dynamische Kopplung in dreiatomigen Systemen

C_s		A′		A″	
	C_{2v}	A_1	B_1	A_2	B_2
A′	A_1	$\mathcal{X}$	$\mathcal{X}$, $\mathcal{Y}$ $\mathcal{D}_x$	$\mathcal{D}_z$	$\mathcal{D}_y$
	B_1	$\mathcal{X}$, $\mathcal{Y}$ $\mathcal{D}_x$	$\mathcal{X}$	$\mathcal{D}_y$	$\mathcal{D}_z$
A″	A_2	$\mathcal{D}_z$	$\mathcal{D}_y$	$\mathcal{X}$	$\mathcal{X}$, $\mathcal{Y}$ $\mathcal{D}_x$
	B_2	$\mathcal{D}_y$	$\mathcal{D}_z$	$\mathcal{X}$, $\mathcal{Y}$ $\mathcal{D}_x$	$\mathcal{X}$

des Systems (bei C_{2v}-Geometrie bedeutet $\mathcal{D}_z$ eine Drehung um die Symmetrieachse), welche die Orientierung der Ebene der drei Kerne im Raum verändern.

6.1.3. *Auswahlregeln für statische Kopplung*

Ist die Symmetrie von $\hat{Y}$ die gleiche wie die von $\hat{H}^{\text{fix}}$, so verschwindet $\mathring{Y}_{nm}$ nur dann nicht, wenn $\mathring{\Phi}_n$ und $\mathring{\Phi}_m$ zur gleichen Symmetriespezies der Symmetriegruppe von $\hat{H}^{\text{fix}}$ gehören. Dabei können $\mathring{\Phi}_n$ und $\mathring{\Phi}_m$ bezüglich einer höheren Symmetriegruppe, die dem Operator ${}^0\hat{H}^{\text{fix}}$ entspricht, unterschiedliche Symmetrie haben.

Für ein System zweier Atome sind die Auswahlregeln für statische Kopplung im rechten Teil der Tab. 9 angegeben; sie zeigt die generelle Erhaltung der Quantenzahlen im Falle gleicher Symmetrie von $\hat{H}^{\text{fix}}$ und ${}^0\hat{H}^{\text{fix}}$ (wenn $\hat{Y}$ eine axiale elektrostatische Wechselwirkung ist) sowie die Änderung einiger Quantenzahlen bei höherer Symmetrie von ${}^0\hat{H}^{\text{fix}}$ im Vergleich zu $\hat{H}^{\text{fix}}$ (wenn $\hat{Y}$ die Spin-Bahn-Kopplung ist).

Für ein dreiatomiges System mischt eine elektrostatische Wechselwirkung Zustände mit gleichem Spiegelungscharakter; die Spin-Bahn-Wechselwirkung mischt alle Zustände. Falls die letztere Wechselwirkung in den Potentialen berücksichtigt wird, werden Kreuzungen in einem Punkt oder entlang einer Linie (wie sie etwa in Abb. 11 vorliegen) zu vermiedenen Kreuzungen.

6.2. *Zweizustandsnäherung*

Das MASSEY-Kriterium $\gamma(\boldsymbol{R}) \lesssim 1$ gibt Kernkonfigurationsbereiche $\boldsymbol{R}$ an, in denen starke nichtadiabatische Kopplung wirksam sein kann; ob sie dies tatsächlich ist, hängt von der Größe der dynamischen Kopplungsmatrixelemente C_{nm} ab.

Wenn sich die Kerne genügend langsam bewegen und die Ausdehnung eines solchen nichtadiabatischen Bereiches klein ist, lassen sich die adiabatischen Potentialflächen und die Kopplungsmatrixelemente häufig durch einfache analytische Funktionen approximieren, die eine exakte Lösung der Gln. (4.98) ermöglichen. Darüber hinaus kann man sich, falls die Kopplungsbereiche genügend eng lokalisiert sind, auf die Berücksichtigung nur zweier kreuzender oder pseudokreuzender Elektronenterme beschränken, wodurch das Problem wesentlich vereinfacht wird.

6.2.1. Semiklassische Formulierung in adiabatischer und diabatischer Darstellung

Die Grundgleichungen für das Zweizustandsproblem, formuliert für adiabatische Basisfunktionen Φ_n, folgen als Spezialfall aus den Gln. (4.98):

$$\begin{aligned} i\hbar(\mathrm{d}a_1/\mathrm{d}t) &= C_{12} \exp\left\{(i/\hbar)\int^t (U_1 - U_2)\,\mathrm{d}t'\right\} a_2, \\ i\hbar(\mathrm{d}a_2/\mathrm{d}t) &= C_{21} \exp\left\{(i/\hbar)\int^t (U_2 - U_1)\,\mathrm{d}t'\right\} a_1; \end{aligned} \tag{6.3}$$

wir nehmen an, das dynamische Kopplungsmatrixelement $C_{12} = \langle\Phi_1|\,-i\hbar(\partial/\partial t)\,|\Phi_2\rangle$ erreicht sein Maximum bei $t = 0$ und klingt zu beiden Seiten der Zeitskala steil ab. Die Wahrscheinlichkeit $\mathcal{P}_{1\to 2}$ für einen nichtadiabatischen Übergang vom adiabatischen Zustand 1 zum adiabatischen Zustand 2 bei einmaligem Durchgang durch den Kopplungsbereich (zuweilen als Einweg-Übergangswahrscheinlichkeit bezeichnet) ergibt sich gemäß

$$\mathcal{P}_{1\to 2} = |a_2(t \to +\infty)|^2 \tag{6.4}$$

nach Lösen der Gln. (6.3) mit den Anfangsbedingungen

$$a_1(-\infty) = 1, \qquad a_2(-\infty) = 0. \tag{6.5}$$

Die Grenzwerte bei $t \to \pm\infty$ sind in dem Sinne zu verstehen, daß sich das System zu Beginn und am Ende des Prozesses weit von der Kopplungsregion entfernt befindet, d. h. $C_{12}(\pm\infty)$ ist vernachlässigbar klein.

Oft ist es bequemer, das Problem nicht in der adiabatischen, sondern in einer diabatischen Darstellung, wie sie im vorigen Abschnitt definiert wurde, zu formulieren. Der Wechsel von einer Darstellung zur anderen wird am einfachsten, wenn wir eine Funktion

$$\alpha(t) \equiv 2\int_{-\infty}^{t} (C_{12}/i\hbar)\,\mathrm{d}t' \tag{6.6}$$

einführen, welche für $t \to \pm\infty$ die Grenzwerte

$$\alpha(-\infty) = 0, \qquad \alpha(+\infty) \equiv \theta \tag{6.7}$$

besitzt. Wir nehmen die Transformation

$$\begin{aligned}\Phi_1(\xi, t) &= \Phi_1{}^{\mathrm{d}}(\xi) \cos \frac{1}{2}\,\alpha(t) + \Phi_2{}^{\mathrm{d}}(\xi) \sin \frac{1}{2}\,\alpha(t),\\ \Phi_2(\xi, t) &= -\Phi_1{}^{\mathrm{d}}(\xi) \sin \frac{1}{2}\,\alpha(t) + \Phi_2{}^{\mathrm{d}}(\xi) \cos \frac{1}{2}\,\alpha(t)\end{aligned} \tag{6.8}$$

vor, wobei der „Drehwinkel“ $\alpha(t)$ und das Matrixelement der dynamischen Kopplung durch Gl. (6.6) verknüpft sind, und definieren auf diese Weise zwei diabatische Wellenfunktionen $\Phi_1{}^{\mathrm{d}}(\xi)$ und $\Phi_2{}^{\mathrm{d}}(\xi)$, die nicht mehr von der Zeit, d. h. nicht mehr von der Kernkonfiguration $\boldsymbol{R}(t)$ abhängen.

Anstelle der Entwicklung

$$\begin{aligned}\Psi(\xi, t) = {} & a_1 \exp\left\{-(\mathrm{i}/\hbar) \int^t U_1\, \mathrm{d}t'\right\} \Phi_1(\xi, t)\\ & + a_2 \exp\left\{-(\mathrm{i}/\hbar) \int^t U_2\, \mathrm{d}t'\right\} \Phi_2(\xi, t)\end{aligned} \tag{6.9}$$

können wir die Entwicklung

$$\begin{aligned}\Psi(\xi, t) = {} & a_1{}^{\mathrm{d}} \exp\left\{-(\mathrm{i}/\hbar) \int^t U_1{}^{\mathrm{d}}\, \mathrm{d}t'\right\} \Phi_1{}^{\mathrm{d}}(\xi)\\ & + a_2{}^{\mathrm{d}} \exp\left\{-(\mathrm{i}/\hbar) \int^t U_2{}^{\mathrm{d}}\, \mathrm{d}t'\right\} \Phi_2{}^{\mathrm{d}}(\xi)\end{aligned} \tag{6.10}$$

verwenden; $U_1{}^{\mathrm{d}} \equiv U_{11}^{\mathrm{d}}$ und $U_2{}^{\mathrm{d}} \equiv U_{22}^{\mathrm{d}}$ sind die diagonalen Matrixelemente des Hamilton-Operators $\hat{H}^{\mathrm{fix}}$ in der diabatischen Basis, die ebenso wie das Matrixelement U_{12}^{d} der statischen Kopplung vermittels der Definition von $\Phi_1{}^{\mathrm{d}}$, $\Phi_2{}^{\mathrm{d}}$ aus Φ_1, Φ_2 und C_{12} bestimmt werden müssen: $U_{ij}^{\mathrm{d}} = \langle \Phi_i{}^{\mathrm{d}} | \, \hat{H}^{\mathrm{fix}} \, | \Phi_j{}^{\mathrm{d}} \rangle$. Nach einigen Umrechnungen ergeben sich die folgenden Gleichungen für die Koeffizienten $a_1{}^{\mathrm{d}}(t)$ und $a_2{}^{\mathrm{d}}(t)$:

$$\begin{aligned}\mathrm{i}\hbar(\mathrm{d}a_1{}^{\mathrm{d}}/\mathrm{d}t) &= U_{12}^{\mathrm{d}} \exp\left\{(\mathrm{i}/\hbar) \int^t \Delta U^{\mathrm{d}}\, \mathrm{d}t'\right\} a_2{}^{\mathrm{d}},\\ \mathrm{i}\hbar(\mathrm{d}a_2{}^{\mathrm{d}}/\mathrm{d}t) &= U_{12}^{\mathrm{d}} \exp\left\{-(\mathrm{i}/\hbar) \int^t \Delta U^{\mathrm{d}}\, \mathrm{d}t'\right\} a_1{}^{\mathrm{d}}\end{aligned} \tag{6.11}$$

mit

$$\begin{aligned}\Delta U^{\mathrm{d}} &\equiv U_1{}^{\mathrm{d}} - U_2{}^{\mathrm{d}} = \Delta U \cos \alpha,\\ U_{12}^{\mathrm{d}} &= (\Delta U/2) \sin \alpha\end{aligned} \tag{6.12}$$

($\Delta U \equiv U_1 - U_2$). Es ist zu beachten, daß die Bedingung lokalisierter dynamischer Kopplung nicht das Verschwinden von U_{12}^{d} in beiden Grenzfällen $t \to \pm \infty$ erfordert; das Verhältnis $2U_{12}^{\mathrm{d}}/\Delta U^{\mathrm{d}}$ verschwindet bei $t \to -\infty$ auf Grund von Gl. (6.6), während es sich bei $t \to +\infty$ dem konstanten Wert $\tan\theta$ annähert.

Der Zusammenhang zwischen den beiden Darstellungen erlaubt es uns, Zweizustandsmodelle entweder in der adiabatischen oder in der diabatischen Basis zu behandeln. Wir werden hauptsächlich die letztere benutzen, da sie häufig einer Lösung nullter Ordnung des Problems entspricht. Außerdem werden wir direkt auf die Zeitabhängigkeit von ΔU^{d} und U_{12}^{d} Bezug nehmen und so die Frage der Parametrisierung der Trajektorien $\boldsymbol{R}(t)$ offenlassen; das gibt uns mehr Freiheit für Anwendungen auf spezielle Stoßprozesse.

6.2.2. *Einfache eindimensionale Modelle*

Auf der Grundlage der Beziehungen des vorigen Abschnittes diskutieren wir nun einige einfache Modelle, für welche die Wahrscheinlichkeiten nichtadiabatischer Übergänge in geschlossener Form angegeben werden können.

LANDAU-ZENER-*Modell*

Wenn wir die Größe ΔU^{d} durch eine lineare Funktion und U_{12}^{d} durch einen konstanten Wert annähern,

$$\begin{aligned} \Delta U^{\mathrm{d}} &= at/t^*, \\ U_{12}^{\mathrm{d}} &= a, \end{aligned} \tag{6.13}$$

so erhalten wir das sogenannte LANDAU-ZENER-Modell [83], in dem die Einweg-Übergangswahrscheinlichkeit $\mathcal{P}_{1\to 2}$ von einem einzigen Parameter at^* abhängt.

Die Abb. 49 zeigt eine typische Anordnung von Potentialkurven, für welche das LANDAU-ZENER-Modell üblicherweise angewendet wird: $U_1(R)$ und $U_2(R)$ sind zwei adiabatische Terme, $U_1{}^{\mathrm{d}}(R)$ und $U_2{}^{\mathrm{d}}(R)$ die entsprechenden diabatischen Terme, C_{12} ist das Matrixelement der dynamischen Kopplung in der adiabatischen Darstellung, U_{12}^{d} das Matrixelement der statischen Kopplung in der diabatischen Darstellung. Mit δR ist die Ausdehnung des Kopplungsbereiches in der adiabatischen Näherung bezeichnet, und E ist die Gesamtenergie, welche die Lage der klassischen

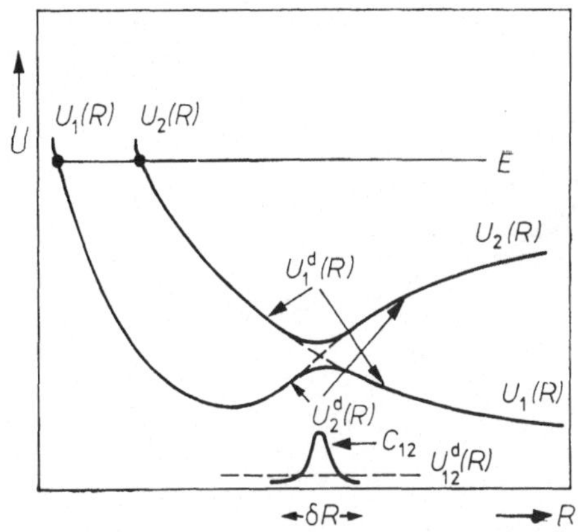

Abb. 49. Adiabatische Potentialkurven U_1 und U_2 mit einer lokalisierten vermiedenen Kreuzung (durchgezogene Linien) und kreuzende diabatische Kurven (gestrichelte Linien) $U_1{}^d$ und $U_2{}^d$. Unterhalb der Kreuzungsstelle ist der Verlauf der Kopplungsmatrixelemente im LANDAU-ZENER-Modell angegeben

Wendepunkte der Kernbewegung (Schnittpunkte der E-Linie mit den Kurven U_1 und U_2) bestimmt.

Dieses häufig verwendete Modell ist geeignet zur Berechnung nichtadiabatischer Übergangswahrscheinlichkeiten in Fällen mit lokalisierten Kopplungsbereichen in der Umgebung von Kreuzungen oder vermiedenen Kreuzungen adiabatischer Elektronenterme. Seine hauptsächliche Beschränkung besteht darin, daß Übergänge bei niedrigen Kerngeschwindigkeiten, wenn Kopplungsbereiche nahe einem Wendepunkt der Kernbewegung liegen, nicht beschrieben werden können.

Erweitertes LANDAU-ZENER-*Modell*

Zur Berechnung von Übergangswahrscheinlichkeiten für kleine Geschwindigkeiten der Kerne und sogar für klassisch verbotene Prozesse, bei denen die klassische Trajektorie das Gebiet maximaler dynamischer Kopplung nicht erreicht, kann eine einfache Verfeinerung des LANDAU-ZENER-Modells formuliert werden [49]. Dieses erweiterte LANDAU-ZENER-Modell erhält man bei folgender Spezifizierung der Größen ΔU^{d} und U_{12}^{d}:

$$\begin{aligned} \Delta U^{\mathrm{d}} &= a[(t/t^*) - (b/a)]^2, \\ U_{12}^{\mathrm{d}} &= a. \end{aligned} \qquad (6.14)$$

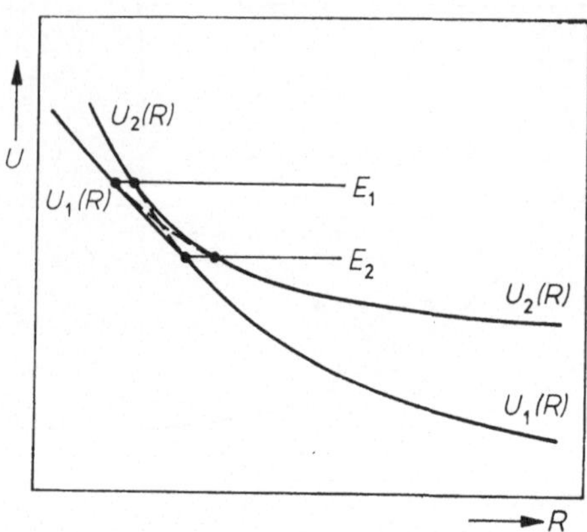

Abb. 50. Typischer Verlauf von Potentialkurven (Bezeichnungen s. Abb. 49) für das erweiterte LANDAU-ZENER-Modell

Die Abb. 50 zeigt qualitativ einen typischen Verlauf der Potentialkurven und zwei Werte der totalen Energie, bei denen die klassischen Wendepunkte nahe der Kopplungsregion liegen; bei der totalen Energie E_1 ist das Gebiet der vermiedenen Kreuzung klassisch erreichbar, bei E_2 nicht. Erfolgt im letzteren Fall ein „klassisch verbotener" nichtadiabatischer Übergang, so bezeichnet man ihn als *Tunnelübergang*.

Die Übergangswahrscheinlichkeit hängt von zwei Parametern, at^* und bt^*, ab. Sie enthält die Übergangswahrscheinlichkeit des einfachen LANDAU-ZENER-Modells und einen Interferenzterm (vgl. z. B. [47]).

Exponentialmodell

Um in einfacher Weise Korrekturen höherer Ordnung zur linearen Zeitabhängigkeit von $\Delta U^{\mathrm{d}}(t)$, wie sie im LANDAU-ZENER-Modell angenommen wird, zu berücksichtigen, hat sich eine exponentielle Parametrisierung als nützlich erwiesen [50],

$$\begin{aligned} \Delta U^{\mathrm{d}} &= a + b \exp(-t/t^*) \\ U_{12}^{\mathrm{d}} &= c \exp(-t/t^*)\,; \end{aligned} \tag{6.15}$$

sie spiegelt, wenn auch indirekt, die exponentielle Austauschwechselwirkung zwischen stoßenden Atomen wider. Durch passende Wahl der Parameter kann man mit den Ausdrücken (6.15) entweder kreuzende oder divergierende diabatische Terme erhal-

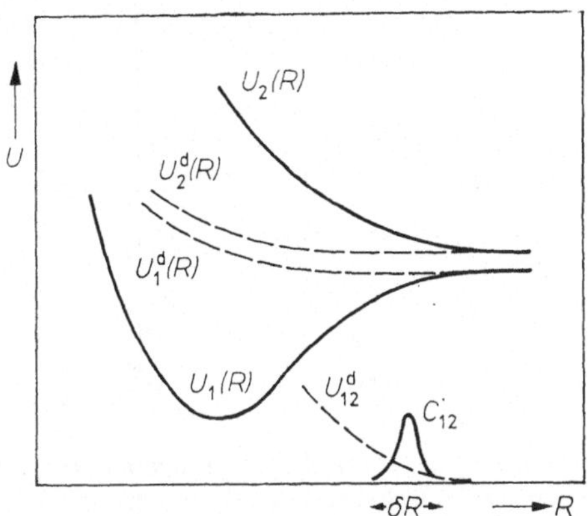

Abb. 51. Potentialkurven und Kopplungsmatrixelemente (Bezeichnungen s. Abb. 49) für einen Spezialfall des Exponentialmodells ($\triangle U^d = \text{const}$)

ten. Einen Spezialfall ($b = 0$), der für die Beschreibung nichtresonanten Ladungstransfers geeignet ist, zeigt Abb. 51. Man beachte, daß der Kopplungsbereich (dadurch definiert, daß dort C_{12} wesentlich von Null verschieden ist) in dem Abstandsbereich liegt, in dem die adiabatischen Terme zu divergieren beginnen; dieses Verhalten steht im deutlichen Gegensatz zum üblichen LANDAU-ZENER-Modell.

Die Übergangswahrscheinlichkeit hängt von zwei Parametern, at^* und c/a, ab.

Es sei darauf hingewiesen, daß auch allgemeinere Exponentialmodelle vorgeschlagen wurden, die mehr Parameter enthalten und daher flexibler sind [50]; bisher gibt es allerdings keine Anwendungen dieser Modelle auf Elementarprozesse.

Linear-exponentielles Modell

Zur Behandlung von Prozessen, in denen diabatische Terme langreichweitige Wechselwirkungen (z. B. vom COULOMB-Typ) beschreiben, die Kopplung jedoch steil (etwa exponentiell) abklingt, kann ein gemischtes linear-exponentielles Modell mit folgender Parametrisierung benutzt werden [50]:

$$\begin{aligned} \triangle U^d &= at/t^*, \\ U_{12}^d &= a \exp(-t/t_0). \end{aligned} \tag{6.16}$$

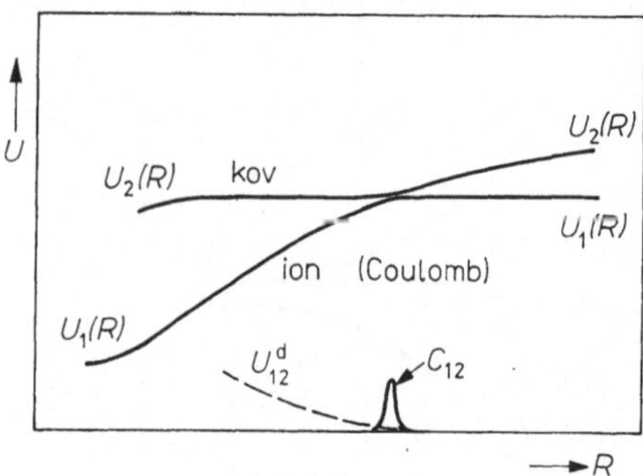

Abb. 52. Potentialkurven und Kopplungsmatrixelemente (Bezeichnungen s. Abb. 49) bei Kreuzung eines kovalenten und eines ionischen diabatischen Zustandes: linear-exponentielles Modell

Eine solche Situation (kovalent-ionische Kreuzung) ist in Abb. 52 dargestellt.

Die Übergangswahrscheinlichkeit hängt von zwei Parametern, at^* und at_0, ab; für große t_0 reduziert sich das Modell auf den gewöhnlichen LANDAU-ZENER-Fall.

6.3. LANDAU-ZENER-*Modell*

In diesem Abschnitt behandeln wir das LANDAU-ZENER-Modell etwas eingehender für Fälle nichtadiabatischer Kopplung zwischen Termen verschiedener bzw. gleicher Symmetrie. Die allgemeinen Aspekte sind am deutlichsten sichtbar bei Stößen zweier Atome, auf die wir uns hier meist beschränken. Eine allgemeinere Diskussion wird im folgenden Abschnitt vorgenommen.

6.3.1. *Nichtadiabatische Übergänge zwischen Elektronentermen unterschiedlicher Symmetrie*

Nach den im Abschn. 3.1.2. dargelegten Regeln können sich zwei adiabatische Potentialflächen, die zu Elektronenzuständen unterschiedlicher Symmetrie gehören, kreuzen. Die dynamische Kopplung zwischen diesen Elektronentermen rührt her von der die Symmetrie des adiabatischen elektronischen HAMILTON-Operators „brechenden" Wechselwirkung, d. h. der Drehung des Kerngerüstes. Man kann davon ausgehen, daß diese Wechselwirkung nicht kritisch von der Kernkonfiguration abhängt; es erscheint daher gerechtfertigt anzunehmen, daß für zwei kreuzende Potentialflächen das Matrixelement C_{12} in der Umgebung der Kreuzungslinie durch seinen Wert $\overline{C}_{12}$ auf der Linie approximiert werden kann.

Im Fall zweier stoßender Atome und für Zustände 1 und 2 verschiedener Symmetrie ist $\overline{C}_{12}$ gemäß Gl. (6.2) durch

$$\overline{C}_{12} = \omega \langle 1 | \hat{L}_\omega | 2 \rangle_{R = R_c} \tag{6.17}$$

gegeben, wobei R_c den Abstand bezeichnet, bei dem sich die beiden Potentialkurven des zweiatomigen Systems kreuzen.

In der Nachbarschaft ihrer Schnittlinie können die adiabatischen Potentialflächen U_1 und U_2 näherungsweise durch lineare Funktionen einer Koordinate $Q_\perp$, die senkrecht zur Schnittlinie verläuft, dargestellt werden, dies sind die in Abb. 53 eingezeichneten gestrichelten Geraden. Wir erhalten so das von LANDAU [83] behandelte Modell:

$$\begin{aligned} U_1 &= \overline{U} - F_1 \cdot \Delta Q, \\ U_2 &= \overline{U} - F_2 \cdot \Delta Q, \\ C_{12} &= \overline{C}_{12} \end{aligned} \tag{6.18}$$

mit $\Delta Q \equiv Q_\perp - \overline{Q}_\perp$, wobei $\overline{Q}_\perp$ die Koordinate des Schnittpunktes und $-F_1$, $-F_2$ die Ableitungen der Terme U_1, U_2 nach $Q_\perp$ an diesem Punkt bezeichnen. Die Gleichung einer den Über-

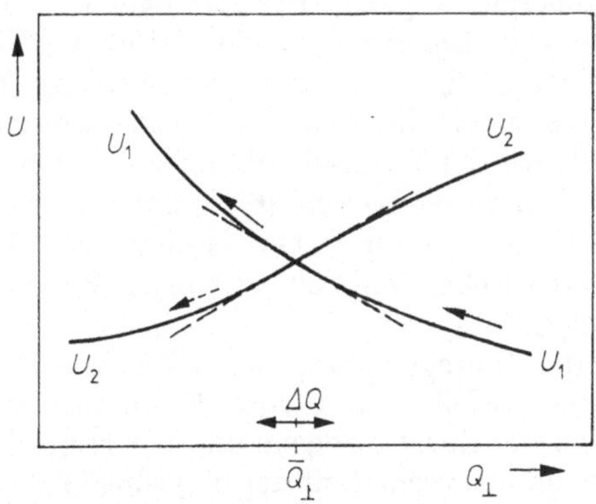

Abb. 53. Kreuzung zweier adiabatischer Potentialkurven unterschiedlicher Symmetrie; die gestrichelten Geraden stellen die lineare Näherung dar

gangsbereich passierenden Trajektorie wird in der Umgebung des Schnittpunktes durch eine lineare Funktion der Zeit approximiert:

$$\Delta Q = u_{\perp} \cdot t; \tag{6.19}$$

$u_{\perp}$ ist die (konstant angenommene) Geschwindigkeit der Bewegung entlang der Koordinate $Q_{\perp}$.

Eine störungstheoretische Behandlung der Gl. (6.3) in erster Ordnung ergibt für die Wahrscheinlichkeit $\mathcal{P}_{1\to 2}$ eines nichtadiabatischen Übergangs:

$$\begin{aligned}\mathcal{P}_{1\to 2} &= \left| \int\limits_{-\infty}^{\infty} (\overline{C}_{12}/\mathrm{i}\hbar) \exp\left\{(\mathrm{i}/\hbar) \int\limits_{0}^{t} \left(U_1(t') - U_2(t')\right) \mathrm{d}t'\right\}\right|^2 \\ &= 2\pi\, |\overline{C}_{12}|^2/\hbar u_{\perp} \cdot \Delta F,\end{aligned} \tag{6.20}$$

wobei $u_{\perp}$ und $\Delta F \equiv |F_1 - F_2|$ von der Position auf der Schnittlinie abhängen, während $\overline{C}_{12}$ sowohl durch die Position auf der Schnittlinie als auch durch dynamische Parameter bestimmt wird.

Für einen Stoß zweier Atome (vgl. Abschn. 5.1.1.1.) haben wir $Q_{\perp} = R$, und $u_{\perp}$ ist mit der radialen Geschwindigkeit u_R identisch; u_R und ω hängen vom Stoßparameter b ab, so daß wir gemäß den Gln. (5.18a) und (5.18b) schreiben können:

$$u_R = u_0\{1 - (b/R_c)^2 - (\overline{U}/E)\}^{1/2} \tag{6.21a}$$

$$\omega = u_0 b/R_c^2, \tag{6.21b}$$

wobei die Gesamtenergie E gleich der anfänglichen kinetischen Energie ist: $E = \mu u_0^2/2$. Der Ausdruck (6.20) für die Übergangswahrscheinlichkeit ist gültig unter der Voraussetzung $\mathcal{P}_{1\to 2} \ll 1$; diese Bedingung ist stets erfüllt, wenn die lineare Näherung (6.18) in dem Bereich gilt, wo die Wechselwirkung wesentlich von Null verschieden ist. In dem durch die Gln. (6.18) beschriebenen Modell bleibt das zweiatomige System daher vorzugsweise in seinem ursprünglichen adiabatischen Zustand mit einer Wahrscheinlichkeit $\mathcal{P}_{1\to 1} = 1 - \mathcal{P}_{1\to 2} \approx 1$.

In Abb. 53 ist die Bewegung vor der Übergangsstelle durch einen durchgezogenen Pfeil rechts vom Kopplungsbereich ΔQ angedeutet, während der durchgezogene und der gestrichelte Pfeil auf der linken Seite adiabatische (auf der ursprünglichen adiabatischen Potentialkurve verbleibende) bzw. nichtadiabatische (mit einem Wechsel des Elektronenzustandes verbundene) Bewegungen bezeichnen.

Bei einem Stoß zweier Atome verläuft die Bewegung zweimal durch das Schnittgebiet, einmal wenn sich die Atome einander nähern, und einmal wenn sie sich wieder voneinander entfernen. Bei der Berechnung des Wirkungsquerschnitts für den nichtadiabatischen Übergang $1 \to 2$ muß daher die resultierende Übergangswahrscheinlichkeit $\mathscr{W}_{1\to 2}$ (oft als Zweiweg-Übergangswahrscheinlichkeit bezeichnet) verwendet werden, die man aus der Einweg-Übergangswahrscheinlichkeit $\mathscr{P}_{1\to 2}$ durch die Beziehung

$$\mathscr{W}_{1\to 2} = 2\mathscr{P}_{1\to 2}(1 - \mathscr{P}_{1\to 2}) \tag{6.22}$$

erhält.[1]) Dies entspricht der klassischen Näherung für die klassische S-Matrix (vgl. Abschn. 4.4.1.). Um die Interferenz zwischen den beiden Zweigen der Bewegung zu berücksichtigen und eine Beschreibung auf dem Niveau der primitiven S-Matrix-Näherung zu erhalten, muß man nicht Wahrscheinlichkeiten, sondern Wahrscheinlichkeitsamplituden addieren. Es ergibt sich dann nach Abschn. 4.4.1. anstelle von Gl. (6.22):

$$\mathscr{W}_{1\to 2} = 4\mathscr{P}_{1\to 2}(1 - \mathscr{P}_{1\to 2}) \sin^2(\Delta\varphi/\hbar) \tag{6.23}$$

$\Delta\varphi$ – Differenz der Wirkungen, berechnet entlang der beiden Trajektorien von den Wendepunkten bis zum Kreuzungspunkt.

Ist $\Delta\varphi$ groß, so reduziert sich (6.23) nach Einführung des Mittelwertes $\overline{\sin^2(\Delta\varphi/\hbar)} = 1/2$ auf den Ausdruck (6.22). Da nach Voraussetzung $\mathscr{P}_{1\to 2} \ll 1$ gelten soll, kann man als gute Näherung auch $\mathscr{W}_{1\to 2} \approx 2\mathscr{P}_{1\to 2}$ benutzen.

Werden der Ausdruck (6.17) für $\overline{C}_{12}$ und die Beziehungen (6.21a, b) in die Formel (6.20) eingesetzt, so ergibt sich die Übergangswahrscheinlichkeit $\mathscr{W}_{1\to 2}$ nach Gl. (6.22) in Abhängigkeit vom Stoßparameter b; hieraus läßt sich der Wirkungsquerschnitt berechnen:

$$\begin{aligned}\sigma_{1\to 2}(u_0) &= 2\pi \int_0^{R_c} \mathscr{W}_{1\to 2}(u_0, b)\, b\, \mathrm{d}b \\ &= \left(16\sqrt{2}/3\right)\left(\pi^2/\sqrt{\mu}\,\Delta F\right) |\langle 1|\, \hat{L}_\omega\, |2\rangle|^2 \\ &\quad \times (E - \overline{U})^{3/2}/E.\end{aligned} \tag{6.24}$$

[1]) Dieser Ausdruck ergibt sich bei Addition der „Wahrscheinlichkeitsströme", die mit den beiden möglichen, zu einem Übergang $1 \to 2$ führenden Trajektorien (eine mit dem Sprung beim ersten Durchgang, die andere mit dem Sprung beim zweiten Durchgang) verknüpft sind.

Die Geschwindigkeitskonstante des nichtadiabatischen Prozesses erhält man als

$$k_{1\to 2} = (8k_B T/\pi\mu)^{1/2}\, \pi R_c^2 \langle \mathscr{W}_{1\to 2}\rangle \exp(-\overline{U}/k_B T); \qquad (6.25)$$

hier bedeutet

$$\langle \mathscr{W}_{1\to 2}\rangle = 2\pi^{3/2} (2k_B T/\mu)^{1/2}\, |\overline{C}_{12}|^2/\hbar R_c^2\, \Delta F \qquad (6.26)$$

die gemittelte Übergangswahrscheinlichkeit. Die ersten beiden Faktoren im Ausdruck (6.25) geben die Anzahl der Stöße nach der kinetischen Gastheorie für einen Querschnitt mit dem Radius R_c an. Der letzte Faktor ist vom ARRHENIUS-Typ; er tritt auf, weil die Atome sich bis auf einen Abstand R_c einander nähern und dabei eine Abstoßungsenergie $\overline{U}$ überwinden müssen, damit ein nichtadiabatischer Übergang erfolgen kann — die Größe $\overline{U}$ spielt somit die Rolle einer Aktivierungsbarriere.

6.3.2. *Nichtadiabatische Übergänge zwischen Elektronentermen gleicher Symmetrie*

Adiabatische Terme gleicher Symmetrie können sich zwar unter bestimmten Bedingungen kreuzen (s. Abschn. 3.1.2.), typisch jedoch wird eine vermiedene Kreuzung auftreten. Die Kernanordnungen, bei denen die beiden Potentialflächen einander am nächsten kommen, definieren einen Bereich im Kernkonfigurationsraum, den man als „Kreuzungssaum" bezeichnet; für einen kollinearen Stoß A + BC handelt es sich z. B. um einen Streifen in der Ebene (R_{AB}, R_{BC}). Die nichtadiabatische Kopplung ist im allgemeinen in der nächsten Umgebung dieses Kreuzungssaumes am stärksten. Hier führen wir senkrecht zu dieser Pseudoschnittlinie wiederum eine Koordinate $Q_\perp$ ein; entlang $Q_\perp$ haben die beiden adiabatischen Potentialflächen hyperbelförmige Querschnitte (s. Abb. 54).

Bei einem solchen Verhalten der adiabatischen Potentialflächen kann man in vielen Fällen zu approximativen adiabatischen Termen $\mathring{U}_1$ und $\mathring{U}_2$ übergehen, die ein einfacheres Verhalten zeigen und sich kreuzen (ähnlich wie in Abb. 53). Solche approximativen adiabatischen Zustände erhält man normalerweise bei Berechnung der Potentialflächen in einer Näherung, die gewisse kleine Anteile der Wechselwirkung im HAMILTON-Operator für fixierte Kerne vernachlässigt (s. Abschn. 3.1.2. und 6.1.). Dabei

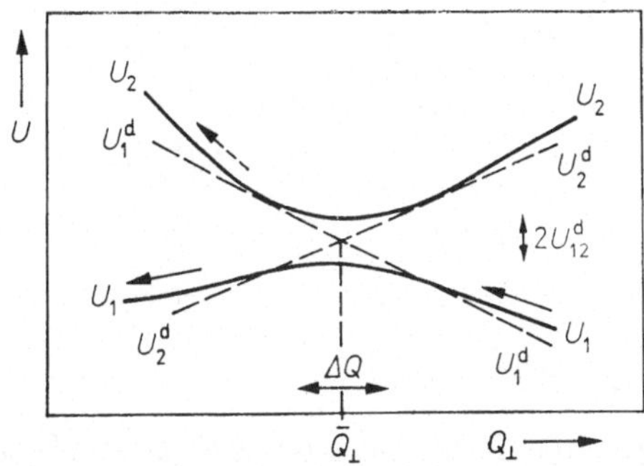

Abb. 54. Vermiedene Kreuzung zweier adiabatischer Potentialkurven gleicher Symmetrie; die gestrichelten Geraden sind lineare approximativ-adiabatische bzw. diabatische Potentiale

kann es sich beispielsweise um die Spin-Bahn-Wechselwirkung handeln, sie ist für leichte und mittelschwere Atome tatsächlich klein im Vergleich zur COULOMB-Wechselwirkung der Kerne und Elektronen. Bei der Kernbewegung auf Potentialflächen, die ohne Berücksichtigung der Spin-Bahn-Wechselwirkung berechnet wurden, muß der Elektronenspin unverändert bleiben; solche Potentialflächen können einander kreuzen, wenn sie zu Elektronenzuständen mit unterschiedlichem Gesamtspin gehören. Die Kreuzung wird jedoch bei Einbeziehung der Spin-Bahn-Wechselwirkung vermieden.

Im LANDAU-ZENER-Modell für die nichtadiabatische Kopplung zwischen Termen gleicher Symmetrie werden die approximativen adiabatischen Terme $\mathring{U}_1$ und $\mathring{U}_2$ mit diabatischen Termen $U_1{}^{\mathrm{d}}$ und $U_2{}^{\mathrm{d}}$ identifiziert, d. h., die dynamische Kopplung zwischen den Zuständen $\mathring{\Phi}_1$ und $\mathring{\Phi}_2$ wird als vernachlässigbar klein gegenüber der statischen Kopplung vorausgesetzt. Man formuliert dann das Problem in der diabatischen Darstellung, wobei der HAMILTON-Operator durch seine Matrixelemente

$$
\begin{aligned}
U_1{}^{\mathrm{d}} &= \overline{U} - F_1 \cdot \Delta Q\,, \\
U_2{}^{\mathrm{d}} &= \overline{U} - F_2 \cdot \Delta Q\,, \\
U_{12}^{\mathrm{d}} &= a = \mathrm{const}
\end{aligned}
\tag{6.27}
$$

definiert ist ($\Delta Q \equiv Q_\perp - \overline{Q}_\perp$). Durch Diagonalisierung dieser Matrixdarstellung erhält man für die entsprechenden adiabatischen Terme sowie für das Matrixelement der dynamischen Kopplung die folgenden Ausdrücke:

$$\begin{aligned} U_1 &= \overline{U} - (1/2)(F_1 + F_2)\,\Delta Q + \Delta U, \\ U_2 &= \overline{U} - (1/2)(F_1 + F_2)\,\Delta Q - \Delta U, \\ C_{12} &= \mathrm{i}a\,\Delta F\,u_\perp/(\Delta U)^2 \end{aligned} \tag{6.28}$$

mit $\Delta F \equiv |F_1 - F_2|$, $u_\perp \equiv \dot{Q}_\perp$ und

$$\Delta U = [(\Delta F\,\Delta Q)^2 + 4a^2]^{1/2}; \tag{6.28a}$$

U_1 und U_2 bilden als Funktion von ΔQ zwei Hyperbeläste (s. Abb. 54). Die exakte Lösung der beiden gekoppelten Gln. (6.3) oder (6.11) in einer der beiden Darstellungen mit der in Gl. (6.19) definierten Trajektorie $\Delta Q \equiv \Delta Q(t)$ ergibt [49]

$$\mathscr{P}_{1\to 2} = \exp(-2\pi a^2/\hbar u_\perp\,\Delta F)\,. \tag{6.29}$$

Das Verhältnis $2\pi a^2/\hbar u_\perp\,\Delta F$ kann als MASSEY-Parameter interpretiert werden, wenn man die charakteristische Ausdehnung des Bereiches der dynamischen Kopplung anhand des Ausdruckes für C_{12} in der letzten Gl. (6.28) als $\Delta Q_c \approx 2a/\Delta F$ abschätzt und beachtet, daß $2a$ der minimale Abstand der adiabatischen Terme ist:

$$2\pi a^2/\hbar u_\perp\,\Delta F \approx \Delta U_{\min}\,\Delta Q_c/\hbar u_\perp\,. \tag{6.30}$$

In Einklang mit den allgemeinen Betrachtungen des Abschn. 2.2.3. ist also bei gegebenen Potentialen die nichtadiabatische Übergangswahrscheinlichkeit klein für niedrige Geschwindigkeiten, d. h. wenn $u_\perp \ll \Delta U_{\min}\,\Delta Q_c/\hbar$ gilt. Bei hohen Geschwindigkeiten, $u_\perp \gg \Delta U_{\min}\,\Delta Q_c/\hbar$, wird die Übergangswahrscheinlichkeit nahezu gleich 1, so daß das System vorzugsweise dem diabatischen Weg folgt.

Für genügend hohe Geschwindigkeiten können die diabatischen Terme als die für die Bewegung bestimmenden Potentialflächen interpretiert werden — mit anderen Worten, die dynamische Kopplung zwischen den adiabatischen Zuständen wird so stark, daß sie das System zwingt, dem diabatischen Weg zu folgen als demjenigen, auf dem die Kopplung ihre kleinsten Werte hat. Es ist wichtig zu beachten, daß in einiger Entfernung vom Kreuzungssaum beide Paare von Potentialflächen, die diabatischen und die adiabatischen, zusammenlaufen und im wesentlichen identisch werden. In Abb. 54 ist (ebenso wie in Abb. 53) die Bewegung vor der Übergangsstelle mit einem durchgezogenen Pfeil angedeutet; der durchgezogene und der gestrichelte Pfeil auf der linken Seite stellen die adiabatische bzw. die nichtadiabatische (diabatische) Bewegung dar.

Die Übergangswahrscheinlichkeiten zwischen adiabatischen Termen und diejenigen zwischen diabatischen Termen sind in einfacher Weise verknüpft. Bezeichnen wir diese Übergangswahrscheinlichkeiten mit $\mathcal{P}_{1\to 2}$ bzw. $\mathcal{P}^{\mathrm{d}}_{1\to 2}$, so gilt

$$\mathcal{P}^{\mathrm{d}}_{1\to 2} = 1 - \mathcal{P}_{1\to 2}. \tag{6.31}$$

Wenn $\mathcal{P}_{1\to 2}$ groß ist, muß $\mathcal{P}^{\mathrm{d}}_{1\to 2}$ klein sein und umgekehrt. Entwickelt man die Exponentialfunktion in Gl. (6.29), so ergibt sich

$$\mathcal{P}^{\mathrm{d}}_{1\to 2} \approx 2\pi a^2/\hbar u_\perp \Delta F. \tag{6.32}$$

Dieser Ausdruck fällt mit Formel (6.20) zusammen, wenn der Parameter a mit dem Matrixelement $\overline{C}_{12}$ identifiziert wird. Ein solches Ergebnis ist nicht überraschend, da man es in beiden Fällen mit Übergängen zwischen sich schneidenden Termen zu tun hat.

Wenden wir uns wieder dem Fall von Atomstößen zu und berechnen die Zweiweg-Übergangswahrscheinlichkeit $\mathcal{W}_{1\to 2}$ gemäß den Gln. (6.22) und (6.29), so erhalten wir

$$\mathcal{W}_{1\to 2} = 2 \exp\left(-2\pi a^2/\hbar u_R \Delta F\right) \times \left[1 - \exp\left(-2\pi a^2/\hbar u_R \Delta F\right)\right] \tag{6.33}$$

(Landau-Zener-*Formel*). In Abb. 55 ist $\mathcal{W}_{1\to 2}$ als Funktion von $x \equiv \hbar u_R \Delta F/2\pi a^2$ dargestellt durch die gestrichelte Kurve mit

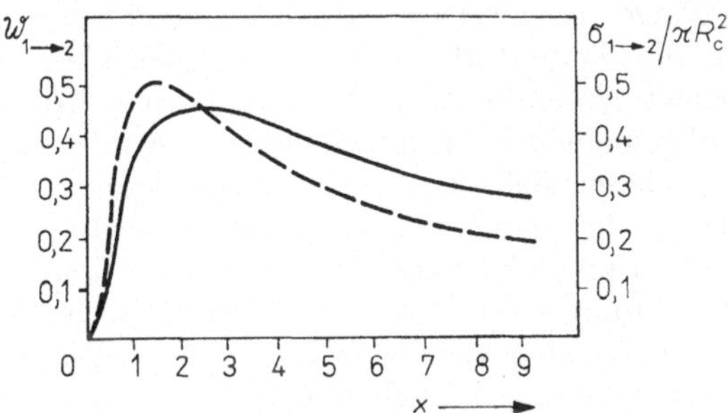

Abb. 55. Zweiweg-Übergangswahrscheinlichkeit zwischen zwei adiabatischen Elektronenzuständen gleicher Symmetrie (gestrichelte Kurve) und totaler Wirkungsquerschnitt für den Übergang (durchgezogene Kurve) in Landau-Zener-Näherung als Funktion von $x = \hbar u_R \Delta F/2\pi a^2$

dem Maximalwert $\mathcal{W}_{1\to2} = 1/2$ entsprechend $\mathcal{P}_{1\to2} = \mathcal{P}^{\mathrm{d}}_{1\to2} = 1/2$. Der totale Wirkungsquerschnitt $\sigma_{1\to2}$ kann in geschlossener Form berechnet werden, wenn der Prozeß annähernd diabatisch abläuft, d. h. für $\mathcal{P}^{\mathrm{d}}_{1\to2} \ll 1$ und somit $\mathcal{W}_{1\to2} \approx 2\mathcal{P}^{\mathrm{d}}_{1\to2}$:

$$\sigma_{1\to2}(u_0) = 2\pi \int_0^{R_c} 2\mathcal{P}^{\mathrm{d}}_{1\to2}(u_0, b)\, b\, \mathrm{d}b$$

$$= \left(4\sqrt{2\mu}\, \pi^2 a^2 R_c{}^2/\hbar\, \Delta F\right)(E - \overline{U})^{1/2}/E; \qquad (6.34)$$

dieser Ausdruck ist in Abb. 55 für $\mu u_0{}^2/2 \gg \overline{U}$ als Funktion von $x \equiv \hbar u_0\, \Delta F/2\pi a^2$ durch die ausgezogene Kurve wiedergegeben. Die entsprechende Geschwindigkeitskonstante läßt sich hieraus ebenfalls ermitteln [49].

6.4. *Semiklassische Methoden zur Berechnung der Wahrscheinlichkeiten nichtadiabatischer Übergänge bei Molekülstößen*

Bei einem Stoß zweier Atome wird der Bereich nichtadiabatischer Kopplung zweimal durchlaufen, und es besteht gemäß den Gln. (6.22) oder (6.23) ein einfacher Zusammenhang zwischen der resultierenden Wahrscheinlichkeit $\mathcal{W}_{1\to2}$ für einen nichtadiabatischen Übergang von einem adiabatischen Term zum anderen und der entsprechenden Einweg-Übergangswahrscheinlichkeit $\mathcal{P}_{1\to2}$.

Zur Verallgemeinerung auf Stöße mit mehreren Freiheitsgraden, also bei Beteiligung von Molekülen, muß die Theorie nichtadiabatischer Übergänge in zweierlei Hinsicht modifiziert werden: Erstens kann die Trajektorie, welche die Relativbewegung der Kerne im Gebiet wesentlicher nichtadiabatischer Kopplung beschreibt, im allgemeinen beliebig orientiert sein in bezug auf die Linie, entlang derer sich die beiden adiabatischen Potentialflächen kreuzen oder nahekommen (Kreuzungssaum). Zweitens überschreitet auch im Falle eines Einzelstoßes die Trajektorie des repräsentativen Punktes den Bereich nichtadiabatischer Kopplung im allgemeinen mehr als zweimal, wobei die Trajektorie jedesmal eine andere Orientierung bezüglich des Kreuzungssaumes hat. Infolgedessen läßt sich die resultierende Wahrscheinlichkeit $\mathcal{W}_{1\to2}$ für einen nichtadiabatischen Übergang im Verlauf eines Stoßes nicht in einfacher Weise durch die Wahrscheinlichkeit $\mathcal{P}_{1\to2}$ für einen einmaligen Durchgang durch die Kopplungsregion ausdrücken.

In einer semiklassischen Beschreibung kann man sich (zunächst heuristisch) die Dynamik eines nichtadiabatischen Stoßprozesses so vorstellen, wie das bereits in der Einleitung zu diesem Kapitel skizziert wurde: Anfänglich bewegt sich der repräsentative Punkt im Kernkonfigurationsraum unter dem Einfluß einer einzigen Potentialfläche 1 entlang einer eindeutig bestimmten Trajektorie. Im Verlauf der Bewegung möge diese Trajektorie einen Bereich starker nichtadiabatischer Kopplung durchlaufen, z. B. einen Bereich, in dem die betrachtete Potentialfläche 1 eine andere Potentialfläche 2 schneidet oder ihr sehr nahe kommt; der repräsentative Punkt wird dann mit einer gewissen Wahrscheinlichkeit $\mathcal{P}_{1\to2}$ auf die Fläche 2 übergehen. Beim Verlassen des Kopplungsgebietes gibt es somit für die Bewegung des repräsentativen Punktes zwei Möglichkeiten: entweder (mit der Wahrscheinlichkeit $\mathcal{P}_{1\to2}$) entlang einer Trajektorie auf der Potentialfläche 2 weiterzulaufen oder (mit der Wahrscheinlichkeit $1 - \mathcal{P}_{1\to2}$) entlang einer anderen Trajektorie auf der ursprünglichen Potentialfläche 1. Außerhalb des Kopplungsbereiches bewegt sich das System also wieder adiabatisch, mit der entsprechenden Wahrscheinlichkeit entweder auf der einen oder auf der anderen Potentialfläche, bis einer der beiden Trajektorienzweige wieder in ein Gebiet nichtadiabatischer Kopplung kommt und sich erneut verzweigt. Alle entstehenden Zweige wären auf diese Weise zu verfolgen, bis sie in asymptotischen Bereichen enden, die stabilen Produkten entsprechen (Produktkanäle, vgl. Abschn. 2.3.). Jeder solche Trajektorienzweig hat dann am Schluß des Prozesses ein statistisches Gewicht, das sich aus den einzelnen Übergangswahrscheinlichkeiten $\mathcal{P}$ bestimmt und bei der Berechnung des Wirkungsquerschnitts zu berücksichtigen ist. Die sukzessive Aufeinanderfolge nichtadiabatischer Übergänge im Verlauf eines Prozesses führt zu Umverteilungen der Energie zwischen Elektronen- und Kernfreiheitsgraden. Eine solche Beschreibung ermöglicht es, weitestgehend sowohl die klassische Theorie inelastischer und reaktiver molekularer Prozesse, wie sie für adiabatische Prozesse zur Verfügung steht (vgl. Kap. 4. und 5.), als auch die für Atomstöße gut ausgearbeitete Theorie nichtadiabatischer Übergänge zu nutzen.

Gegenwärtig werden vorwiegend zwei Methoden zur Behandlung nichtadiabatischer molekularer Prozesse eingesetzt: die Trajektoriensprungmethode [84, 85] und die semiklassische adiabatische Methode [44].

Trajektoriensprungmethode

Die Trajektoriensprungmethode (engl. Surface-Hopping Trajectory Method) stellt eine rechnerische Realisierung des oben beschriebenen Verfahrens dar. In der unmittelbaren Umgebung des Kreuzungssaumes ist die adiabatische Näherung nicht gültig, und es existiert kein eindeutiges adiabatisches Potential, so daß die Bewegung strenggenommen nicht durch eine Trajektorie darstellbar ist. Man setzt nun voraus, daß trotzdem mit einer „mittleren Trajektorie" $\tilde{Q}(t)$ gearbeitet werden kann, löst die Gln. (6.3) längs dieser Trajektorie und berechnet die Übergangswahrscheinlichkeit $\mathscr{P}_{1\to 2}$ im Schnittpunkt der Trajektorie mit dem Saum. Im Ablauf der Bewegung einer auf der Potentialfläche U_1 beginnenden Trajektorie tritt dann, wie oben erläutert, eine Verzweigung ein. Auf dem Saum weist der Zweig der Trajektorie, der dem Übergang $1 \to 2$ entspricht, eine Unstetigkeit auf, so daß die dynamischen Variablen vor und nach dem Übergang in bestimmter Weise miteinander verknüpft werden müssen. Im allgemeinen nimmt man an, daß sich die zum Saum senkrechte Geschwindigkeitskomponente $u_\perp$ auf der Übergangsstelle unstetig ändert, und bestimmt den Betrag dieser Änderung aus der Forderung nach Erhaltung der Gesamtenergie [49, 84—86]. Diese Größe charakterisiert auch die Unbestimmtheit der Wahl der Trajektorie; sie wirkt sich nicht stark auf die Übergangswahrscheinlichkeit $\mathscr{P}_{1\to 2}$ aus, wenn die der Bewegung senkrecht zum Saum entsprechende kinetische Energie $E_\perp$ die Termaufspaltung im Schnittpunkt von Trajektorie und Saum wesentlich übersteigt.

Bei einer solchen Behandlung läßt sich das Problem auf den eindimensionalen Fall zurückführen. Im LANDAU-ZENER-Modell (s. Abschn. 6.3.) werden die beiden fast entarteten adiabatischen Terme U_1 und U_2 durch konjugierte Hyperbeln approximiert; ein solcher Verlauf ergibt sich, wenn man die diabatischen Terme als gekreuzte Geraden und die Wechselwirkung als konstant annimmt. Die Bewegung wird als gleichförmig und geradlinig vorausgesetzt. Selbstverständlich brauchen diese Bedingungen nur in der Nähe des Saumes erfüllt zu sein.

Die Übergangswahrscheinlichkeit hat die Form (6.29). Dieser Ausdruck zeigt, daß sich bei sehr kleinen Geschwindigkeiten, wenn also $2\pi a^2/\hbar u_\perp \Delta F \gg 1$ ist, kleine Unbestimmtheiten in der Wahl von $u_\perp$ (auf Grund der Unbestimmtheit der Wahl der Trajektorie $\tilde{Q}$) stark auf die absolute Größe von $\mathscr{P}_{1\to 2}$ auswirken können. Das begrenzt die Anwendbarkeit der Trajektoriensprungmethode bei niedrigen Stoßenergien. Ein allgemeineres Verfahren zur Behandlung des Modells linearer diabatischer Terme ist nur für das eindimensionale Problem bekannt; es wird in der Theorie atomarer Stöße viel benutzt [49].

Andererseits ist die Anwendbarkeit der Formel (6.29) auch für hohe Stoßenergien begrenzt. Das hängt damit zusammen, daß bei wachsendem $u_\perp$ die effektive Breite δQ des Streifens in unmittelbarer Umgebung des Kreuzungssaumes, in dem die adiabatische Näherung nicht gilt, proportional zu $(u_\perp)^{1/2}$ ansteigt; die angewendeten Näherungen für die Terme und die Trajektorie, die dicht am Saum gut sind, werden aber in dem Maße, wie man sich von ihm um $\Delta Q \gtrsim \delta Q$ entfernt, schlechter.

Diese zwei Bedingungen beschränken den Anwendungsbereich der Formel (6.29) auf ein Energieintervall, das davon abhängt, für welche Freiheitsgrade die adiabatische Näherung benutzt wird. Für Übergänge zwischen Elektronenzuständen beispielsweise erstreckt sich dieses Intervall von einigen 10^{-1} eV bis zu einigen 10 eV.

Zur Illustration der Anwendung der Trajektoriensprungmethode diskutieren wir kurz Stoßprozesse zwischen einem D^+-Ion und einem DH-Molekül [87]. Es gibt hierfür vier Kanäle:

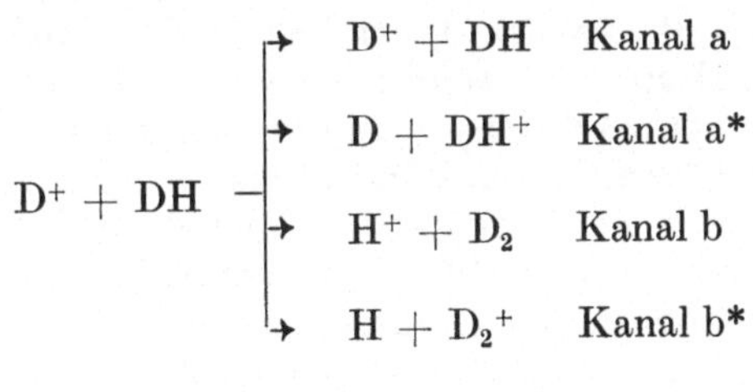

$D^+ + DH$ →	$D^+ + DH$	Kanal a	— elastische und inelastische Streuung
	$D + DH^+$	Kanal a*	— Ladungsübertragung ohne Umlagerung
	$H^+ + D_2$	Kanal b	— Umlagerung (Austauschreaktion)
	$H + D_2^+$	Kanal b*	— Ladungsübertragung mit Umlagerung.

Diese Kanäle sind in Abb. 56 schematisch dargestellt. Anhand der eingezeichneten Schnitte gewinnt man ein qualitatives Bild von den beiden tiefsten Potentialflächen des Systems $(DDH)^+$ für lineare Kernanordnungen; die durchgezogenen Kurven entsprechen der Grundzustandsfläche, die gestrichelten der Fläche für den ersten angeregten Zustand. Die durchgezogenen Linien in den Bereichen a, a* und b, b* sowie ihre (gestrichelten und punktierten) Fortsetzungen in das Gebiet kleiner Kernabstände hinein geben die Lage des Kreuzungssaumes und die Stärke der nichtadiabatischen Kopplung an (starke Kopplung — durchgezogene Linie, mittelstarke Kopplung — gestrichelte Linie, schwache

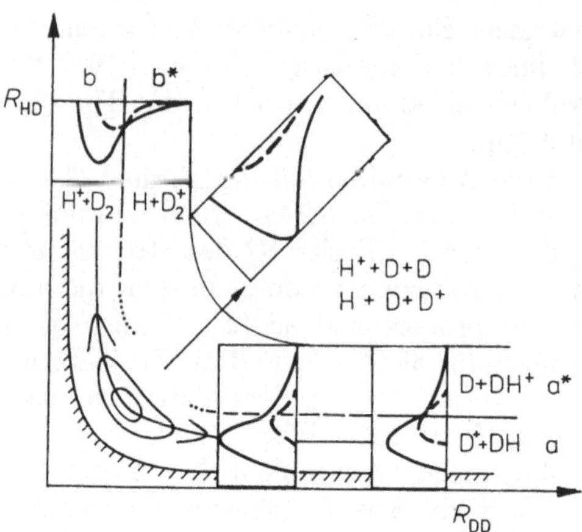

Abb. 56. Mögliche Kanäle bei Stößen $D^+ + DH$: In der Wechselwirkungsregion sind Äquipotentiallinien für den Elektronengrundzustand des linearen Systems $(DDH)^+$ angegeben; die Einfügungen zeigen Schnitte durch die adiabatischen Potentialflächen für den Elektronengrundzustand (durchgezogene Kurven) und den ersten angeregten Zustand (gestrichelte Kurven)

Kopplung — punktierte Linie). Wie man an den eingefügten Schnitten sieht, hängt die Stärke der dynamischen Kopplung zusammen mit der Aufspaltung der adiabatischen Terme am Saum — diese ändert sich von Null (im asymptotischen Bereich) über mittlere Werte (bei mittleren Kernabständen) bis zu ziemlich großen Werten in dem Bereich, der dem stabilen Komplex D_2H^+ (d. h. der Mulde in der unteren Potentialfläche) entspricht.

Die aus den glatt aneinandergefügten ausgezogenen und gestrichelten Teilen (vgl. die Schnitte in Abb. 56) gebildeten Potentialkurven im Eingangskanal beschreiben DH bzw. DH^+ (bezogen auf das gemeinsame asymptotische Energieniveau von $H^+ + D + D$ bzw. $H + D + D^+$). Die Bewegung des Systems verläuft hier bei großen Werten von R_{DD} nahezu diabatisch und entspricht freien Schwingungen von DH bzw. DH^+.

Wenn sich die Reaktanten D^+ und DH einander nähern, dann wächst die statische Kopplung der diabatischen Potentialflächen und die Wahrscheinlichkeit eines Überganges zwischen ihnen wird größer. Bei genügend kleinen R_{DD}-Werten wird die Übergangswahrscheinlichkeit nahezu gleich 1, d. h., das anfängliche diabatische Verhalten geht in ein fast adiabatisches Verhalten über. Das System $(DDH)^+$ bewegt sich dann unabhängig entweder auf der unteren oder der oberen Potentialfläche, bis es reflektiert wird (Kanäle a oder a*) oder das Ausgangstal erreicht. Im letzteren Falle beginnt mit wachsendem R_{HD} die nichtadiabatische Kopplung zu wirken, und für große R_{HD} ist sie so stark, daß das System sich diabatisch bewegt und schließlich in einen der beiden nichtgekoppelten diabatischen Kanäle b oder b* ausläuft.

Der schwerwiegendste Einwand gegen eine solche Näherung, die sich im übrigen für die zumindest qualitative Beschreibung einfacher nichtadiabatischer Systeme als sehr nützlich erwiesen hat, besteht darin, daß es auf dieser Grundlage nicht möglich ist, Interferenzeffekte und klassisch verbotene nichtadiabatische Übergänge (im Sinne von Abschn. 6.2.2.) zu berücksichtigen. Von den Interferenzeffekten nimmt man allerdings an, daß sie sich wegen der Mittelung über die Anfangsphasen von Schwingung und Rotation praktisch nicht auswirken. Klassisch verbotene nichtadiabatische Übergänge können erfolgreich mittels verfeinerter Versionen der semiklassischen Theorie [44] behandelt werden; hierzu verwendet man komplexwertige Trajektorien (vgl. Abschn. 4.4.1.), die „gezwungen" werden, den Saum zu erreichen und sogar glatt von einer adiabatischen Potentialfläche zur anderen überzugehen in einem Kreuzungspunkt, der komplexwertigen Kernabständen entspricht.

Semiklassische adiabatische Näherung

Die semiklassische adiabatische Näherung, in der ein solcher kontinuierlicher Übergang zwischen adiabatischen nichtkreuzenden Flächen möglich ist, beruht auf einem verallgemeinerten Bild von dem System der Potentialflächen. Verschiedene adiabatische Potentialflächen $U_n(\boldsymbol{Q})$ werden bei reellen Werten $\boldsymbol{Q}$ als verschiedene Blätter einer einheitlichen analytischen Funktion $U(\boldsymbol{Q})$ im komplexen Raum der Koordinaten $\boldsymbol{Q}$ des langsamen Subsystems betrachtet. Dieses Herangehen verallgemeinert eine für den Fall einer einzigen Variablen in der Theorie atomarer Stöße (dabei ist $Q \equiv R$) ausgearbeitete Methode; es wird zunehmend zur Beschreibung nichtadiabatischer Übergänge in Systemen mit mehreren Freiheitsgraden benutzt. Die Integration der klassischen Bewegungsgleichungen mit komplexer Zeitvariabler erlaubt es, eine Potentialfläche $U_1(\boldsymbol{Q})$ zu verlassen und auf ihrer analytischen Fortsetzung den Berührungspunkt des Blattes mit einem anderen Blatt zu erreichen; im allgemeinen ist dieser Berührungspunkt ein Verzweigungspunkt. Mit dem kontinuierlichen Übergang durch diesen Punkt gelangt der repräsentative Systempunkt von einem

Blatt zum anderen, und die weitere Bewegung in das Gebiet reeller Koordinaten führt den Systempunkt auf die adiabatische Fläche $U_2(\boldsymbol{Q})$. Die Bewegung auf der Fläche $U_2(\boldsymbol{Q})$ entspricht einer gewöhnlichen Trajektorie, die durch die Integration des Systems der Bewegungsgleichungen mit reeller Zeit erhalten wird. Mit dem kontinuierlichen Übergang von einer Fläche zur anderen bei komplexen Koordinaten $\boldsymbol{Q}$ ist eine imaginäre Phase φ verbunden, welche mit der klassischen Phase s durch die Beziehung

$$s = \operatorname{Im} 2\varphi/\hbar = \operatorname{Im} (1/\hbar) \int_{\mathscr{C}} \boldsymbol{P} \mathrm{d}\boldsymbol{Q} \tag{6.35}$$

zusammenhängt [44]; hier ist $\mathscr{C}$ eine Trajektorie, die den Systempunkt von einem Blatt der Potentialfläche auf das andere überführt. Die Übergangswahrscheinlichkeit (das Verhältnis der Betragsquadrate der Übergangsamplituden am Anfang und am Ende der Trajektorie) ergibt sich hieraus gemäß

$$\mathscr{P}_{1\to 2} = \exp(-2s) . \tag{6.36}$$

In der allgemeinen Theorie adiabatischer Störungen wird gezeigt, daß dieser Ausdruck (6.36) nur für $s \gg 1$, d. h. $\mathscr{P}_{1\to 2} \ll 1$ gilt. Das hängt damit zusammen, daß es im allgemeinen mehrere Berührungspunkte der Blätter U_1 und U_2 gibt und bei der Berechnung der Übergangsamplituden die Beiträge mehrerer klassischer Trajektorien berücksichtigt werden müssen, die den Systempunkt von einem Blatt auf das andere überführen. Wenn für alle Trajektorien $\mathscr{C}$ die Phasen $s_{\mathscr{C}}$ genügend groß sind, braucht man bei der Berechnung der Wahrscheinlichkeit nur die Trajektorie mit der kleinsten klassischen Phase $s_{\mathscr{C}}^{\min}$ zu berücksichtigen. In dem Maße wie die Phase kleiner wird, kann der Ausdruck für $\mathscr{P}_{1\to 2}$ in der Form (6.36) nicht mehr angewendet werden, und man muß zusätzliche Glieder einführen, die auf irgendeine Art näherungsweise den Beitrag anderer Trajektorien einbeziehen [44].

Geht man bei der Bestimmung der Phase s davon aus, daß auf zwei Abschnitten einer komplexen Trajektorie, die zu einem Berührungspunkt der Blätter und von ihm weg führen, die Bewegungsgeschwindigkeit sich dem Betrag nach wenig unterscheidet, so läßt sich eine mittlere komplexe Trajektorie einführen. Ist die Differenz $\triangle U$ klein gegenüber der kinetischen Energie, dann kann man die Phase folgendermaßen darstellen:

$$s = \operatorname{Im} (1/\hbar) \int \left\{\triangle U\big(\boldsymbol{Q}(t)\big)/u_{\perp}\right\} d\boldsymbol{Q} . \tag{6.37}$$

Es läßt sich leicht zeigen, daß dieser Ausdruck im Fall des LANDAU-ZENER-Modells

$$s = \pi a^2/\hbar u_\perp \Delta F \tag{6.38}$$

ergibt, so daß die Formeln (6.35) und (6.29) identisch werden. Für dieses Modell und offenbar nur für dieses erweist sich somit die semiklassische adiabatische Näherung nicht nur bei kleinen, sondern bei beliebigen Wahrscheinlichkeiten $\mathcal{P}_{1\to2}$ als gerechtfertigt. Im Vergleich mit der Trajektoriensprungmethode beseitigt die semiklassische adiabatische Näherung die Unbestimmtheit, die mit der Einführung der mittleren Trajektorie verbunden ist. Allerdings ist das Auffinden einer komplexen Trajektorie, die den Systempunkt von einem Term auf den anderen überführt, keine einfache Aufgabe und nur in solchen Fällen lohnend, in denen die Ausdrücke (6.36) und (6.29) merklich verschiedene Resultate ergeben. Der Vergleich beider Näherungen für einfache Systeme zeigt [88], daß die Trajektoriensprungnäherung offenbar völlig ausreicht — dies um so mehr, als bei der Durchführung von Berechnungen nach der semiklassischen adiabatischen Näherung zusätzliche Vereinfachungen in der Bestimmung der komplexen Potentialflächen eingeführt werden müssen [89].

In Abb. 57 ist für den eindimensionalen Fall qualitativ die Struktur der komplexen Größe ΔU als Funktion einer einheitlichen komplexen Koordinate $Z = X + \mathrm{i}Y$ illustriert. Auf der

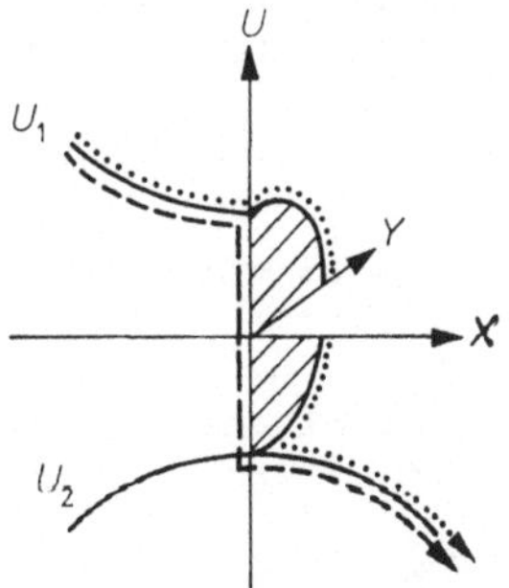

Abb. 57. Semiklassische Beschreibung nichtadiabatischer Übergänge zwischen zwei adiabatischen Potentialkurven U_1 und U_2 (durchgezogene Linien) mit vermiedener Kreuzung: Verlauf einer Trajektorie nach der Trajektoriensprungmethode (gestrichelte Linie) und nach der semiklassischen adiabatischen Methode (punktierte Linie)

Klassische Beschreibung der Kernbewegung auf mehreren Potentialflächen plus quantenmechanische Behandlung der Übergänge zwischen den Potentialflächen	
Bewegung auf mehrdeutigen (verzweigten) komplexen Potentialflächen entlang komplexer Trajektorien	Trajektoriensprungmodell
Benutzung nur einer von vielen möglichen Trajektorien	Trajektorie nicht präzise bestimmt, Interferenz vernachlässigt

Bedingungen:

$\operatorname{Im} 2\varphi/\hbar \gg 1$ für diese Trajektorie	$\triangle U \ll E^{\mathrm{tr}}$
Wahrscheinlichkeit klein	Wahrscheinlichkeit beliebig

Wenn die Impulsänderung $\triangle P$ der Kerne bei Übergängen von einer Potentialfläche zur anderen in der Kopplungsregion klein ist im Vergleich zu einem mittleren Impuls P und wenn der Massey-Parameter groß ist, gilt

$$\operatorname{Im} 2\varphi/\hbar \approx l \cdot \triangle P/\hbar \approx l \cdot \triangle U/\hbar u \gg 1$$

und beide Näherungen führen zum gleichen Resultat:

Semiklassischer adiabatischer Grenzfall

$$\mathcal{P} \sim \exp\left(-l \cdot \triangle P/\hbar\right) \approx \exp\left(-l \cdot \triangle U/\hbar u\right)$$

Abb. 58. Semiklassische Behandlung elektronisch nichtadiabatischer Prozesse: Vergleich der Verfahrensweisen von semiklassischer adiabatischer Methode und Trajektoriensprungmethode

reellen Achse weisen die adiabatischen Terme $U_1(X)$ und $U_2(X)$ eine vermiedene Kreuzung auf, ähnlich wie in Abb. 54. Bei komplexer Koordinate sind U_1 und U_2 ebenfalls komplex, auf der imaginären Achse aber sind sie reell bis zu ihrem Berührungspunkt; auch dieser Teil der Terme wird in Abb. 57 angedeutet. Der durch eine gestrichelte Linie dargestellte Weg entspricht dem Trajektoriensprungmodell und demonstriert das „Aufreißen" der Trajektorie. Der als punktierte Linie eingetragene Weg zeigt eine kontinuierliche Trajektorie, die das System vom Term U_1 zum Term U_2 überführt.

Einen Vergleich der beiden hier diskutierten semiklassischen Verfahren zeigt das in Abb. 58 dargestellte Schema.

7. Statistische Modelle in der Theorie elementarer Prozesse

Die nichtempirische Berechnung von Geschwindigkeitskonstanten und Wirkungsquerschnitten inelastischer und reaktiver Molekülstöße ist eine überaus komplizierte Aufgabe, deren Lösung auch bei vollständig bekannten Wechselwirkungen zwischen den Atomen und bei Verfügbarkeit leistungsfähiger Rechenautomaten häufig die gegenwärtigen Möglichkeiten übersteigt. Diese Schwierigkeiten haben zur Ausarbeitung von Näherungsmethoden geführt, deren Vereinfachungen noch über die in Kap. 4. behandelten hinausgehen und die eine grobe, jedoch qualitativ (und zuweilen auch quantitativ) richtige Beschreibung des Prozesses erlauben. Wir behandeln im folgenden statistische Modelle als einen speziellen Typ derartiger Methoden.

7.1. Grundannahmen der statistischen Theorie

Den statistischen Näherungen der Theorie von Elementarprozessen liegt die Annahme zugrunde, daß der molekulare Stoß über die Bildung eines sog. Übergangskomplexes verläuft (s. Abschn. 2.4.), dessen sämtliche bei der gegebenen Energie erreichbaren Zustände während seiner Lebensdauer mit gleicher Wahrscheinlichkeit besetzt werden. Ein derartiger *Übergangskomplex* $\mathcal{K}^*$ ist definiert als ein Aggregat wechselwirkender Atome, das einen Raumbereich $\mathcal{V}_0$ von molekularen Ausmaßen einnimmt und spontan zerfallen kann. Die Bildung eines solchen Komplexes $\mathcal{K}^*$

ist auf verschiedene Weise möglich: durch Anregung eines stabilen Moleküls K beim Stoß mit einem Photon, einem Elektron oder einem schweren Teilchen (Atom, Molekül) oder durch Zusammenlagerung zweier molekularer (auch ionischer) Reaktanten X_1 und X_2. Im ersten Fall schließt das Auseinanderbrechen des Komplexes eine monomolekulare Reaktion ab:

$$\mathrm{K} \xrightarrow{\text{Aktivierung}} \mathcal{K}^* \to \mathrm{X}_1' + \mathrm{X}_2', \tag{7.1}$$

im zweiten Fall einen bimolekularen reaktiven oder nichtreaktiven (Energieaustausch-) Prozeß:

$$\mathrm{X}_1 + \mathrm{X}_2 \to \mathcal{K}^* \begin{array}{l} \nearrow\ \mathrm{X}_1' + \mathrm{X}_2' \\ \searrow\ \mathrm{X}_1 + \mathrm{X}_2; \end{array} \tag{7.2}$$

auch Zerfälle in drei oder mehr Fragmente sind möglich.

Die oben formulierte Grundannahme der statistischen Theorie läßt sich nicht in jedem konkreten Falle überzeugend rechtfertigen, weil es dazu einer Analyse der Dynamik des entsprechenden Systems bedürfte. Es ist jedoch plausibel, daß eine statistische Näherung angewendet werden kann, wenn sich im Verlauf der Reaktion ein Komplex bildet, dessen *Lebensdauer* $\Delta\tau^*$ viel größer ist als die *charakteristischen Zeiten* τ der Bewegungen der Atome in Molekülen, und wenn es für den Energieaustausch zwischen den verschiedenen Freiheitsgraden des Komplexes keine speziellen Einschränkungen gibt. Hat man Grund zu der Annahme, daß zwischen bestimmten Gruppen von Freiheitsgraden eine schwache Wechselwirkung besteht, so kann man versuchen, eine statistische Beschreibung nicht für den ganzen Komplex, sondern nur für einige seiner Freiheitsgrade einzuführen [90—92]. Eine solche Modifizierung der Theorie erfordert jedoch zusätzliche Annahmen bezüglich der Reaktionsdynamik und überschreitet daher den Rahmen einer rein statistischen Näherung.

Gegenwärtig gibt es über monomolekulare Reaktionen bei thermischen und nichtthermischen Bedingungen sowie über Prozesse nach chemischer Aktivierung umfangreiches experimentelles Material (vgl. z. B. [93]), das die statistische Beschreibung solcher Reaktionen, die über einen langlebigen Komplex verlaufen, rechtfertigt. Darüber hinaus konnte an einigen Beispielen verfolgt werden, wie die statistische Beschreibung besser wird, je größer $\Delta\tau^*$ im Vergleich zu τ ist. Die Erfüllung der Bedingung $\Delta\tau^* > \tau$ ist jedoch strenggenommen weder hinreichend noch notwendig für die Anwendbarkeit der statistischen Näherung. Es gibt Beispiele, wenn auch sehr wenige, bei denen trotz Gültigkeit der Bedingung $\Delta\tau^* > \tau$ der Zerfall des Komplexes nicht statistischen Gesetzen unterliegt. Andererseits liefert die statistische Näherung zuweilen auch bei Verletzung der Beziehung $\Delta\tau^* > \tau$ befriedigende Resultate. Offenbar wird in diesen Fällen die kurze Dauer der Wechselwirkung in irgendeiner Weise durch ihre Stärke kompensiert.

Schließlich muß angemerkt werden, daß die Richtigkeit der statistischen Näherung wesentlich von der anfänglichen Verteilung der Komplexe nach ihren inneren Zuständen abhängt. Die sogenannte *Methode des Übergangszustandes* (vgl. [2, 14]), die in vielen Fällen richtige Größenordnungen von Geschwindigkeitskonstanten ergibt, ist eine gute Illustration dieser Situation: die vorausgesetzte Gleichgewichtsverteilung im aktivierten Komplex ist die Folge einer solchen Gleichgewichtsverteilung für die Reaktanten und nicht etwa die Folge einer Umverteilung der Energie zwischen den Freiheitsgraden des aktivierten Komplexes [94].

Statistische Näherungen muß man als Grenzfälle der Beschreibung des Mechanismus einer Reaktion betrachten. Da ein solcher Grenzfall mit einer minimalen Anzahl von Voraussetzungen auskommt und sehr allgemein formuliert werden kann, verdient er eine spezielle Betrachtung. Der praktische Wert dieser schwierig a priori zu begründenden Beschreibung besteht darin, daß sie sich, wenn einzelne Reaktionsparameter richtig geliefert werden, mit einiger Sicherheit auch zur Berechnung der übrigen Parameter eignet. Dabei muß man erwarten, daß die statistische Beschreibung mit wachsender Lebensdauer des Komplexes oder mit stärkerer Kopplung zwischen den Freiheitsgraden der stoßenden Moleküle genauer wird.

Die verschiedenen Varianten der statistischen Theorie unterscheiden sich durch drei Charakteristika:

1. den Satz dynamischer Größen ε, die während der Lebensdauer des Komplexes erhalten bleiben,

2. dynamische Beschränkungen, welche die Zerfallsbedingungen des Komplexes bestimmen, und

3. den angenommenen Zusammenhang zwischen der Bildungswahrscheinlichkeit der Produkte und ihrem Phasenvolumen.

In der elektronisch adiabatischen Näherung wird der Elektronenzustand des Systems als unveränderlich betrachtet, d. h., man nimmt an, daß der Zerfall bei der Bewegung der Atome auf einer einzigen Potentialfläche erfolgt. Außerdem bleiben die Gesamtenergie E und der Gesamtdrehimpuls $\boldsymbol{J}$ des Komplexes erhalten [14, 90, 91].

Die Zerfallsbedingungen des Komplexes werden gewöhnlich in Form einer bestimmten Relation zwischen der Gesamtenergie E und der inneren Energie $E^{\text{int}'}$ der Fragmente in einem vorgegebenen Endzustand ausgedrückt. Die einfachste Voraussetzung besteht darin, daß die relative kinetische Energie der Fragmente, $E^{\text{tr}'} = E - E^{\text{int}'}$, positiv sein muß (s. Gl. (2.24)). Diese Bedingung gewährleistet jedoch nicht immer, daß sich die Fragmente bei Austritt aus dem Volumen V_0 tatsächlich sehr weit voneinander entfernen können. Häufig besteht zwischen den Fragmenten des Komplexes bei $R > R_0 \sim V_0^{1/3}$ eine anziehende Wechselwirkung; in diesem Fall müssen sie mit Vergrößerung ihres Abstandes R eine Zentrifugalbarriere überwinden, deren Höhe wir mit $V^{\neq}$ bezeichnen. Die Forderungen an die Energie $E^{\text{int}'}$ sind daher strenger. Ist schließlich die Wechselwirkung zwischen X_1' und X_2' so stark, daß sie die inneren Bewegungen in den Fragmenten merklich beeinflußt, dann muß man die effektiven Barrieren der Potentiale $U_\varepsilon(\boldsymbol{Q})$ für jeden inneren Zustand einzeln untersuchen. Eine der Möglichkeiten hierfür bilden das *Modell adiabatischer Reaktionskanäle* [95] bzw. *verallgemeinerte Methoden des Übergangszustandes* [96], in denen eine bestimmte Korrelation der Quantenzahlen des Komplexes auf seiner Potentialfläche mit den Quantenzahlen der Produkte angenommen wird.

Bezüglich der Berechnung der Zerfallswahrscheinlichkeit gibt es zwei Verfahren, und zwar wird diese Wahrscheinlichkeit als proportional dem *Strom* in einem gegebenen Element des Phasenvolumens der Produkte angesehen oder als proportional diesem *Volumen* selbst. Der erstgenannte Ansatz ist physikalisch besser begründet und heute bei der Berechnung von Reaktionsquerschnitten und Geschwindigkeitskonstanten üblich. Der zweite Ansatz, der hauptsächlich bei der informationstheoretischen Analyse von Verteilungsfunktionen benutzt wurde, ist streng genommen nicht konsequent.

Die erwähnten Varianten der statistischen Theorie sind in Tab. 11 zusammengestellt; die angegebenen Zeichen werden im weiteren zur Identifizierung verwendet.

Es sei angemerkt, daß in den letzten Jahren statistische Modelle immer häufiger zur Berechnung sogenannter A-priori-Verteilungen benutzt werden, ohne Berücksichtigung irgendwelcher zusätzlicher

Tabelle 11
Varianten der statistischen Theorie des Zerfalls eines Komplexes (vgl. [97])

Variante	1	2	3
Erhaltungsgrößen	E	E, J	E, J
Dynamische Beschränkungen	$E^{\text{int}'} < E$	$E^{\text{int}'} + V^{\neq} < E$	$U_{\varepsilon}(\boldsymbol{Q}) < E$
Zerfallswahrscheinlichkeit proportional dem Strom im Phasenraum	Statistische Theorie HRRK(1927/28)[1] RRKM (1951/52)[2] [98] ○	Statistische Phasenraumtheorie (1965) [100] △	Modell adiabatischer Reaktionskanäle (1974) [95] ◇
Zerfallswahrscheinlichkeit proportional dem Phasenvolumen	A-priori-Verteilung bei informationstheoretischer Analyse nichtstatistischer Verteilungen (1972) [99] ●	Statistische Phasenraumtheorie (1964) [101] ▲	

[1]) HRRK = HINSHELWOOD-RICE-RAMSPERGER-KASSEL
[2]) RRKM = RICE-RAMSPERGER-KASSEL-MARCUS

dynamischer Einschränkungen (außer den wichtigsten Erhaltungsgrößen). Analysen des umfangreichen experimentellen Materials sowie der Resultate dynamischer Trajektorienberechnungen (s. Abschn. 5.1.3.) haben gezeigt, daß in vielen Fällen die wirkliche Verteilung mit der A-priori-Verteilung durch eine sehr einfache Beziehung verknüpft ist, die durch eine informationstheoretische Analyse interpretiert werden kann (s. Abschn. 7.4.). Statistische Modelle haben sich damit auch für die Beschreibung von Prozessen mit eindeutig nichtstatistischem Verhalten des Stoßkomplexes als nützlich erwiesen.

7.2. Bildung und Zerfall von Komplexen bei Stößen

7.2.1. Allgemeine Formulierung

Der Zerfall von Übergangskomplexen, die sich bei binären Molekülstößen bilden, wird durch die allgemeine Stoßtheorie beschrieben. Bezüglich der Streumatrix **S** lassen sich statistische Annahmen einführen, und zwar wird in der üblichen Variante der statistischen Theorie vorausgesetzt, daß Interferenzglieder der Form $S^*_{nn'}\, S_{mm'}$ im Mittel keinen Beitrag zum Wirkungsquerschnitt geben und daß die Absolutquadrate $|S_{nn'}|^2$ der Matrixelemente sämtlich ein und denselben Wert haben[1]); dieser ist gleich dem Reziproken der Gesamtzahl der offenen Kanäle. Im folgenden betrachten wir im Rahmen dieser Näherung den einfachsten Elementarprozeß — den Stoß eines Atoms A mit einem zweiatomigen Molekül BC.

Unter der Annahme, daß der Prozeß ohne Änderung des Elektronenzustandes abläuft, läßt er sich folgendermaßen formulieren:

$$(\alpha)\ \mathrm{A} + \mathrm{BC}(v, j) \to \mathrm{ABC}^*(E, J) \begin{array}{l} \nearrow\ \mathrm{A} + \mathrm{BC}(v', j')\ (\alpha') \\ \searrow\ \mathrm{AB}(v', j') + \mathrm{C}(\beta); \end{array} \tag{7.3}$$

dieses Schema berücksichtigt die inelastische Streuung (Kanal α') und die Streuung mit Reaktion (Kanal β). Der totale Wirkungsquerschnitt eines solchen Prozesses für den Übergang $\gamma \to \gamma'$ ($\gamma = \alpha$, $\gamma' = \alpha'$ oder β), gemittelt über die Projektionen des Eigendrehimpulses des Reaktanten BC auf eine ausgewählte Raum-

---

[1]) Hier stehen m und n jeweils für die Gesamtheit der Quantenzahlen in einem Streukanal.

richtung und summiert über die Projektionen des Drehimpulses $\boldsymbol{j}'$ des Produktes BC bzw. AC, ist gegeben durch den Ausdruck

$$\sigma(\gamma v j \mid \gamma' v' j') = \frac{\pi}{k_{vj}^2} \frac{1}{2j+1} \sum_J (2J+1) \sum_{ll'} |S^{EJ}_{\gamma v j l;\, \gamma' v' j' l'}|^2; \tag{7.4}$$

hier bezeichnen $k_{vj} \equiv (2\mu)^{1/2}(E - E_{\gamma v j})^{1/2}/\hbar$ die Wellenzahl der Relativbewegung im Eingangskanal, $E_{\gamma v j}$ die innere Energie des zweiatomigen Fragmentes im Kanal γ mit den inneren Zuständen vj, ferner J die Quantenzahl des Gesamtdrehimpulses, $S^{EJ}_{\gamma v j l;\, \gamma' v' j' l'}$ das Streumatrixelement (in der sog. Gesamtdrehimpulsdarstellung) für den Übergang $\gamma v j l \to \gamma' v' j' l'$ und l, l' die Quantenzahlen der Drehimpulse der Relativbewegung der beiden Reaktanten bzw. Produkte. Die Grundannahme der statistischen Näherung läßt sich in Gestalt der folgenden Gleichung formulieren:

$$|S^{EJ}_{\gamma v j l;\, \gamma' v' j' l'}|^2 = 1/W(E, J), \tag{7.5}$$

wobei $W(E, J)$ die Gesamtzahl der offenen Kanäle bedeutet, von denen jeder durch die Quantenzahlen $\gamma' v' j' l'$ gekennzeichnet ist. Die Bedingungen, welche die Kanäle als offen definieren (vgl. Abschn. 2.3.), begrenzen die Wertebereiche von J, l und l' in den Summen (7.4). Weiterhin möge $W_{\gamma'}(E, J; v'j')$ die Anzahl derjenigen offenen Kanäle bezeichnen, die zum Zustand $\gamma' v' j'$ des Fragmentes in γ' führen, d. h.

$$W_{\gamma'}(E, J; v'j') = \sum_{l'}^{0} 1, \tag{7.6}$$

wobei die Summe über l' alle offenen Kanäle für eine gegebene Gesamtenergie E und gegebenen Gesamtdrehimpuls J umfaßt. Wir erhalten dann für alle Kanäle mit Ausnahme des elastischen Kanals:

$$\sigma(\gamma v j \mid \gamma' v' j') = \frac{\pi}{k_{vj}^2} \frac{1}{2j+1} \sum_J (2J+1) \frac{W_{\gamma'}(E, J; v'j')\, W_{\gamma}(E, J; vj)}{W(E, J)}; \tag{7.7}$$

offenbar gilt:

$$W(E, J) = \sum_{\gamma v j} W_{\gamma}(E, J; vj). \tag{7.8}$$

Den Ausdruck (7.7) kann man in der Form

$$\sigma(\gamma v j \mid \gamma' v' j') = \sum_J \sigma_\gamma(E, J; vj) \mathcal{P}_{\gamma'}(E, J; v'j') \tag{7.9}$$

schreiben, wo

$$\sigma_\gamma(E, J; vj) = \frac{\pi}{k_{vj}^2} \frac{2J+1}{2j+1} W_\gamma(E, J; vj) \tag{7.10}$$

den partiellen Wirkungsquerschnitt für die Bildung des Komplexes ABC*(E, J) über den Kanal $\gamma v j$ und

$$\mathcal{P}_{\gamma'}(E, J; v'j') = W_{\gamma'}(E, J; v'j')/W(E, J) \tag{7.11}$$

die Wahrscheinlichkeit seines Zerfalls in den Kanal $\gamma' v' j'$ bedeuten. Die Formel (7.11) ist oft der Ausgangspunkt für eine konsequente Einführung statistischer Näherungen [14].

Eine Summierung des Ausdruckes (7.7) über alle Endzustände der Produkte ergibt den totalen Wirkungsquerschnitt für die Bildung des Komplexes:

$$\sigma_\gamma(vj) = \frac{\pi}{k_{vj}^2} \sum_l (2l+1) \mathcal{P}(l, vj), \tag{7.12}$$

wobei die Funktion

$$\mathcal{P}(l, vj) = \sum_J (2J+1)/(2j+1)(2l+1) \tag{7.12a}$$

häufig als Opazität bezeichnet wird.

In der statistischen Näherung läuft also die Berechnung des Wirkungsquerschnitts eines Elementarprozesses auf die Bestimmung der Anzahl der offenen Kanäle hinaus.

Das einfachste Verfahren zur Bestimmung der Anzahl der offenen Kanäle besteht darin, die Bedingung für den Zerfall des Komplexes ABC in einen gegebenen Kanal in Form der Forderung zu formulieren, daß der repräsentative Punkt des Systems eine gewisse *kritische Fläche* $\mathcal{F}^+$ durchquert, die den Komplex von den Reaktanten und den Produkten abgrenzt. Der Zustand des Komplexes ABC* auf der Fläche, den wir mit ABC$^+$ bezeichnen, ist ganz analog dem sogenannten *aktivierten Komplex* in der Methode des Übergangszustandes [2, 14, 102, 103]. In dieser Methode können die Kanäle, in denen die Bewegung zum Durchgang durch die Fläche $\mathcal{F}^+$ führt, durch die Quantenzahlen des aktivierten Zustandes numeriert werden, deren Gesamtheit wir mit i^+ bezeichnen. Ferner benötigen wir eine Korrelation zwischen den Quantenzahlen i^+ und den Quantenzahlen i' der Produkte. Auf der Grundlage dieser Korrelation ist zu klären, ob die Kanäle, in denen die Bewegung einem Durchgang durch $\mathcal{F}^+$ entspricht, tatsächlich geöffnet sind in dem Sinne, daß sie den Endzustand der Produkte erreichen.

In der üblichen Variante der Methode des Übergangszustandes wird die Korrelation zwischen i^+ und i' durch die Annahme hergestellt, daß der Durchgang durch $\mathcal{F}^+$ in jedem Falle zur Reaktion führt [2, 14]. Damit reduziert sich das Problem auf die Bestimmung einer „geeigneten" kritischen Fläche.

7.2.2. Methode des Übergangszustandes

Die *Methode des Übergangszustandes* (Transition-State Theory, *TST*) geht zurück auf die von Eyring [102] sowie von Pelzer und Wigner [103] in den 30er Jahren unternommenen Versuche, die Geschwindigkeitskonstanten von Reaktionen, bei denen für alle Freiheitsgrade der Reaktanten eine thermische Gleichgewichtsverteilung vorausgesetzt werden kann, nicht über die Wirkungsquerschnitte gemäß Gl. (1.15), sondern in vereinfachter Weise zu berechnen. Die Methode des Übergangszustandes ist eine statistische Theorie für *direkte Reaktionen* ohne Bildung eines langlebigen Komplexes (vgl. Abschn. 2.4.); die vorausgesetzte Gleichgewichtsverteilung der Übergangskomplexe rührt nicht her von einem Energieaustausch zwischen den Freiheitsgraden der Komplexe, sondern ist die Folge einer Gleichgewichtsverteilung der Reaktanten.

Wir behandeln diese Methode zunächst in klassischer, elektronisch adiabatischer Näherung. Es wird vorausgesetzt, daß sich im Phasenraum[1]) des reagierenden Systems eine *kritische Fläche* $\mathcal{F}^+$ bestimmen läßt, auf der und in deren Nähe folgende Voraussetzungen erfüllt sind (vgl. [2]):

1. Es gibt ein eindeutiges *Potential* $U(Q_1, \ldots)$, das einem adiabatischen Term entspricht sowie mit den Reaktanten und den

[1]) Die Gesamtheit der Koordinaten $Q_1, Q_2, \ldots$ und der konjugierten Impulse $P_1, P_2, \ldots$ bildet den Phasenraum des (Q-) Systems; seine Dimension ist gleich der doppelten Anzahl der Freiheitsgrade. Jedem momentanen Bewegungszustand des (Q-) Systems entspricht ein Punkt in diesem Phasenraum.

Produkten korreliert. Dieses Potential bestimmt die Dynamik der Bewegung in der Umgebung der kritischen Fläche.

2. Für alle Freiheitsgrade der Bewegung in der Nähe der kritischen Fläche gilt eine *thermische Gleichgewichtsverteilung*.

3. Die Geschwindigkeitskonstante des Prozesses wird mit dem *Strom der repräsentativen Punkte* des Systems durch die kritische Fläche in Richtung auf die Produktseite identifiziert, d. h., man setzt voraus, daß die Trajektorien die kritische Fläche nur einmal durchqueren und nicht umkehren.

Der thermisch gemittelte Strom der repräsentativen Punkte, die auf reaktiven (d. h. von der Reaktantregion zur Produktregion führenden) Trajektorien liegen, ist proportional dem kanonischen *Flußintegral* [94, 104]

$$\Phi(T) = \iint \mathrm{d}\boldsymbol{P}\, \mathrm{d}\boldsymbol{f}\, (\boldsymbol{P} \cdot \boldsymbol{n}_f)\, \chi_{\mathrm{r}}(\boldsymbol{P}, \boldsymbol{Q}_f) \times \exp\left[-(1/k_{\mathrm{B}}T)\, H(\boldsymbol{P}, \boldsymbol{Q}_f)\right] \tag{7.13}$$

durch eine Trennfläche $\mathcal{F} \equiv \{\boldsymbol{Q}_f\}$; $\mathrm{d}\boldsymbol{f}$ ist das Flächenelement und $\boldsymbol{n}_f$ die Normale auf $\mathcal{F}$ in Produktrichtung, die Impulskomponenten sind in dem Vektor $\boldsymbol{P}$ zusammengefaßt. In Abb. 59 ist dies für den Modellfall eines kollinearen Prozesses A + BC → AB + C schematisch dargestellt. Die Funktion $\chi_{\mathrm{r}}(\boldsymbol{P}, \boldsymbol{Q})$ hat den Wert 1, wenn der Phasenraumpunkt $(\boldsymbol{P}, \boldsymbol{Q})$ auf einer reaktiven Trajektorie liegt, sonst den Wert 0. Mit $H(\boldsymbol{P}, \boldsymbol{Q})$ ist die HAMILTON-Funktion des Systems bezeichnet. Das kanonische Flußintegral (7.13) läßt

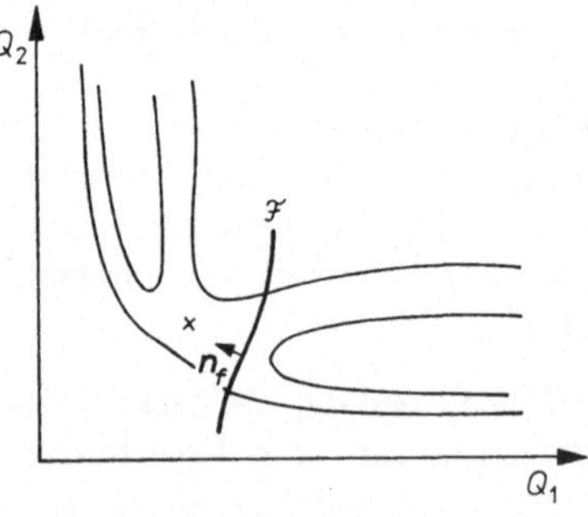

Abb. 59. Klassische Theorie des Übergangszustandes für ein kollineares Modell A + BC → AB + C: Trennfläche $\mathcal{F}$ (hier eine Kurve) zwischen Reaktant- und Produktbereich. Das Kreuz bezeichnet einen Sattelpunkt, $\boldsymbol{n}_f$ einen Einheitsvektor senkrecht zur Kurve $\mathcal{F}$ in Produktrichtung

sich in der Form

$$\Phi(T) = \int \mathrm{d}E \exp\left(-E/k_\mathrm{B}T\right) \Phi(E) \tag{7.14}$$

schreiben; den Ausdruck

$$\Phi(E) = \int\int \mathrm{d}\boldsymbol{P}\, \mathrm{d}\boldsymbol{f}\, (\boldsymbol{P} \cdot \boldsymbol{n}_f)\, \chi_\mathrm{r}(\boldsymbol{P}, \boldsymbol{Q}_f)\, \delta(E - H) \tag{7.15}$$

bezeichnet man als das mikrokanonische Flußintegral. Die Werte dieser Flußintegrale sind unabhängig davon, wo die Trennlinie $\mathcal{F}$ gezogen wird. Die entscheidende Näherung der Methode des Übergangszustandes besteht nach Voraussetzung 3 darin, die Funktion χ_r durch eine Funktion χ_+ zu ersetzen, die den Wert 1 annimmt, wenn für die betreffende Trajektorie $(\boldsymbol{P} \cdot \boldsymbol{n}_f) > 0$ gilt, und sonst gleich 0 ist; es werden also alle Trajektorien, die einmal in Produktrichtung durch die Trennlinie laufen, als reaktive Trajektorien gezählt und Rückläufer vernachlässigt. Da dies für unterschiedliche Lagen der Trennlinie mehr oder weniger berechtigt sein wird, hängen jetzt die Werte der Flußintegrale von diesen Lagen ab. Generell bildet die mit χ_+ berechnete Geschwindigkeitskonstante $k_\mathrm{TST}(T)$ eine obere Grenze für die exakte (klassische) Geschwindigkeitskonstante $k(T)$:

$$k_\mathrm{TST}(T) \geqq k(T); \tag{7.16}$$

analoges gilt für die mikrokanonischen Größen $k_\mathrm{TST}(E)$ und $k(E)$, die sich mit $\Phi_\mathrm{TST}(E)$ bzw. $\Phi(E)$ ergeben.

Die Wahl der kritischen Fläche $\mathcal{F}^{\neq}$ ist so zu treffen, daß die beiden letztgenannten Annahmen der Methode — das Vorliegen einer vollständigen Gleichgewichtsverteilung an der kritischen Fläche und das Fehlen zurücklaufender Trajektorien — möglichst weitgehend gleichzeitig erfüllt sind. Durch die schematische Darstellung in Abb. 60 wird diese Situation für den Fall einer eindimensionalen klassischen Bewegung erläutert (vgl. die analoge Abb. 19). Der „Reaktion" entspricht der Übergang des Teilchenstromes (Trajektorienstromes) über die Potentialbarriere, wobei natürlich der gesamte Strom durch eine beliebige Ebene senkrecht zur Reaktionskoordinate überall gleich groß ist. Im Gebiet der Reaktanten liegt ein Strom nach rechts vor, von dem ein Teil an der Barriere reflektiert wird und sich nach links zurückbewegt. Dementsprechend hat die Geschwindigkeitsverteilung die Form einer an der Seite negativer Geschwindigkeiten abgeschnittenen eindimensionalen MAXWELL-Verteilung. Im Gebiet der Produkte gibt es nur einen Strom nach rechts, der dem Hochenergieanteil der MAXWELL-Verteilung entspricht. Überall links von der Barriere (beispielsweise in der Ebene $\mathcal{F}_1^{\neq}$) ist die Voraussetzung des Vorliegens einer

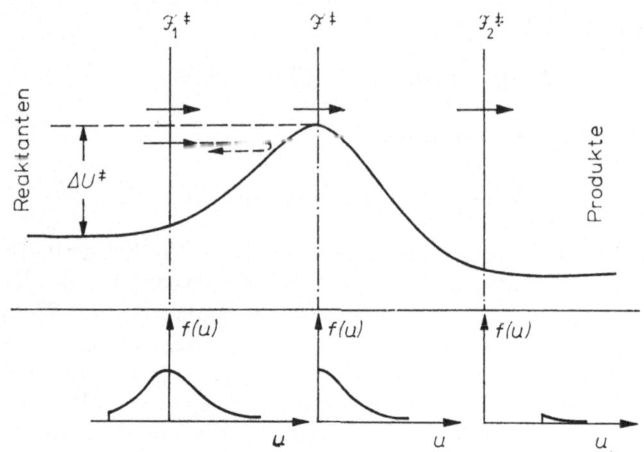

Abb. 60. Zur Lokalisierung der kritischen Fläche in der konventionellen Theorie des Übergangszustandes

Gleichgewichtsverteilung erfüllt für Teilchen, die sich nach der Seite der Produkte bewegen; es gibt jedoch Trajektorien, welche die kritische Fläche $\mathcal{F}_1^{\ddagger}$ zweimal schneiden und insgesamt einen verschwindenden Strom ergeben. Überall rechts (beispielsweise in der Ebene $\mathcal{F}_2^{\ddagger}$) treten keine reflektierten Trajektorien auf, die Verteilungsfunktion für die nach der Produktseite laufenden Teilchen entspricht jedoch nicht dem Gleichgewicht: der niederenergetische Teil ist infolge der „Abschirmung" des Stromes durch die Potentialbarriere herausgeschnitten. Jede der Ebenen könnte als kritische Fläche gewählt werden, d. h., einen repräsentativen Punkt auf $\mathcal{F}_1^{\ddagger}$ oder $\mathcal{F}_2^{\ddagger}$ könnte man als Übergangskomplex ansehen. Allerdings würde dies zu großen Fehlern führen: auf $\mathcal{F}_1^{\ddagger}$ blieben die reflektierten Trajektorien außer Betracht, und auf $\mathcal{F}_2^{\ddagger}$ bezöge man nichtexistierende Trajektorien ein. Legt man die kritische Fläche durch das Potentialmaximum ($\mathcal{F}^{\ddagger}$), so sind häufig beide Voraussetzungen der Methode des Übergangszustandes gut erfüllt, d. h., bei Identifizierung des Übergangskomplexes mit der Lage des Potentialmaximums (Barrierenspitze) erhält man in der Regel annähernd richtige Resultate für den Strom.

Diese Betrachtungen lassen sich auf mehrdimensionale Systeme verallgemeinern, allerdings ist die Situation dann weniger übersichtlich. Wir beschränken uns hier auf eine Zusammenfassung der Resultate (vgl. [2, 14]).

Um auf der Grundlage der oben genannten Annahmen einen Ausdruck für die Geschwindigkeitskonstante herzuleiten, macht man im allgemeinen eine weitere vereinfachende Voraussetzung, nämlich die Separierbarkeit der Bewegung längs der Reaktionskoordinate $Q_r \equiv s$ (definiert als die Koordinate senkrecht zur kritischen Fläche $\mathcal{F}^{\pm}$) von den Bewegungen in den übrigen Freiheitsgraden des Übergangskomplexes; damit ist hier gemeint, daß sich (wir bleiben weiter in der klassischen Näherung) die HAMILTON-Funktion im Bereich der kritischen Fläche folgendermaßen zerlegen läßt:

$$H = H_r + H^{\pm} \tag{7.17}$$

mit

$$H_r = E_r^{tr} + \Delta U^{\pm}, \tag{7.17a}$$

$$H^{\pm} \equiv H^{\pm}(P_1, \ldots, P_{r-1}, P_{r+1}, \ldots; Q_1, \ldots, Q_{r-1}, Q_{r+1}, \ldots); \tag{7.17b}$$

hier bedeuten E_r^{tr} die kinetische Energie der Bewegung entlang der Reaktionskoordinate und $\Delta U^{\pm}$ die Höhe der Potentialbarriere, von der Reaktantseite aus gesehen. Der Gesamtstrom der repräsentativen Punkte durch die kritische Fläche $\mathcal{F}^{\pm}$ ergibt sich dann unter Verwendung der Gleichgewichtsverteilungsfunktion $\exp[-H(\boldsymbol{P}, \boldsymbol{Q})/k_B T]$ als [2, 14]:

$$k_{TST}(T) = \frac{k_B T}{2\pi\hbar} \frac{\mathcal{Z}^{\pm}(T)}{\mathcal{Z}(T)} \cdot \exp(-\Delta U^{\pm}/k_B T); \tag{7.18}$$

dabei bezeichnen $\mathcal{Z}^{\pm}(T)$ und $\mathcal{Z}(T)$ die Zustandssummen des Übergangskomplexes bzw. der Reaktanten.

Die Voraussetzung einer direkten Dynamik (Vernachlässigbarkeit rücklaufender Trajektorien; vgl. Abschn. 2.4.) führt in der konventionellen klassischen Theorie des Übergangszustandes stets zu einer Überschätzung der Reaktionsgeschwindigkeitskonstanten gemäß der Beziehung (7.16). Auf Grund dessen läßt sich eine Variationsmethode formulieren [96], in der die Lage der Trennfläche so bestimmt wird, daß die Geschwindigkeitskonstante minimal ist. Hierzu wählt man eine Folge von Punkten entlang der Reaktionskoordinate s, berechnet für jeden Wert von s die Zustandssummen in den restlichen Freiheitsgraden und daraus die Geschwindigkeitskonstante $k_{TST}(T; s)$; deren Minimalwert $k_{CVT}(T)$ stellt eine verbesserte Näherung dar:

$$k_{TST}(T; s) \to \text{Min} \equiv k_{CVT}(T). \tag{7.19}$$

In dieser *kanonischen Variationstheorie* (Canonical Variational Theory, *CVT*) wird also für jede Temperatur T die optimale

Trennfläche bestimmt. Entsprechend kann man in einer mikrokanonischen Formulierung mit $k_{TST}(E, s)$ verfahren, in der die optimale Lage der Trennfläche von der Energie abhängt.

Die Geschwindigkeitskonstante der konventionellen klassischen Theorie des Übergangszustandes läßt sich formal durch einen Transmissionskoeffizienten $\varkappa^{cl}$, in dem die Abweichungen vom direkten Mechanismus enthalten sind, in Übereinstimmung mit dem exakten klassischen Wert bringen:

$$\varkappa^{cl}(T) = \int_0^\infty \mathcal{P}(E_r^{tr}) \exp(-E_r^{tr}/k_B T) \, dE_r^{tr}/k_B T \tag{7.20}$$

(es gilt stets $\varkappa^{cl} \leq 1$); hierbei ist $\mathcal{P}(E_r^{tr})$ die Wahrscheinlichkeit dafür, daß eine die kritische Fläche durchquerende Trajektorie zur Reaktion führt. Die Bestimmung von $\mathcal{P}$ erfordert im allgemeinen eine Berechnung der Dynamik, so daß die Einführung des klassischen Transmissionskoeffizienten praktisch wenig hilfreich ist.

Die in der mikrokanonischen Variationstheorie des Übergangszustandes bestimmten optimalen kritischen Flächen lassen sich dynamisch interpretieren [104]. Es zeigt sich nämlich, daß der bestmögliche Übergangszustand einer Kernkonfiguration (Punkt auf der Reaktionskoordinate) entspricht, in der eine stationäre periodische, allerdings instabile Schwingung zwischen zwei Äqui-

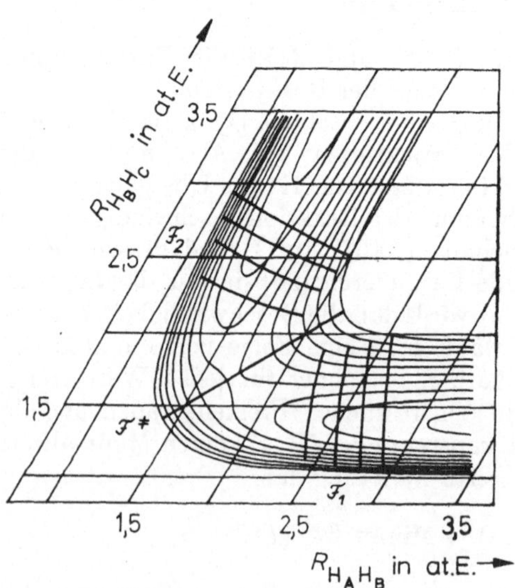

Abb. 61. PODS für das lineare H_3-System (nach [106])

potentiallinien, senkrecht zur Reaktionskoordinate, stattfinden kann. In Abb. 61 sind für das lineare H_3-System einige solcher „eingefangenen“ stationären Trajektorien eingezeichnet. Die entsprechenden kritischen Flächen, definiert durch diese periodischen Trajektorien, werden in der Literatur mit *PODS* abgekürzt (*P*eriodic-*O*rbit *D*ividing *S*urface). Berechnet man mit einer solchen kritischen Fläche in der klassischen mikrokanonischen Theorie des Übergangszustandes die Geschwindigkeitskonstante $k_{\mathrm{TST}}^{\mathrm{PODS}}(E)$, so erhält man exakte Übereinstimmung mit dem Resultat einer klassischen Trajektorienrechnung, wenn es für die betreffende Energie außer der benutzten keine weitere derartige PODS gibt. Für das lineare H_3-System beispielsweise existiert bei Energien unterhalb 0,6 eV jeweils nur eine einzige PODS, die einem symmetrischen Übergangskomplex entspricht; in diesem Energiebereich ergibt die klassische Theorie des Übergangszustandes das exakte klassische Resultat $k(E)$. Bei höheren Energien gibt es jeweils mehrere PODS; sie entsprechen asymmetrischen Übergangskomplexen.

Will man in die klassische Näherung des Übergangskomplexes Quanteneffekte einbeziehen, so kann man dies in einfacher Weise folgendermaßen erreichen: Die Potentialbarriere $\Delta U^{\neq}$ ist durch die Differenz der Nullpunktsenergien des Übergangskomplexes und der Reaktanten zu korrigieren, die klassischen Zustandssummen (kontinuierliche innere Bewegungen) sind durch die mit den Quantenzuständen berechneten Zustandssummen zu ersetzen, und im Transmissionskoeffizienten müssen Tunnelprozesse durch die Barriere berücksichtigt werden. Die allgemeine Form der Ausdrücke (7.18) und (7.20) bleibt die gleiche.

Eine mikrokanonische Variationstheorie des Übergangszustandes, in der die Bewegung entlang der Reaktionskoordinate adiabatisch von allen übrigen, quantisierten (gebundenen) Bewegungen separiert ist, wird dem statistischen Modell adiabatischer Reaktionskanäle äquivalent.

Die klassische Transmissionskorrektur läßt sich durch Übergang zu einer Variationstheorie weitgehend berücksichtigen. Für die Einbeziehung von Tunnelkorrekturen gibt es verschiedene Näherungsverfahren. Eine geeignete Kombination einer Variationstheorie mit einer sorgfältigen Behandlung der Tunnelkorrekturen [96 b] liefert nach bisherigen Erfahrungen an einfachen Modellsystemen gute Übereinstimmung mit genauen Berechnungen auf der Grundlage quantenmechanisch ermittelter Reaktionswahrscheinlichkeiten (s. Tab. 12).

Tabelle 12
Test verbesserter Varianten der Theorie des Übergangszustandes (nach [96])

a) Verhältnis approximativer zu quantenmechanisch berechneten Geschwindigkeitskonstanten für kollineare Prozesse $I + H_2 \rightarrow IH + H$

T (in K)	300	600	1500
Konventionelle TST[a]	12,1	3,7	2,1
CVT[b]	1,09	1,05	1,03
CVT[b] + Tunnelkorrektur	1,01	0,99	1,00

[a] Transition-State Theory
[b] Canonical Variational Theory

b) Verhältnis approximativer zu experimentellen Geschwindigkeitskonstanten für $H + H_2 \rightarrow H_2 + H$

T (in K)	299	449	549
Konventionelle TST[a]	0,088	0,33	0,43
CVT[b]	0,088	0,33	0,43
CVT[b] + Tunnelkorrektur	0,71	0,94	0,88

[a,b] vgl. Tab. 12a

Eine echte quantenmechanische Theorie des Übergangszustandes ist das freilich noch nicht; hierfür liegt noch keine abschließende Formulierung vor (vgl. z. B. [105, 106]).

Der Ausdruck (7.18) für die Geschwindigkeitskonstante hat die Arrhenius-Form (1.8); die klassische Theorie des Übergangszustandes interpretiert also die experimentelle Aktivierungsenergie E_{akt} vermittels der Höhe der Potentialbarriere, während der experimentelle Präexponentialfaktor A in recht komplizierter Weise mit der Struktur und den Energieverhältnissen im Übergangskomplex und in den Reaktanten zusammenhängt. Es werden somit nur Informationen über einen sehr engen Bereich der Potentialfläche (in der Nähe des Übergangskomplexes) benötigt.

Die Näherung des Übergangszustandes ist für dominant direkte Prozesse geeignet. Das extreme Gegenteil hiervon sind Prozesse, die über die Bildung eines langlebigen Übergangskomplexes verlaufen; für sie ist charakteristisch, daß Trajektorien eine kritische

Fläche im Bereich starker Wechselwirkung mehrfach durchqueren. Es läßt sich ein *einheitliches statistisches Modell* zur Behandlung direkter und komplexer Mechanismen formulieren, das mit mehreren kritischen Flächen arbeitet und sich bei direkten Prozessen auf die oben beschriebene Näherung des Übergangszustandes, bei Prozessen mit langlebigem Stoßkomplex auf die dafür entwickelten statistischen Modelle reduziert [107].

7.2.3 Modell adiabatischer Reaktionskanäle

Geht man von der Annahme aus, daß die Bewegung des Systems entlang einer geeignet definierten Reaktionskoordinate $s \equiv Q_r$ adiabatisch von allen übrigen Freiheitsgraden separiert werden kann, so ist jedem Kanal eine eindimensionale Potentialfunktion $U_\varepsilon(s)$ — ein adiabatischer Term — zugeordnet, dessen asymptotisches Limit (bei großen Abständen zwischen den Fragmenten) mit einer der Energien $E^{\text{int}'} = E_{\gamma'v'j'}$ zusammenfällt. Ein Kanal wird als offen angesehen, wenn das System bei klassischer Bewegung entlang s alle Potentialbarrieren des entsprechenden Terms $U_\varepsilon(s)$ überwinden kann (vgl. [95]). In der einfachsten Version wäre als Reaktionskoordinate der Abstand zwischen den Schwerpunkten der Fragmente zu nehmen.

Die Korrelation der Zustände eines Komplexes mit den Zuständen der Fragmente ist in Abb. 62 schematisch dargestellt für

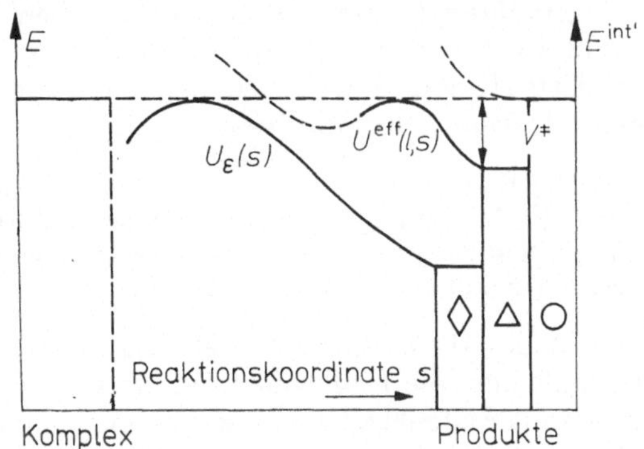

Abb. 62. Adiabatische Korrelation der Zustände von Komplex und Fragmenten für verschiedene Varianten der statistischen Theorie (s. Tab. 11).
Die durchgezogenen Linien zeigen die Grenzen zwischen offenen und geschlossenen Kanälen

den Fall, daß zwischen den Fragmenten eine langreichweitige Anziehung (z. B. eine Polarisationswechselwirkung) besteht. Wählt man als kritische Fläche $\mathcal{F}^+$ die Oberfläche einer Kugel mit einem so großen Radius, daß auf ihr die Anziehung der Fragmente vernachlässigt werden kann, so läßt sich eine einfache energetische Bedingung dafür formulieren, daß ein Zerfall des Komplexes möglich ist. Wir betrachten wieder ein dreiatomiges System ABC: Der Komplex ABC* kann zerfallen, wenn z. B. die innere Energie von AB kleiner ist als die Gesamtenergie E (vgl. Abschn. 7.1. und 2.3.). Dementsprechend sind alle Zustände mit $E_{\gamma' v' j'} \leqq E$ besetzt (*Variante 1* des statistischen Modells, vgl. Tab. 11). Wenn man die Anziehung berücksichtigt, sich jedoch auf deren sphärisch-symmetrischen Anteil beschränkt, dann ist der Zerfall des Komplexes ABC* bei gewissen relativen Drehimpulsen l nicht möglich, da Anfangs- und Endzustände durch eine Zentrifugalbarriere (s. Abschn. 5.1.1.2.) getrennt sind. In diesem Falle kann man die Anzahl der offenen Kanäle finden, indem man die kritische Fläche $\mathcal{F}^+$ als Kugel annimmt, deren Radius R^+ von l abhängt (*Variante 2* des statistischen Modells, s. Tab. 11); daher sind nicht alle Zustände mit $E_{\gamma' v' j'} \leqq E$ besetzt. Werden schließlich die Anisotropie der Wechselwirkung sowie die Änderung der Schwingungsfrequenzen des Fragmentes AB unter dem Einfluß der Wechselwirkung mit C berücksichtigt, dann erweist sich ein Teil der in den oben diskutierten Varianten offenen Kanäle als geschlossen. Streng genommen muß man für jeden Kanal eine gesonderte kritische Fläche $\mathcal{F}^+$ einführen (*Variante 3* des statistischen Modells, s. Tab. 11). Damit wird es möglich, Prozesse zu beschreiben, bei denen der aktivierte Komplex zwischen den Grenzfällen eines festen" und eines „lockeren" Komplexes liegt.

Ein fester aktivierter Komplex ist definiert als ein molekulares System, in dem alle inneren Freiheitsgrade (bei fixiertem Wert der Reaktionskoordinate) Schwingungen entsprechen — ein lockerer aktivierter Komplex ist ein System mit frei drehbaren Fragmenten [14].

Diese Variante 3 des statistischen Modells ist zwar die allgemeinste, jedoch büßt man die Einfachheit der Methode des Übergangskomplexes damit weitgehend ein — analog zur quantisierten mikrokanonischen Variationstheorie in Abschn. 7.2.2.

7.3. Energetische Verteilung der Zerfallsprodukte eines Komplexes

Anstelle des Wirkungsquerschnitts eines Prozesses wird zur Charakterisierung der Produktverteilung häufig die Verteilungsfunktion $F(\gamma vj, \gamma' v' j')$ benutzt, die mit dem Wirkungsquerschnitt $\sigma(\gamma vj \mid \gamma' v' j')$ über die Beziehung

$$F(\gamma vj, \gamma' v' j') = \sigma(\gamma vj \mid \gamma' v' j') / \sum_{v'j'} \sigma(\gamma vj \mid \gamma' v' j') \tag{7.21}$$

zusammenhängt und für jeden der beiden Kanäle in Gl. (7.3) auf 1 normiert ist.

Die Beschränkungen, welchen die zugängliche Anzahl von Produktzuständen durch die geforderte Erhaltung des Gesamtdrehimpulses unterliegt, zeigen sich am stärksten bei einem lockeren Übergangskomplex. Zugleich aber erlaubt dieser Fall eine verhältnismäßig einfache Diskussion, weil für ihn eine direkte Korrelation zwischen den Quantenzahlen des aktivierten Komplexes und denen der Endprodukte besteht. Für einen dreiatomigen Komplex ABC* sind bei gegebenen Werten von E und J auf Grund der Erhaltung des Gesamtdrehimpulses J nur Werte von l im Intervall

$$|J - j| \leqq l \leqq J + j \tag{7.22}$$

zulässig. In der Ebene der beiden Variablen j und l (s. Abb. 63) liegen diese Werte in dem rechtwinkligen Streifen 1. Andererseits müssen die erlaubten Werte von l die Bedingung erfüllen, daß die Höhe $V^{+}(= U^{\text{eff}}_{\text{max}}$ in Abschn. 5.1.1.2.) der entsprechenden Zentrifugalbarriere kleiner sei als die kinetische Energie $E^{\text{tr}} = E - E^{\text{vib}} - E^{\text{rot}}$ der Fragmente. Durch diese Bedingung wird dem Drehimpuls l eine Beschränkung der Form

$$l \leqq l^{+}(E^{\text{tr}}) \tag{7.23}$$

mit

$$l^{+}(E^{\text{tr}}) \equiv l^{+}\big(E - E^{\text{vib}} - E^{\text{rot}}(j)\big) \equiv l^{+}(j) \tag{7.23a}$$

auferlegt. Diejenigen Zustände, welche der Bedingung (7.23) genügen, liegen in einem Gebiet, das durch die Kurve 2 in Abb. 63 begrenzt wird; die Gleichung dieser Kurve ist durch $l = l^{+}(j)$ gegeben. Das Gebiet, in dem beide Bedingungen (7.22) und (7.23) erfüllt sind, bestimmt diejenigen Zustände, in die bei gegebener

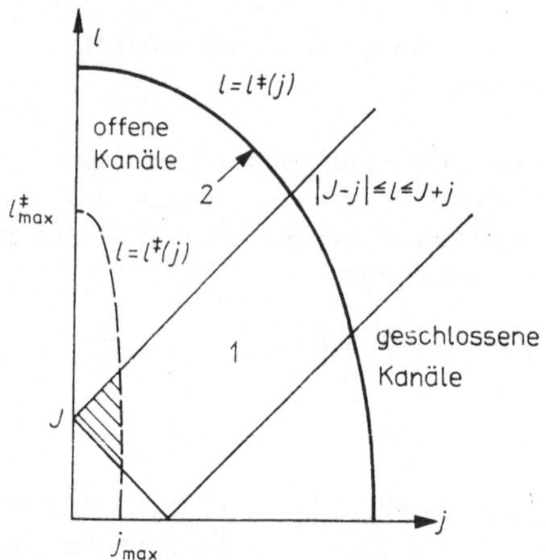

Abb. 63. Phasenebene eines dreiatomigen Systems in den Koordinaten Bahndrehimpuls l und Moleküleigendrehimpuls j

Energie E und gegebenem Gesamtdrehimpuls J Übergänge möglich sind.

Anhand der Abb. 63 kann man auf einfache Weise die Verteilung der Fragmente nach ihrer Energie erhalten [14]. Wir behandeln hier nur den einfachsten und häufig vorkommenden Fall, daß der Maximalwert $l^{\ddagger}_{\max}$ von l wesentlich größer als der Maximalwert $j_{\max}$ von j ist. Die Grenzkurve (gestrichelt in Abb. 63) hat dann die Form einer entlang der l-Achse stark gestreckten Ellipse, und in hinreichend guter Approximation kann man annehmen, daß bei gegebenem j der Drehimpuls l gleichwahrscheinlich $(2j + 1)$ mal annähernd gleiche Werte $l \approx J$ annimmt, wenn nur J kleiner als $l^{\ddagger}_{\max}$ ist. Bei $J > l^{\ddagger}_{\max}$ gibt es überhaupt keine erlaubten Werte von l und j.

Die Anzahl der erlaubten Zustände ist somit bei gegebenem Rotationsgrundzustand von AB gleich

$$W_{vj}(E, J) = \sum_l 1 = (2j + 1) \times \mathrm{h}[E - E^{\mathrm{vib}} - E^{\mathrm{rot}} - V^{\ddagger}(J)], \qquad (7.24)$$

wobei die Funktion h (sog. Heaviside-Funktion) durch

$$\mathrm{h}(x) = \begin{cases} 1 & \text{für } x > 0 \\ 0 & \text{für } x < 0 \end{cases} \qquad (7.24\,\mathrm{a})$$

definiert ist.

Wir nehmen ferner an, daß der Komplex ABC* sich bilden oder zerfallen kann über einen Kanal AB + C, wobei die relative kinetische Energie der Ausgangsfragmente E^{tr} sei. Die Verteilungsfunktion der Schwingungszustände (v') und Rotationszustände (j') der Produkte hat dann die Form

$$F(v'j'; E^{tr}, E, J) = \int\limits_0^{J_{max}(E^{tr})} \frac{2J\,dJ}{J^2_{max}(E^{tr})} \frac{h[E - E^{vib'} - E^{rot'} - V^{\ddagger}(J)]\,(2j' + 1)}{\sum\limits_{v'j'} h[E - E^{vib'} - E^{rot'} - V^{\ddagger}(J)]\,(2j' + 1)}; \tag{7.25}$$

hier ist J_{max} der Maximalwert der Gesamtdrehimpulsquantenzahl, bei dem sich ein Komplex bildet. Formuliert man die Bedingung der Komplexbildung als Forderung, daß sich AB und C bis auf einen kritischen Abstand R_c einander nähern, dann ist

$$J_{max}(E^{tr}) = (2\mu E^{tr})^{1/2} R_c; \tag{7.26}$$

μ bezeichnet die reduzierte Masse des Paares AB—C.

Geht man von v', j' zur (kontinuierlichen) Verteilung der Schwingungs- und Rotationsenergie $E^{vib'}$ bzw. $E^{rot'}$ über und führt anstelle von $E^{vib'}$, $E^{rot'}$ die (fraktionellen) Größen

$$f'_{vib} \equiv E^{vib'}/E, \qquad f'_{rot} \equiv E^{rot'}/E \tag{7.27a}$$

sowie für $V^{\ddagger}$ die Größe

$$f_R \equiv V^{\ddagger}(J)/E \tag{7.27b}$$

ein, so nimmt der Ausdruck (7.25) die Gestalt

$$F(f'_{vib}, f'_{rot}; f_{tr}) = \int\limits_0^{J_{max}} \frac{2J\,dJ}{J^2_{max}} \frac{h[1 - f'_{vib} - f'_{rot} - f_R]}{\iint h[1 - f'_{vib} - f'_{rot} - f_R]\,df'_{vib}\,df'_{rot}} \tag{7.28}$$

an ($f_{tr} \equiv E^{tr}/E$); man sieht leicht, daß F normiert ist:

$$\int F(f'_{vib}, f'_{rot}; f_{tr})\,df'_{vib}\,df'_{rot} = 1\,. \tag{7.29}$$

Mit Gl. (7.26) läßt sich die Formel (7.28) zu

$$F(f'_{\text{vib}}, f'_{\text{rot}}; f_{\text{tr}}) = \frac{2}{f_{\text{tr}}} \int\limits_0^{f_{\text{tr}}} df_{\text{R}} \frac{\text{h}[1 - f'_{\text{vib}} - f'_{\text{rot}} - f_{\text{R}}]}{(1 - f_{\text{R}})^2} \tag{7.30}$$

vereinfachen und explizite berechnen:

$$F(f'_{\text{vib}}, f'_{\text{rot}}; f_{\text{tr}}) = \begin{cases} \dfrac{2}{1 - f_{\text{tr}}} & \text{bei } f'_{\text{vib}} + f'_{\text{rot}} \leqq 1 - f_{\text{tr}} \\ \dfrac{2}{f_{\text{tr}}} \dfrac{1 - f'_{\text{vib}} - f'_{\text{rot}}}{f'_{\text{vib}} + f'_{\text{rot}}} & \text{bei } 1 - f_{\text{tr}} \leqq f'_{\text{vib}} + f'_{\text{rot}} \leqq 1\,. \end{cases} \tag{7.31}$$

Die Verteilungsfunktion der Produkte bezüglich Rotations- und Schwingungszuständen stellt man gewöhnlich in Form einer Fläche oder eines Höhenlinienbildes in einem sogenannten Dreiecksdiagramm (s. Abb. 64) dar. Die Abstände eines Punktes im Grunddreieck von jeder der drei Seiten geben die fraktionelle Schwingungsenergie f'_{vib}, die fraktionelle Rotationsenergie f'_{rot} und die fraktionelle Translationsenergie f'_{tr} an, wobei offensichtlich gilt: $f'_{\text{vib}} + f'_{\text{rot}} + f'_{\text{tr}} = 1$. Für das oben behandelte Modell hat die der Verteilung entsprechende Fläche die Gestalt eines dreieckigen Plateaus, das von der Spitze $f'_{\text{tr}} = 1$ ausgeht und sich allmählich absenkt in Richtung auf die Seite, wo die fraktionelle Größe f'_{tr} den Wert Null annimmt. Außerhalb des äußeren

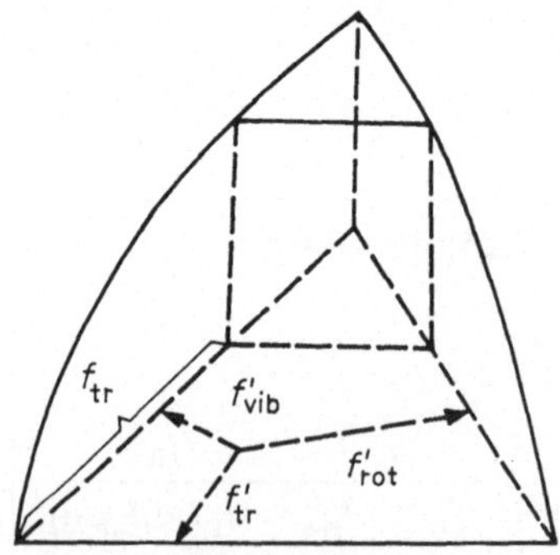

Abb. 64. Verteilungsfunktionen bezüglich der Translationszustände (f'_{tr}), der Rotationszustände (f'_{rot}) und der Schwingungszustände (f'_{vib}) für einen Modellkomplex, der mit der Relativenergie $E^{\text{tr}} = f_{\text{tr}} E$ gebildet worden ist

Dreiecksbereiches ist die Verteilungsfunktion gleich Null auf Grund der Erhaltung der Gesamtenergie; das Absinken außerhalb des dreieckigen Plateaus jedoch rührt von den Einschränkungen her, die mit der Erhaltung des Gesamtdrehimpulses zusammenhängen. Diese Einschränkungen äußern sich auch in der Abhängigkeit der mittleren fraktionellen Energieanteile der Fragmente vom Anfangswert der fraktionellen Translationsenergie; so erhält man leicht aus der Beziehung (7.31):

$$\begin{aligned} \overline{f'_{\text{tr}}} &= (1 + f_{\text{tr}})/3, \\ \overline{f'_{\text{rot}}} &= (2 - f_{\text{tr}})/6, \\ \overline{f'_{\text{vib}}} &= (2 - f_{\text{tr}})/6. \end{aligned} \tag{7.32}$$

Aus Gl. (7.31) ergeben sich auch auf einfache Weise die Verteilungsfunktionen für die Schwingungsenergie oder die Translationsenergie allein. Beispielsweise resultiert bei Integration über f'_{rot}:

$$F(f'_{\text{vib}}, f_{\text{tr}}) = \begin{cases} -(2/f_{\text{tr}}) \ln(1 - f_{\text{tr}}) - f'_{\text{vib}}/(1 - f_{\text{tr}}) \\ \qquad 0 \leqq f'_{\text{vib}} \leqq 1 - f_{\text{tr}} \\ (2/f_{\text{tr}}) \ln f'_{\text{vib}} - (1 - f'_{\text{vib}})/f_{\text{tr}} \\ \qquad 1 - f_{\text{tr}} \leqq f'_{\text{vib}} \leqq 1. \end{cases} \tag{7.33}$$

Man sieht (vgl. Abb. 64), daß die Besetzung der Schwingungszustände monoton abnimmt, wenn die Schwingungsenergie wächst; bei statistischer Verteilung der Energie tritt also keine Besetzungsinversion auf. Diese Schlußfolgerung erweist sich auch im allgemeinen Falle (ohne die oben genannten Einschränkungen bezüglich der Bedingungen für die Bildung und den Zerfall des Komplexes als richtig.

Die Verteilung der Translationsenergie, $F(f'_{\text{tr}}, f_{\text{tr}})$, ergibt sich durch Integration der Gl. (7.31) über f'_{vib} und f'_{rot} bei festem f_{tr}:

$$\begin{aligned} F(f'_{\text{tr}}, f_{\text{tr}}) &= \int F(f'_{\text{vib}}, f'_{\text{rot}}, f_{\text{tr}})\, \delta(1 - f'_{\text{vib}} - f'_{\text{rot}} - f'_{\text{tr}})\, \mathrm{d}f'_{\text{vib}}\, \mathrm{d}f'_{\text{rot}} \\ &= \begin{cases} 2f'_{\text{tr}}/f_{\text{tr}} & 0 \leqq f'_{\text{tr}} \leqq f_{\text{tr}} \\ 2(1 - f'_{\text{tr}})/(1 - f_{\text{tr}}) & f_{\text{tr}} \leqq f'_{\text{tr}} \leqq 1. \end{cases} \end{aligned} \tag{7.34}$$

Dieser Ausdruck besitzt als Funktion von f'_{tr} ein Maximum — eine Folge der Erhaltung des Drehimpulses. Eine Verallgemeinerung der Verteilung (7.34) auf den Zerfall eines vielatomigen Komplexes $\mathcal{K}^*$ in ein Atom und ein vielatomiges Fragment ist durch die Formel

$$F(E^{tr'}) = \int_0^{J_{max}} \frac{2J\,dJ}{J_{max}^2} \times \frac{\varrho_{vibrot}^{\neq}(E - V^{\neq} - E^{tr'})\,h[E^{tr'} - V^{\neq}(J)]}{\int \varrho_{vibrot}^{\neq}(E - V^{\neq} - E^{tr''})\,h[E^{tr''} - V^{\neq}(J)]\,dE^{tr''}} \tag{7.35}$$

gegeben; hier bedeutet $\varrho_{vibrot}^{\neq}$ die Dichte der Energieniveaus des aktivierten Komplexes $\mathcal{K}^{\neq}$ (auf der kritischen Fläche). Diese Zustandsdichte des aktivierten Komplexes wird bestimmt durch die Aufteilung seiner Freiheitsgrade (Anzahl $g^{\neq}$) in Schwingungsfreiheitsgrade (Anzahl $\nu^{\neq}$) und Freiheitsgrade der inneren Drehung (Anzahl $\eta^{\neq}$):

$$g^{\neq} = \nu^{\neq} + \eta^{\neq}. \tag{7.36}$$

Die Gesamtzahl $g^{\neq}$ der Freiheitsgrade des aktivierten Komplexes ist im betrachteten Fall gleich der Gesamtzahl der Freiheitsgrade der Fragmente minus drei Freiheitsgrade der Bewegung des Massenmittelpunktes minus zwei Freiheitsgrade der relativen Drehung der Fragmente minus ein Freiheitsgrad der Bewegung entlang der Reaktionskoordinate. Für ein System $ABC^{\neq}$ ergibt sich auf diese Weise $g^{\neq} = 3 \times 3 - 3 - 2 - 1 = 3$. Formel (7.34) erhält man bei Annahme eines lockeren Komplexes, für den $\nu^{\neq} = 1$ (Schwingung von AB) und $\eta^{\neq} = 2$ (Drehung von AB) zu setzen sind. Für einen festen Komplex wäre $\nu^{\neq} = 2$ (zwei Schwingungen des nichtlinearen Komplexes $ABC^{\neq}$) und $\eta^{\neq} = 1$ (eine „innere" Drehung von $ABC^{\neq}$, z. B. die Drehung von AB relativ zum Vektor R_{AB-C}). Für einen festen linearen Komplex ist $\nu^{\neq} = 3$ (drei Schwingungen von $ABC^{\neq}$, davon eine Valenzschwingung und zwei Deformationsschwingungen) und $\eta^{\neq} = 0$. Einen einfachen Ausdruck für $F(E^{tr'})$ kann man erhalten, wenn man im Nenner die J-Abhängigkeit des Normierungsterms vernachlässigt. Insbesondere gilt, falls das Wechselwirkungspotential zwischen AB und C die Form $U = -a/R^n$ hat:

$$F(E^{tr'}) = \varrho^{\neq}(E - V^{\neq} - E^{tr'}) \begin{cases} (E^{tr'}/E^{tr})^{\frac{n-2}{n}} & E^{tr'}/E^{tr} \leqq 1 \\ 1 & E^{tr'}/E^{tr} \geqq 1. \end{cases} \tag{7.37}$$

Dieser Ausdruck führt bei $n \gg 1$, $\nu^{+} = 1$ und $\eta^{+} = 2$ zu Gl. (7.34) für $E^{\mathrm{tr}\prime} > E^{\mathrm{tr}}$. Für den anderen Fall, $E^{\mathrm{tr}\prime} < E^{\mathrm{tr}}$, erhält man allerdings das Resultat (7.34) auf diese Weise nicht.

7.4. *Winkelverteilung der Zerfallsprodukte eines Komplexes*

Zur Vereinfachung der Bezeichnungsweise beziehen wir jetzt die Quantenzahlen vj und $v'j'$ in die Kanalindizes γ bzw. γ' ein und stellen den differentiellen Wirkungsquerschnitt $q_{\gamma\gamma'}(\vartheta)$ durch eine Entwicklung nach einem vollständigen Satz von Funktionen des Streuwinkels $\vartheta \equiv \arccos(\hat{\boldsymbol{k}} \cdot \hat{\boldsymbol{k}}')$ dar[1]). Hierfür verwendet man zweckmäßig Legendre-Polynome, weil das für sie gültige Additionstheorem in kompakter Weise die Ausführung von Mittelungen über die Winkelvariablen ermöglicht. Bei Einführung eines dimensionslosen differentiellen Wirkungsquerschnitts $I(\vartheta)$ erhalten wir [108]:

$$q_{\gamma\gamma'}(\vartheta)/\sigma_{\gamma\gamma'} \equiv I_{\gamma\gamma'}(\vartheta) = \sum_{n=0} a^n_{\gamma\gamma'} P_n(\cos\vartheta) \tag{7.38}$$

mit

$$\begin{aligned} a^n_{\gamma\gamma'} &= (1/2)(2n+1) \int_0^{\pi} I_{\gamma\gamma'}(\vartheta)\, P_n(\cos\vartheta) \sin\vartheta \, d\vartheta \\ &= (2n+1) \langle P_n(\hat{\boldsymbol{k}} \cdot \hat{\boldsymbol{k}}') \rangle_{\gamma\gamma'} . \end{aligned} \tag{7.38a}$$

Die letzte Gleichung bedeutet, daß $a^n_{\gamma\gamma'}$ als Mittelwert des entsprechenden Legendre-Polynoms über alle Wege für die Bildung und den Zerfall der Komplexe ausgedrückt werden kann. Diese Wege unterscheiden sich durch die Größen l und l', durch die Diederwinkel $\varphi_{\boldsymbol{Jlk}}$ und $\varphi_{\boldsymbol{Jl'k'}}$[2]), durch den Gesamtdrehimpuls J und den Diederwinkel $\varphi_{\boldsymbol{kJk'}}$. Auf Grund der Unabhängigkeit des Zerfalls des Komplexes vom Weg seiner Bildung sind alle Winkel

---

[1]) Hier und im folgenden ist der Streuwinkel auf das mit dem Massenmittelpunkt verbundene Koordinatensystem bezogen. Der Übergang vom Laborsystem zum Massenmittelpunktsystem erfolgt mit Hilfe bekannter Transformationsformeln (vgl. z. B. [7]).

Es ist zu beachten, daß $\hat{\boldsymbol{k}}$ einen Einheitsvektor in $\boldsymbol{k}$-Richtung bezeichnet (nicht zu verwechseln mit der Kennzeichnung für einen Vektoroperator).

[2]) $\varphi_{\boldsymbol{Jlk}}$ ist der Winkel zwischen den beiden Ebenen, die durch die Vektoren $\boldsymbol{J}$ und $\boldsymbol{l}$ bzw. durch die Vektoren $\boldsymbol{l}$ und $\boldsymbol{k}$ aufgespannt werden; $\varphi_{\boldsymbol{Jl'k'}}$ analog.

$\varphi_{kJk'}$ gleichwahrscheinlich. Hieraus ergibt sich mittels des Additionstheorems

$$\begin{aligned}\langle P_n(\hat{\boldsymbol{k}} \cdot \hat{\boldsymbol{k}}')\rangle_{\gamma\gamma'} &\equiv \langle P_n(\hat{\boldsymbol{k}} \cdot \hat{\boldsymbol{k}}')\rangle_{\varphi_{kJk'}, J; \varphi_{Jlk}, l; \varphi_{Jl'k'}, l'} \\ &= \langle [\langle P_n(\hat{\boldsymbol{k}}' \cdot \hat{\boldsymbol{J}})\rangle_{\varphi_{Jl'k'}, l'} \langle P_n(\hat{\boldsymbol{k}} \cdot \hat{\boldsymbol{J}})\rangle_{\varphi_{Jlk}, l}]\rangle_J. \end{aligned} \tag{7.39}$$

Für jeden der Faktoren auf der rechten Seite wird die Mittelung über den Diederwinkel ebenfalls mit Hilfe des Additionstheorems ausgeführt:

$$\begin{aligned}\langle P_n(\hat{\boldsymbol{k}} \cdot \hat{\boldsymbol{J}})\rangle_{\varphi_{Jlk}, l} &= \langle P_n(\hat{\boldsymbol{k}} \cdot \hat{\boldsymbol{l}})\, P_n(\hat{\boldsymbol{l}} \cdot \hat{\boldsymbol{J}})\rangle_l \\ &= P_n(0)\, \langle P_n(\hat{\boldsymbol{l}} \cdot \hat{\boldsymbol{J}})\rangle_l ;\end{aligned} \tag{7.40}$$

hier erscheint $P_n(0)$ infolge der Orthogonalität der Vektoren $\boldsymbol{k}$ und $\boldsymbol{l}$. Aus Gl. (7.39) ist ersichtlich, daß eine Korrelation von Eingangs- und Ausgangskanälen nur über den Gesamtdrehimpuls zustandekommt. Anhand von „Computer-Experimenten" für eine Reihe von Systemen hat man gefunden, daß die Mittelung über J in Formel (7.39) mit ausreichender Genauigkeit unabhängig für die Variablen des Eingangs- und des Ausgangskanals vorgenommen werden kann [108]. Dann hat $a^n_{\gamma\gamma'}$ eine verhältnismäßig einfache Form:

$$a^n_{\gamma\gamma'} = (2n + 1)\, P_n^2(0)\, \langle P_n(\hat{\boldsymbol{l}}' \cdot \hat{\boldsymbol{J}})\rangle_{l'J}\, \langle P_n(\hat{\boldsymbol{l}} \cdot \hat{\boldsymbol{J}})\rangle_{lJ}. \tag{7.41}$$

Hieraus ergibt sich für den Mittelwert des Kosinusquadrates des Streuwinkels der Ausdruck:

$$\begin{aligned}\langle \cos^2 \vartheta \rangle &= \frac{1}{2} \int_0^\pi I(\vartheta) \cos^2 \vartheta \sin \vartheta \, d\vartheta \\ &= \frac{1}{3} \left[1 + \frac{1}{2} \langle P_2(\hat{\boldsymbol{l}}' \cdot \hat{\boldsymbol{J}})\rangle_{l'J}\, \langle P_2(\hat{\boldsymbol{l}} \cdot \hat{\boldsymbol{J}})\rangle_{lJ} \right]. \end{aligned} \tag{7.42}$$

Auf analoge Weise erhält man für den Mittelwert des Kosinusquadrates des Winkels χ, den der Vektor $\boldsymbol{j}'$ mit dem Vektor $\boldsymbol{k}$ der Relativgeschwindigkeit vor dem Stoß bildet:

$$\langle \cos^2 \chi \rangle = \frac{1}{3} \left[1 - \langle P_2(\hat{\boldsymbol{j}} \cdot \hat{\boldsymbol{J}})\rangle_{l'J}\, \langle P_2(\hat{\boldsymbol{l}} \cdot \hat{\boldsymbol{J}})\rangle_{lJ} \right]. \tag{7.43}$$

Aus Gl. (7.41) folgen zwei Grenzfälle, die auch ohne die Näherung der unabhängigen Mittelung über J im Eingangs- und Ausgangskanal gültig sind. Wenn j' und j im Vergleich zu l' und l (und folglich auch im Vergleich zu J) klein sind, dann gilt $\langle P_n(\hat{\boldsymbol{l}} \cdot \hat{\boldsymbol{J}}) \rangle_{lJ} \approx 1$. Die Summierung der Reihe ergibt [108]:

$$I(\vartheta) = \sum_n (2n + 1)\, P_n^2(0)\, P_n(\cos\vartheta) = 1/\sin\vartheta\,. \qquad (7.44)$$

Sind die Verhältnisse zwischen j', j und l', l umgekehrt, d. h. bei $l', l \ll j', j$, so haben wir $\langle P_n(\hat{\boldsymbol{l}} \cdot \hat{\boldsymbol{J}}) \rangle_{lJ} \approx 0$ und

$$I(\vartheta) = 1\,. \qquad (7.45)$$

Wachsen also die Parameter $\Lambda = \langle l/(l + j) \rangle$ und $\Lambda' = \langle l'/(l' + j') \rangle$ von sehr kleinen Werten bis zum Wert 1 an, so ändert sich die Streuung von isotropem zu stark anisotropem Verhalten mit einem starken Anwachsen der Intensität von Vorwärts- und Rückwärtsstreuung. Letzteres ist charakteristisch für Komplexe, die exakt in der Äquatorialebene bezüglich des Vektors $\boldsymbol{J}$ zerfallen, der seinerseits gleichwahrscheinlich in der Ebene senkrecht zu $\boldsymbol{k}$ verteilt ist (sog. Gartensprenger-Modell). Dabei ist natürlich der differentielle Wirkungsquerschnitt symmetrisch bezüglich des Streuwinkels $\pi/2$ — eine Grundeigenschaft des Zerfalls eines langlebigen Komplexes.

Im Falle $\Lambda, \Lambda' \approx 1$ ist der Streuquerschnitt gewöhnlich charakterisiert durch zwei Maxima, eines in der vorderen und eines in der hinteren Halbkugel um das Streuzentrum (Modell des Pendel-Gartensprengers). Ein einfaches Beispiel hierfür bildet die Produktverteilung des Zerfalls von Komplexen in einem stark exoergischen Kanal; in diesem Fall kann man die Verteilung von J als gleichwahrscheinlich in einer Ebene senkrecht zu $\boldsymbol{k}$ annehmen, aber der Zerfall der Komplexe erfolgt nicht exakt in der Äquatorialebene. Der partielle differentielle Wirkungsquerschnitt $I_j^J(\vartheta)$ ist gleich

$$I_j^J(\vartheta) = \begin{cases} J/j & \text{bei } \sin\vartheta < j/J \\ (J/j) \cdot \arcsin\,(j/J\,\sin\vartheta) & \text{bei } \sin\vartheta > j/J\,. \end{cases} \qquad (7.46)$$

In den Grenzfällen $j \ll J$ und $j \approx J$ erhält man hieraus die Resultate (7.44) und (7.45). In Tab. 13 sind Mittelwerte der Kosinusquadrate des Streuwinkels und der Orientierung für verschiedene Grenzfälle der Parameter Λ und Λ' zusammengestellt;

Tabelle 13
Grenzwerte für die gemittelten Kosinusquadrate des Streuwinkels, $\langle\cos^2\vartheta\rangle$, und der Polarisierung, $\langle\cos^2\chi\rangle$, bei verschiedenen Größenverhältnissen der Drehimpulse im Eingangs- und Ausgangskanal sowie bei verschiedenen Massenverhältnissen der drei Atome

Reaktion	A + bC → Ab + C	A + Bc → AB + c	a + BC → aB + C	a + Bc → aB + c
Beziehung zwischen den Drehimpulsen	$l \gg j, l' \gg j'$ $J \approx l \approx l'$	$l \gg j, l' \ll j'$ $J \approx l \approx j'$	$l \ll j, l' \gg j'$ $J \approx j \approx l'$	$l \ll j, l' \ll j'$ $J \approx j \approx j'$
$\Lambda = \langle l/(l+j)\rangle$	1	1	0	0
$\Lambda' = \langle l'/(l'+j')\rangle$	1	0	1	0
$\langle\cos^2\vartheta\rangle$	1/2	1/3	1/3	1/3
$\langle\cos^2\chi\rangle$	1/3	0	1/3	1/3

ferner sind Massenverhältnisse der Atome angegeben (ein großer Buchstabe bezeichnet ein Atom großer Masse, ein kleiner Buchstabe ein Atom kleiner Masse), die zu den genannten Werten der Parameter Λ und Λ' führen.

7.5. *Informationstheoretische Analyse mikroskopischer kinetischer Parameter von Elementarprozessen*

In letzter Zeit ist die statistische Theorie chemischer Reaktionen zunehmend zur Analyse nichtstatistischer Verteilungen im Rahmen eines informationstheoretischen Konzepts verwendet worden. Diesem Konzept liegt die in Arbeiten von Bernstein, Levine u. a. [99, 109, 110] festgestellte Tatsache zugrunde, daß eine breite Vielfalt experimenteller Daten für verschiedene kinetische Kenngrößen elementarer Prozesse ziemlich einfach durch statistisch ermittelte Größen sowie einen oder wenige zusätzliche Parameter, welche die Bedeutung gewisser, dem betreffenden Prozeß auferlegter dynamischer Einschränkungen haben, dargestellt werden kann. Im folgenden bezeichnen wir mit $\mathcal{P}_{n'}$ die

Verteilung (d. h. die Wahrscheinlichkeiten) der Fragmentzustände n eines zerfallenden Komplexes und mit $\mathcal{P}_{n'}^0$ die sogenannte A-priori-Verteilung, die man in einer geeigneten statistischen Näherung erhält. Für eine Reihe von Prozessen läßt sich beispielsweise die Verteilung bezüglich der Schwingungsniveaus v eines beim Zerfall des Komplexes sich bildenden Moleküls durch die Beziehung

$$\mathcal{P}_{v'} = C\mathcal{P}_{v'}^0 \exp(-\lambda f_{v'}) \tag{7.47}$$

darstellen, wobei $f_{v'}$ den Anteil der auf die Schwingungsfreiheitsgrade entfallenden Energie, C eine Normierungskonstante und λ einen Zahlenparameter bezeichnet.

Die Frage nach den Ursachen des Bestehens einer solch einfachen Relation zwischen $\mathcal{P}_{v'}$ und $\mathcal{P}_{v'}^0$ wird durch eine informationstheoretische Analyse der Verteilung beantwortet. Wir definieren zunächst einige Begriffe, mit denen eine solche Analyse operiert.

Entropie S einer Verteilung: Jeder Verteilung $\mathcal{P}_n$ wird eine Entropie S zugeordnet, die sich nach der Formel

$$S = -\sum_n \mathcal{P}_n \ln \mathcal{P}_n \tag{7.48}$$

berechnet. Diese Definition entspricht (bis auf einen Proportionalitätsfaktor) der Entropiedefinition der statistischen Physik. Der Maximalwert von S wird bei gleichwahrscheinlicher Verteilung $\mathcal{P}_n = 1/\mathcal{N}$ erreicht, wobei $\mathcal{N}$ die Anzahl erlaubter Zustände bedeutet: $S_{\max} = \ln \mathcal{N}$.

A-priori-Information $\mathcal{J}_a$: Entsprechend der in der Informationstheorie üblichen Definition wird die A-priori-Information über das Resultat eines Prozesses, das durch eine gewisse Verteilung über $\mathcal{N}$ Zustände charakterisiert ist, als proportional zu $\ln \mathcal{N}$ angenommen. Setzt man den Proportionalitätsfaktor gleich 1, dann ist

$$\mathcal{J}_a = \ln \mathcal{N} \tag{7.49}$$

und man kann $\mathcal{J}_a$ mit $S_{\max}$ identifizieren.

Restinformation $\mathcal{J}_s$: Diese Größe ist über die A-priori-Information und die Entropie der Verteilung gemäß

$$\mathcal{J}_s = \mathcal{J}_a - S \tag{7.50}$$

definiert. Je mehr sich die Verteilung $\mathcal{P}_n$ der A-priori-Verteilung P_n^0 annähert, desto kleiner wird die Restinformation.

Das *Entropiedefizit* ΔS ist definiert über die Restinformation:

$$\Delta S \equiv \mathcal{J}_s = \sum_n \mathcal{P}_n \ln (\mathcal{P}_n/\mathcal{P}_n^0). \tag{7.51}$$

Als *Überraschung* (*Surprisal*) $\mathcal{I}_n$ der Verteilung $\mathcal{P}_n$ wird der Ausdruck

$$\mathcal{I}_n = -\ln (\mathcal{P}_n/\mathcal{P}_n^0) \tag{7.52}$$

bezeichnet, so daß das Entropiedefizit als Mittelwert von $\mathcal{I}_n$ aufgefaßt werden kann:

$$\Delta S = -\sum_n \mathcal{P}_n \mathcal{I}_n. \tag{7.53}$$

Die Überraschung einer Verteilung ist ein Maß für die Abweichung der tatsächlichen Verteilung $\mathcal{P}_n$ von derjenigen Verteilung $\mathcal{P}_n^0$, die man bei vollständigem Fehlen von Information über die dynamischen Besonderheiten des Prozesses erwarten würde — damit wird die Bezeichnung verständlich. Anhand von Gl. (7.51) überzeugt man sich, daß das Entropiedefizit minimal (und zwar gleich Null) wird, wenn die Verteilung mit der A-priori-Verteilung übereinstimmt.

Es läßt sich nun leicht zeigen, daß man eine Verteilung des Typs (7.47) erhält, wenn man fordert, daß das Entropiedefizit minimal wird unter Einhaltung einer zusätzlichen Einschränkung für das erste Moment der Verteilungsfunktion:

$$\sum_v E_v \mathcal{P}_v = \bar{E}_v. \tag{7.54}$$

Mit anderen Worten heißt dies, daß die Verteilung (7.47) die wahrscheinlichste ist unter der Bedingung der Einhaltung der Normierung ($\sum_v \mathcal{P}_v = 1$) und der Vorgabe eines festen Mittelwertes $\bar{E}_v$ der Schwingungsenergie der Produkte. Die letztgenannte Form von Beschränkungen für die möglichen Verteilungen trägt dynamischen Charakter, d. h. sie resultiert aus gewissen zusätzlichen Überlegungen, auf Grund derer man schließen kann, daß die mittlere Schwingungsenergie einen gegebenen Wert $\bar{E}_v$ haben muß. Die Ursachen für Beschränkungen dieser Art sind vielfältig und werden hier nicht ausführlich diskutiert. Wichtig ist lediglich, daß das geschilderte Konzept es erlaubt, ausgehend von einer A-priori-Verteilung auf der Grundlage des Prinzips eines minimalen Entropiedefizits und sukzessiver Einführung dynamischer Eigenschaften folgerichtig andere Verteilungen zu konstruieren. Anders ausgedrückt: das informationstheoretische Konzept ermöglicht es unter Ausnutzung vorliegender begrenzter Information über gewisse Eigenschaften der gesuchten Verteilung die wahrscheinlichsten Verteilungen zu finden.

Anstelle einer einzigen Einschränkung der Form (7.54) kann man natürlich auch mehrere Einschränkungen einführen. Für jede neue Einschränkung erscheint in der gefundenen Verteilung ein neuer Parameter; die Werte aller dieser Parameter müssen aus Beziehungen gewonnen werden, welche sich ergeben, wenn man die mit den erhaltenen Verteilungsfunktionen berechneten Mittelwerte der betreffenden dynamischen Größen ihren vorgeschriebenen Werten gleichsetzt.

Es ist klar, daß die geschilderte Art der Analyse von Verteilungen von der Wahl der A-priori-Verteilung $\mathcal{P}_n^0$ abhängt. Den Begriff der Gleichwahrscheinlichkeit aller Zustände kann man unterschiedlich verstehen in Abhängigkeit von der Definition des „Systemzustandes“ und von den zusätzlichen allgemeinen Einschränkungen, denen diese Zustände unterliegen müssen. In der dargelegten Variante der statistischen Theorie sind „Systemzustände“ als Zustände des aktivierten Komplexes zu verstehen; das Phasenvolumen, das der Bewegung entlang der Reaktionskoordinate entspricht, geht daher nicht in das Phasenvolumen ein, das die Anzahl der Zustände bestimmt. Als allgemeine Einschränkungen werden gewöhnlich die Erhaltung der Gesamtenergie E und des Gesamtdrehimpulses J genommen. Die von den Begründern des informationstheoretischen Konzeptes [99, 109, 110] benutzte A-priori-Verteilung $\mathcal{P}_n^0$ unterscheidet sich wesentlich von einer statistischen Verteilung: in die Anzahl der Zustände sind auch die Zustände der Relativbewegung der Fragmente eingeschlossen, und als allgemeine Einschränkung wird nur die Erhaltung der Gesamtenergie E berücksichtigt. Dies bedeutet, daß die angenommene A-priori-Verteilung nicht diejenigen Einschränkungen einbezieht, die mit den Zerfallsbedingungen des Komplexes und mit dem verkleinerten zugänglichen Phasenraumgebiet infolge der J-Erhaltung zusammenhängen. Man kann daher die Abweichungen der wirklichen Verteilungen $\mathcal{P}_n$ von $\mathcal{P}_n^0$ nicht als Äußerung spezifischer dynamischer Einschränkungen ansehen; auf Grund dieser Überlegungen wurde das informationstheoretische Konzept kritisiert [111].

Mögliche Unterschiede in der Definition von $\mathcal{P}_n^0$ spielen allerdings keine Rolle bei der praktischen Verwendung der Größe $\mathcal{I}_n$, solange die Theorie nicht eine Erklärung der empirisch festgestellten Abhängigkeit der Überraschung $\mathcal{I}_n$ von den Quantenzahlen n durch dynamische Besonderheiten der Reaktionen angestrebt. Verschiedene Definitionen von $\mathcal{P}_n^0$ erweisen sich außerdem als unwesentlich bei starkem Unterschied der wahren Verteilung $\mathcal{P}_n$ von $\mathcal{P}_n^0$.

Als Illustration betrachten wir die Reaktion Cl + HI($v = 0$) $\rightarrow$ HCl(v') + I, für welche die Abhängigkeit der Überraschung der Verteilung von der fraktionellen Schwingungsenergie des Produktes in Abb. 65 bei verschiedener Wahl der A-priori-Verteilung dargestellt ist [97] (die Zeichen für die verschiedenen Varianten sind in Tab. 11 erklärt). Man sieht, daß bei beliebiger Wahl von $\mathcal{P}_{v'}^0$, die Abhängigkeit der Größe $\mathcal{I}_{v'}$ von $f_{v'}$ annähernd linear ist:

$$\mathcal{I}_{v'} = \text{const} + \lambda f_{v'}, \tag{7.55}$$

d. h., für die Verteilung $\mathcal{P}_{v'}$ erhält man tatsächlich eine Abhängigkeit des Typs (7.47). Dabei ändert sich der Parameter λ in Ab-

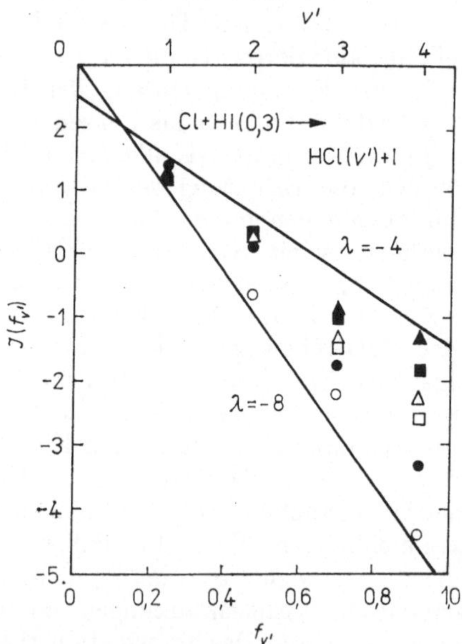

Abb. 65. Surprisal-Darstellung der experimentell erhaltenen Verteilung der fraktionellen Produktschwingungsenergie des Prozesses Cl + HI ($v = 0$, $j = 3$) $\rightarrow$ HCl(v') + I für verschiedene Varianten der statistischen Theorie (Symbole s. Tab. 11)

hängigkeit von der Wahl von $\mathcal{P}^0_{v'}$ im Intervall -4 bis -8. Es gibt also für die genannte Reaktion offenbar eine einzige wesentliche dynamische Einschränkung, deren Natur durch eine Untersuchung der Dynamik aufgeklärt werden muß.

Im Gegensatz hierzu hat für die Reaktion $H + Cl_2(v = 0) \to HCl(v') + Cl$ die Abhängigkeit der Überraschung von v' eine ziemlich komplizierte Form (s. Abb. 66). Man kann daher kaum hoffen, die wirkliche Verteilung vermittels einer Minimierung von ΔS mit Berücksichtigung einer kleinen Anzahl dynamischer Einschränkungen durch die A-priori-Verteilung auszudrücken [97].

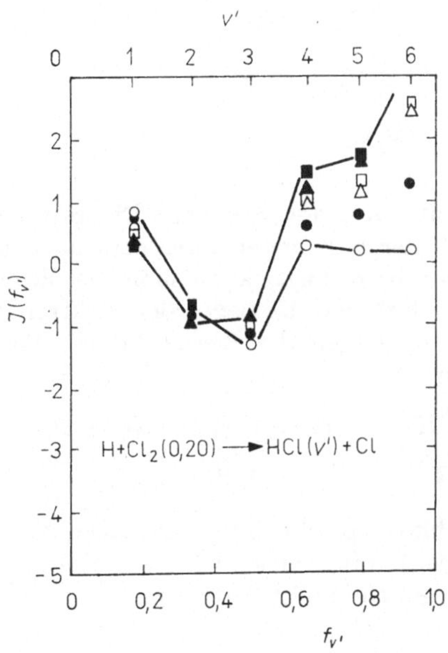

Abb. 66. Surprisal-Darstellung der experimentell erhaltenen Verteilung der fraktionellen Produktschwingungsenergie des Prozesses $H + Cl_2(v = 0, j = 20) \to HCl(v') + Cl$ für verschiedene Varianten der statistischen Theorie (Symbole s. Tab. 11)

8. Anhang

8.1. *Transformation von* HAMILTON-*Funktion und* HAMILTON-*Operator auf Massenmittelpunkts- und Relativkoordinaten*

Zur Separation der Massenmittelpunktsbewegung eines aus Atomkernen und Elektronen bestehenden Systems geht man von den Ortsvektoren $\boldsymbol{R}_a$ (für die Kerne) und $\boldsymbol{r}_\varkappa$ (für die Elektronen) zu einem neuen Satz von Ortsvektoren über, von denen einer,

$$\boldsymbol{S} = \left(\sum_{a=1}^{N_\mathrm{k}} m_a \boldsymbol{R}_a + \sum_{\varkappa=1}^{N_\mathrm{e}} m_\mathrm{e} \boldsymbol{r}_\varkappa\right) \Big/ M, \tag{8.1}$$

die Lage des *Massenmittelpunktes* angibt;

$$M \equiv \sum_{a=1}^{N_\mathrm{k}} m_a + N_\mathrm{e} m_\mathrm{e} \tag{8.1a}$$

bezeichnet die Gesamtmasse des Systems. Die restlichen Ortsvektoren $\boldsymbol{r}_\varkappa'$ und $\boldsymbol{R}_a'$, deren Komponenten man auch als innere oder *Relativkoordinaten* bezeichnet, kann man beispielsweise wie in Gl. (2.5) definieren; dort sind die Lagen der Elektronen auf den Schwerpunkt $\boldsymbol{S}$ und die Lagen der Kerne auf die Position des N_k-ten Kerns bezogen:

$$\begin{aligned} \boldsymbol{R}_a' &= \boldsymbol{R}_a - \boldsymbol{R}_{N_\mathrm{k}} \qquad (a = 1, 2, \ldots, N_\mathrm{k} - 1), \\ \boldsymbol{r}_\varkappa' &= \boldsymbol{r}_\varkappa - \boldsymbol{S} \qquad (\varkappa = 1, 2, \ldots, N_\mathrm{e}). \end{aligned} \tag{8.2}$$

Eine andere Möglichkeit besteht darin, die Lagen aller Teilchen (Kerne und Elektronen) mit Ausnahme eines Kerns, etwa des N_k-ten, auf den Massenmittelpunkt der Kerne,

$$\boldsymbol{S}^\mathrm{k} = \sum_{a=1}^{N_\mathrm{k}} m_a \boldsymbol{R}_a / M_\mathrm{k} \tag{8.3}$$

zu beziehen, wobei

$$M_\mathrm{k} \equiv \sum_{a=1}^{N_\mathrm{k}} m_a \tag{8.3a}$$

die Gesamtmasse der Kerne bezeichnet. Wir erhalten dann:

$$\begin{aligned} \boldsymbol{R}_a' &= \boldsymbol{R}_a - \boldsymbol{S}^\mathrm{k} \qquad (a = 1, 2, \ldots, N_\mathrm{k} - 1), \\ \boldsymbol{r}_\varkappa' &= \boldsymbol{r}_\varkappa - \boldsymbol{S}^\mathrm{k} \qquad (\varkappa = 1, 2, \ldots, N_\mathrm{e}); \end{aligned} \tag{8.4}$$

die Lage des N_k-ten Kerns ist in diesem Falle durch

$$\boldsymbol{R}'_{N_k} = -\left(\sum_{a=1}^{N_k-1} m_a \boldsymbol{R}_a'\right) \Big/ m_{N_k} \tag{8.4a}$$

gegeben.

Diese linearen Transformationen führen, wenn man die HAMILTON-Funktion (2.1) auf die neuen Koordinaten umschreibt[1]), zu einer HAMILTON-Funktion, deren kinetischer Anteil die Form

$$T = T(\boldsymbol{P}_S) + T^k(\boldsymbol{P}') + T^e(\boldsymbol{p}') \tag{8.5}$$

hat; die einzelnen Anteile sind gegeben durch:

$$T(\boldsymbol{P}_S) = -\boldsymbol{P}_S^2/2M, \tag{8.5a}$$

$$T^k(\boldsymbol{P}') = -\sum_{a=1}^{N_k-1} (\boldsymbol{P}_a')^2/2\mu_a' + \alpha_k \sum_{a<b=1}^{N_k-2}\sum^{N_k-1} \boldsymbol{P}_a' \cdot \boldsymbol{P}_b', \tag{8.5b}$$

$$T^e(\boldsymbol{p}') = -\sum_{\varkappa=1}^{N_e} (\boldsymbol{p}_\varkappa')^2/2\mu_e' + \alpha_e \sum_{\varkappa<\lambda=1}^{N_e-1}\sum^{N_e} \boldsymbol{p}_\varkappa' \cdot \boldsymbol{p}_\lambda'. \tag{8.5c}$$

Hier bezeichnen die Größen μ_a' und μ_e' verallgemeinerte reduzierte Massen für den a-ten Kern bzw. ein Elektron; im Falle der Transformation (8.2) haben sie die Werte $\mu_a' = m_a m_{N_k}/(m_a + m_{N_k})$ und $\mu_e' = m_e M/(M - m_e)$, für die Transformation (8.4) die Werte $\mu_a' = m_a M_k/(M_k - m_a)$ und $\mu_e' = m_e M_k/(M_k + m_e)$. Der Kern- und der Elektronenanteil, Gl. (8.5b) bzw. (8.5c), enthalten außer dem „normalen" kinetischen Term einen sogenannten *Massenpolarisationsterm*, der sich aus Beiträgen $\sim \boldsymbol{P}_a' \cdot \boldsymbol{P}_b'$ bzw. $\sim \boldsymbol{p}_\varkappa' \cdot \boldsymbol{p}_\lambda'$ zusammensetzt; gemischte Kern-Elektron-Beiträge treten in den betrachteten Fällen nicht auf. Die Faktoren α_k und α_e haben für die Transformation (8.2) die Werte $\alpha_k = 1/m_{N_k}$ und $\alpha_e = -1/M$, für die Transformation (8.4) die Werte $\alpha_k = -1/M_k$ und $\alpha_e = 1/M_k$.

Die potentiellen Anteile (2.1c)—(2.1e) in der HAMILTON-Funk-

---

[1]) Hierzu muß die LAGRANGE-Funktion (4.64) durch die neuen Koordinaten und Geschwindigkeiten ausgedrückt werden; entsprechend der Definition (4.66) ergeben sich die neuen konjugierten Impulse. Damit läßt sich die HAMILTON-Funktion transformieren. Allgemein wäre die Aufgabe mit dem Formalismus der kanonischen Transformationen (vgl. [42, 43]) zu behandeln.

tion hängen nur von Teilchenabständen ab und enthalten daher die Massenmittelpunktskoordinaten (8.1) nicht.

Durch die Ersetzung der Impulse $\boldsymbol{P}_a'$ bzw. $\boldsymbol{p}_\varkappa'$ entsprechend den üblichen Regeln (vgl. Kap. 2.) gelangt man zu den entsprechenden HAMILTON-Operatoren.

8.2. *Koordinatensysteme*

Für die Beschreibung der Dynamik der Kernbewegung sind selbstverständlich alle Koordinatensysteme physikalisch gleichberechtigt, die Form der Potentialflächen (nicht ihre Topologie) sowie die dynamischen Kenngrößen der Kernbewegung können jedoch in verschiedenen Koordinatensystemen unterschiedlich aussehen.

Wir betrachten ein Aggregat dreier Atome ABC; die Kerne werden fortlaufend numeriert: A $\equiv$ 1, B $\equiv$ 2, C $\equiv$ 3 (vgl. Abb. 29). In einem Bezugssystem, in dem der Schwerpunkt ruht, sind die Positionen der drei Kerne durch sechs Koordinaten festgelegt: drei *interne* Koordinaten (z. B. die drei Kernabstände R_{12}, R_{23} und R_{13}) geben die Anordnung der drei Kerne relativ zueinander an und drei *externe* Koordinaten (z. B. drei EULERsche Winkel) bestimmen die Drehlage des Dreiecks ABC in bezug auf die raumfesten Achsen eines kartesischen Koordinatensystems, dessen Nullpunkt im Schwerpunkt liegt. Das Wechselwirkungspotential hängt nur von den internen Koordinaten ab: $U = U(R_{12}, R_{23}, R_{13})$.

8.2.1. *Lineare Kernanordnungen*

Bei Beschränkung auf lineare Kernanordnungen wird die relative Lage der Kerne durch zwei Koordinaten, etwa R_{12} und R_{23}, festgelegt; es gilt $R_{13} = R_{12} + R_{23}$. Stellt man das Potential $U = U(R_{12}, R_{23})$ in einem rechtwinkligen Koordinatensystem (R_{12}, R_{23}, U) dar, so ergeben sich Diagramme wie in den Abbn. 6 und 7. Die Verwendung der Kernabstände als interne Koordinaten führt zu Bildern, die unabhängig von den Massenverhältnissen der Kerne sind, die kinetische Energie der Kerne hat jedoch eine recht komplizierte Form:

$$T^{\mathrm{k}} = m_1(m_2 + m_3)\, \dot{R}_{12}^2/2M + m_3(m_1 + m_2)\, \dot{R}_{23}^2/2M + m_1 m_3 \dot{R}_{12} \dot{R}_{23}/M \qquad (8.6)$$

($M = m_1 + m_2 + m_3$ ist die Gesamtmasse der drei Kerne). Gelingt es, die kinetische Energie durch eine Transformation auf neue Koordinaten X und Y in die Gestalt

$$T^k = (\mu/2)(\dot{X}^2 + \dot{Y}^2) \tag{8.7}$$

zu bringen, dann ergeben sich einfachere Bewegungsgleichungen, und die Bewegung läuft so ab wie die eines Massenpunktes in der XY-Ebene unter dem Einfluß des Potentials $U(X, Y)$. Für eine derartige Transformation $(R_{12}, R_{23}) \to (X, Y)$ gibt es mehrere Möglichkeiten, von denen wir hier nur wenige erwähnen (vgl. [6]).

a) Schiefwinklige Koordinaten

Betrachtet man die Abstände R_{12} und R_{23} als schiefwinklige Koordinaten, deren Achsen einen Winkel Φ bilden (s. Abb. 67), und

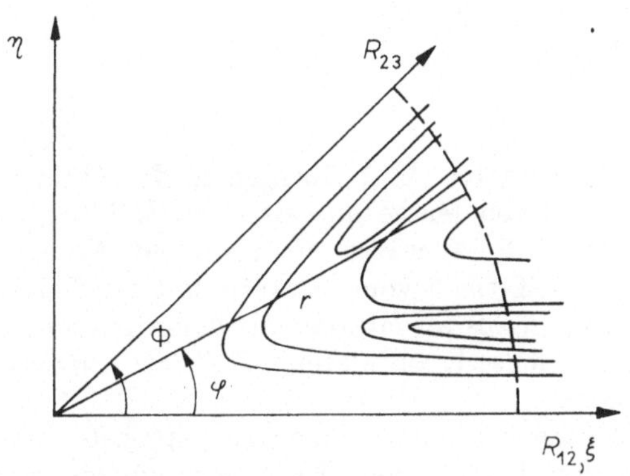

Abb. 67. Konturliniendiagramm einer Potentialfläche für ein lineares dreiatomiges System: schiefwinklige Koordinaten und DELVES-Polarkoordinaten

geht zu einem rechtwinkligen Koordinatensystem (ξ, η) über, dessen ξ-Achse mit der R_{12}-Achse zusammenfallen möge, dann nimmt T^k in diesem System (ξ, η) die Form (8.7) an, wenn Φ den Wert

$$\Phi = \arctan\,[m_2 M/m_1 m_3]^{1/2} \tag{8.8}$$

hat und die Koordinate R_{23} mit dem Maßstabsfaktor $\bar{a} = [m_1(m_2 + m_3)/m_3(m_1 + m_2)]^{-1/2}$ multipliziert wird. Die effektive Masse μ im Ausdruck (8.7) hat den Wert $\bar{\mu} = m_1(m_2 + m_3)/M$. Für den Fall eines Systems ABA ergibt sich beispielsweise $\Phi = 60°$, $\bar{a} = 1$.

b) Kanalangepaßte Relativkoordinaten. DELVES-Polarkoordinaten

In einem Kanal, der einer Fragmentierung des Systems 123 ($\equiv$ ABC) in zwei dicht beieinander befindliche Atome 2 und 3, sowie ein von diesen weit entferntes Atom 1 (also einer Konfiguration 1—23) entsprechen, ist es zweckmäßig, den Kernabstand R_{23}, den wir dann mit R_1 bezeichnen, sowie den Abstand S_1 des Kerns 1 vom Schwerpunkt des Kernpaares 23,

$$S_1 = R_{12} + R_{23}m_3/(m_2 + m_3), \tag{8.9}$$

als Koordinaten einzuführen. Damit ergibt sich $T^{\mathrm{k}} = (\mu_{1,23}/2)\,\dot{S}_1^2 + (\mu_{23}/2)\,\dot{R}_1^2$ mit den reduzierten Massen $\mu_{1,23} = m_1(m_2 + m_3)/M$, $\mu_{23} = m_2m_3/(m_2 + m_3)$. Durch die Maßstabsänderung

$$X = R_1/a, \qquad Y = aS_1 \tag{8.10}$$

mit dem Faktor

$$a = (\mu_{1,23}/\mu_{23})^{1/4} \tag{8.10a}$$

kann man zu Koordinaten X, Y übergehen, die T^{k} in der Form (8.7) mit der effektiven Masse $\mu = (m_1m_2m_3/M)^{1/2}$ ergeben. Für eine Konfiguration 12—3 wären entsprechend $R_{12} \equiv R_3$ sowie der Abstand S_3 des Kerns 3 vom Schwerpunkt des Paares 12 mit den entsprechenden Maßstabsfaktoren als Koordinaten zu wählen. Man bezeichnet solche Koordinaten X, Y als *massennormierte* JACOBI-*Koordinaten.*

Für den gesamten bei einem Umlagerungsprozeß 1 + 23 → 12 + 3 durchlaufenen Bereich von Kernanordnungen, also insbesondere für die Wechselwirkungsregion (wo R_{12} und R_{23} beide klein sind); ist die Einführung von *Polarkoordinaten* vorteilhaft [112—114]:

$$\begin{aligned} r &= (X^2 + Y^2)^{1/2}, \qquad 0 < r < \infty, \\ \varphi &= \arctan\,(Y/X), \qquad 0 < \varphi \leqq \Phi \end{aligned} \tag{8.11}$$

(s. Abb. 67). Für den Umlagerungsprozeß eignet sich r als „Progreßvariable“ und die Winkelkoordinate φ als „innere Variable“ für die zu r orthogonale Bewegungsmode.

c) Natürliche Reaktionskoordinaten

Die Potentialfunktion eines linearen dreiatomigen Systems läßt sich in der Umgebung eines Minimumweges (Reaktionsweges) folgendermaßen schreiben:

$$U(s, u) = U_0(s) + (1/2)\, k(s)\, u^2 + \cdots; \tag{8.12}$$

hier bezeichnen s die Reaktionskoordinate (Bogenlänge auf dem Reaktionsweg) und u eine innere Koordinate senkrecht zum Reaktionsweg (vgl. Abschn. 3.1.1.2.), wobei wir voraussetzen, daß die kinetische Energie rein quadratisch in $\dot{s}$ und $\dot{u}$ sei. Solche krummlinigen, kanalangepaßten Koordinaten nennt man *natürliche Reaktionskoordinaten* (vgl. [115]); sie haben wie die Polarkoordinaten den Vorzug, eine Umlagerung $1 + 23 \rightarrow 12 + 3$ ohne Wechsel des Koordinatensystems zu beschreiben, sind jedoch vom Potential und von den Massenverhältnissen abhängig und gelten nur näherungsweise (bis zur 2. Ordnung) in der nächsten Nachbarschaft des Reaktionsweges.

8.2.2. *Verallgemeinerungen auf mehrere Freiheitsgrade*

Auch für mehr als zwei Freiheitsgrade gibt es verschiedene Konzepte zur Einführung von Koordinaten, die der jeweiligen Fragmentierung des Systems bzw. der Form der Potentialfläche angepaßt sind.

Eine Verallgemeinerung der DELVES-Polarkoordinaten (8.11) stellen die auf der Grundlage kanalangepaßter Relativkoordinaten für alle drei Fragmentierungen $1 + 23$, $12 + 3$ und $2 + 31$ einzuführenden *hypersphärischen Polarkoordinaten* dar [113].

Eine zu Gl. (8.12) analoge Entwicklung mit rein quadratischen Gliedern, $k_i(s)\, u_i^2$, läßt sich auch bei mehr als einem zur Reaktionskoordinate orthogonalen inneren Freiheitsgrad finden. Die Variablen u_i stellen Normalkoordinaten für diese inneren Bewegungsmoden dar, wenn man (etwa durch Projektionsverfahren [116]) die Orthogonalität zur Reaktionskoordinate sowie zu Gesamttranslation und Gesamtrotation des Systems sichert und anschließend eine Normalkoordinatentransformation im üblichen Sinne (vgl. hierzu [6, 16]) vornimmt.

8.3. *Konstanten und Einheiten*

In den folgenden Tabellen sind physikalische Konstanten und die Zahlenwerte der für das Gebiet wichtigsten atomaren Einheiten sowie Umrechnungsfaktoren zwischen Energieeinheiten zusammen-

Tabelle 14
Physikalische Konstanten

Konstante	Symbol	Zahlenwert	SI-Einheit
Elementarladung[1])	$\mathring{e}$	$1{,}602189 \cdot 10^{-19}$	C
PLANCKsche Konstante	h	$6{,}626176 \cdot 10^{-34}$	$J \cdot s$
	$\hbar \equiv h/2\pi$	$1{,}0545887 \cdot 10^{-34}$	$J \cdot s$
Lichtgeschwindigkeit im Vakuum	c	$2{,}9979246 \cdot 10^{8}$	$m \cdot s^{-1}$
Ruhmasse des Elektrons	m_e	$9{,}109534 \cdot 10^{-31}$	kg
Ruhmasse des Protons	m_p	$1{,}672649 \cdot 10^{-27}$	kg
AVOGADRO-Konstante	N_A	$6{,}022045 \cdot 10^{23}$	mol^{-1}
BOLTZMANN-Konstante	k_B	$1{,}380662 \cdot 10^{-23}$	$J \cdot K^{-1}$

[1]) In elektrostatischen Ladungseinheiten: $\mathring{e} = 4{,}803242 \cdot 10^{-10}$ esL.

Tabelle 15
Atomare Einheiten

Physikalische Größe	Atomare Einheit	SI-Äquivalent
Masse	Elektronenmasse, m_e	$9{,}109534 \cdot 10^{-31}$ kg
Ladung	Elementarladung, $\mathring{e}$	$1{,}602189 \cdot 10^{-19}$ C
Länge	BOHRscher Radius, a_B	$5{,}291771 \cdot 10^{-11}$ m
Energie	doppelte Ionisierungsenergie des H-Atoms $\mathring{e}^2/a_B$	$4{,}35981 \cdot 10^{-18}$ J
Drehimpuls	$\hbar$	$1{,}0545887 \cdot 10^{-34}$ $J \cdot s$

Tabelle 16
Umrechnung von Energieeinheiten[1])

	J	at. E.	eV	$kJ \cdot mol^{-1}$
J	1	$2{,}29368 \cdot 10^{17}$	$6{,}24146 \cdot 10^{18}$	$6{,}022045 \cdot 10^{20}$
at. E.	$4{,}35981 \cdot 10^{-18}$	1	$2{,}72116 \cdot 10^{1}$	$2{,}62550 \cdot 10^{3}$
eV	$1{,}602189 \cdot 10^{-19}$	$3{,}67490 \cdot 10^{-2}$	1	$9{,}64845 \cdot 10^{1}$
$kJ \cdot mol^{-1}$	$1{,}660566 \cdot 10^{-21}$	$3{,}80880 \cdot 10^{-4}$	$1{,}036436 \cdot 10^{-2}$	1

[1]) Für die früher häufig verwendete Energieeinheit cal gilt die Umrechnung 1 cal $\triangleq$ 4,1868 J (Internationale Tafelkalorie)

gestellt; diese Angaben beruhen auf den im CODATA-Bulletin No. 11, Dezember 1973, sowie im Document U.I.P. 20 (1978): Symbols, Units and Nomenclature in Physics. – IUPAP, S.U.N. Commission, empfohlenen Werten.

9. Literatur

[1] JOHNSTON H. S.: „*Gas Phase Reaction Rate Theory*". Ronald Press Comp., New York 1966.

[2] KONDRATIEV, V. N., NIKITIN, E. E.: „*Gas-Phase Reactions. Kinetics and Mechanisms*". Springer-Verlag, Berlin/Heidelberg/New York 1981.

[3] LAIDLER, K. J.: „*Chemical Kinetics*". McGraw-Hill, New York 1950.
LAIDLER, K. J.: „*Theories of Chemical Reaction Rates*". McGraw-Hill, NewYork 1969.

[4] HIRCHFELDER, J. O., CURTISS, C. F., BIRD, R. B.: „*Molecular Theory of Gases and Liquids*". J. Wiley & Sons, New York 1954.

[5] ZÜLICKE, L.: „*Quantenchemie – Ein Lehrgang*", Bd. 1: „*Grundlagen und allgemeine Methoden*". VEB Deutscher Verlag der Wissenschaften, Berlin 1973.

[6] ZÜLICKE, L.: „*Quantenchemie – Ein Lehrgang*", Bd. 2: „*Atombau, chemische Bindung und molekulare Wechselwirkungen*". VEB Deutscher Verlag der Wissenschaften, Berlin 1985.

[7] PAULY, H., TOENNIES, J. P.: Advances at. molec. Phys. **1** (1965), 195.

[8] NIKITIN, E. E., ZÜLICKE, L.: „*Selected Topics of the Theory of Chemical Elementary Processes*" (Lecture Notes in Chemistry; Vol. 8). Springer-Verlag, Berlin/Heidelberg/New York 1978.

[9] MESSIAH, A.: „*Quantum Mechanics*" (Vol. I und II). North-Holland Publ. Comp., Amsterdam 1962.

[10] BORN, M.: Nachr. Akad. Wiss. Göttingen, Math.-phys. Klasse, Nr. 6 (1951).
BORN, M., HUANG, K.: „*Dynamical Theory of Crystal Lattices*". Clarendon Press, Oxford 1966.
BORN, M., OPPENHEIMER, J. R.: Ann. Physik **84** (1927), 457.

[11] NIKITIN, E. E.: Ber. Bunsenges. phys. Chem. **72** (1968), 949.

[12] SCHOLZ, M., KÖHLER, H.-J.: „*Quantenchemie – Ein Lehrgang*", Bd. 3: „*Quantenchemische Näherungsverfahren und ihre Anwendung in der organischen Chemie*". VEB Deutscher Verlag der Wissenschaften, Berlin 1981.

[13] STANTON, R. E.; MCIVER Jr., J. W.: J. Amer. chem. Soc. **97** (1975), 3632.
PECHUKAS, P.: J. chem. Phys. **64** (1976), 1516.

[14] NIKITIN, E. E.: „*Theory of Elementary Atomic and Molecular Processes in Gases*". Clarendon Press, Oxford 1974.

[15] CHILD, M. S.: „*Molecular Collision Theory*". Academic Press, New York 1974.

[16] LANDAU, L. D., LIFSCHITZ, E. M.: „*Lehrbuch der theoretischen Physik*“, Bd. 3: „*Quantenmechanik*“, 6. Aufl. Akademie-Verlag, Berlin 1978.
[17] LONGUET-HIGGINS, H. C.: Proc. Royal Soc. (London) **A344** (1975), 147.
GEORGE, T. F., MOROKUMA, K., LIN Y.-W.: Chem. Phys. Letters **30** (1975), 54.
[18] TELLER, E.: J. phys. Chem. **41** (1937), 109.
[19] HERZBERG, G.: „*Molecular Spectra and Molecular Structure*“, Vol. 3: „*Electronic Spectra and Electronic Structure of Polyatomic Molecules*“. D. van Nostrand Inc., Princeton New Jersey 1966.
[20] MEAD, C. A.: J. chem. Phys. **70** (1979), 2276.
[21] BADER, R. F. W., GANGI, R. A.: „*Ab initio Calculation of Potential Energy Surfaces*“ in: „*Theoretical Chemistry, A Specialist Periodical Report*“, Vol. 2 (Hrsg.: R. N. DIXON und C. THOMSON). The Chemical Society, London 1975, S. 1.
[22] CONNOR, J. N. L.: Computer Phys. Commun. **17** (1979), 117.
[23] a) LIU, B.: J. chem. Phys. **58** (1973), 1925.
b) SIEGBAHN, P., LIU, B.: J. chem. Phys. **68** (1978), 2457.
c) TRUHLAR, D. G, HOROWITZ, C. J.: J. chem. Phys. **68** (1978), 2466; **71** (1979), 1514.
[24] LONDON, F.: Z. Elektrochemie **35** (1929), 552.
[25] EYRING, H., POLANYI, M.: Z. phys. Chem. B **12** (1931), 279.
[26] SATO, S.: J. chem. Phys. **23** (1955), 592, 2456.
[27] ELLISON, F. O.: J. Amer. chem. Soc. **85** (1963), 3540.
TULLY, J. C.: „*Diatomics in Molecules*“ in: „*Modern Theoretical Chemistry*“, Vol. 7 (Hrsg.: G. A. SEGAL). Plenum Press, New York and London 1977, S. 173.
TULLY, J. C.: Advances chem. Phys. **42** (1980), 63.
[28] JOHNSTON, H. S., PARR, C.: J. Amer. chem. Soc. **85** (1963), 2544.
[29] PAULING, L.: J. Amer. chem. Soc. **69** (1947), 542.
[30] HOBZA, P., ZAHRADNIK, R.: „*Weak Intermolecular Interactions in Chemistry and Biology*“. Academia, Prag 1980.
[31] HERZBERG, G.: „*Molecular Spectra and Molecular Structure*“, Vol. 1: „*Spectra of Diatomic Molecules*“. D. van Nostrand Inc., Princeton, New Jersey 1950.
[32] AHLBERG, J. H., NILSON, E. N., WALSH, J. L.: „*The Theory of Splines and Their Applications*“. Academic Press, New York 1967.
[33] MURRELL, J. N.: „*Potential Energy Surfaces for Studying the Reactions and Molecular Dynamics of Small Polyatomic Molecules*“, in: „*Gas Kinetics and Energy Transfer Specialist Periodical Reports*“, Vol. 3 (Hrsg. P. G. ASHMORE and R. J. DONOVAN). The Chemical Society, London 1978, S. 200.
[34] BLAIS, N. C., BUNKER, D. L.: J. chem. Phys. **37** (1962), 2713; ibid. **39** (1963), 315.
RAFF, L., KARPLUS, M.: J. chem. Phys. **44** (1966), 1212.

[35] Wall, F. T., Porter, R. N.: J. chem. Phys. **36** (1962), 3256.

[36] Dawydow, A. S.: „*Quantenmechanik*“, 6. Aufl. VEB Deutscher Verlag der Wissenschaften, Berlin 1981.

[37] Goldberger, M. L., Watson, K. M.: „*Collision Theory*“. J. Wiley & Sons, New York 1974.

[38] Newton, R. G.: „*Scattering Theory of Waves and Particles*“. McGraw-Hill, New York 1966.

[39] Levine, R. D.: „*Quantum Mechanics of Molecular Rate Processes.*“ Clarendon Press, Oxford 1969.

[40] Miller, W. H. (Hrsg.): „*Modern Theoretical Chemistry,*“ Vol. 1, 2: „*Dynamics of Molecular Collisions*“, Parts A and B. Plenum Press, New York and London 1976.

[41] Bernstein, R. B. (Hrsg.): „*Atom-Molecule Collision Theory. A Guide for the Experimentalist*“. Plenum Press, New York and London 1979.

[42] Landau, L. D., Lifschitz, E. M.: „*Lehrbuch der theoretischen Physik*“, Bd. 1: „*Mechanik*“, 10. Aufl. Akademie-Verlag, Berlin 1981.

[43] Goldstein, H.: „*Classical Mechanics.*“ Addison-Wesley, Reading, Mass. 1950.

[44] Miller, W. H.: Advances chem. Phys. **25** (1974), 69; ibid. **30** (1975), 77.

[45] Feynman, R. P., Hibbs, A. R.: „*Quantum Mechanics and Path Integrals*“. McGraw-Hill, New York 1965.

[46] Ovčinnikova, M. Ya.: Z. eksp. teor. fiz. **67** (1974), 1276 (in Russ.).

[47] Nikitin, E. E.: „*Theorie elementarer atomar-molekularer Reaktionen*“, Teil I: „*Methoden*“. Verlag Staatl. Univ. Novosibirsk 1970, Kap. VI (in Russ.).

[48] Pechukas, P.: Phys. Rev. **181** (1969), 174.
Pechukas, P., Davis, J. P.: J. chem. Phys. **56** (1972), 4970.

[49] Nikitin, E. E.: „*Theory of Non-Adiabatic Transitions. Recent Development of the* Landau-Zener, (*Linear*) *Model*“, in: „*Chemische Elementarprozesse*“ (Hrsg. H. Hartmann). Springer-Verlag, Berlin/Heidelberg/New York 1968, S. 43.

[50] Nikitin, E. E.: Advances Quantum Chem. **5** (1970), 135.

[51] Baz', A. I., Zeldovich, Ya. B., Perelomov, A. M.: „*Streuung, Reaktionen und Zerfälle in der nichtrelativistischen Quantenmechanik*“. Nauka, Moskau 1971 (in Russ.).

[52] Bernstein, R. B.: Advances chem. Phys. **10** (1966), 75.
Pauly, H.: „*Elastic Scattering Cross Sections I: Spherical Potentials*“, in: „*Atom-Molecule Collision Theory. A Guide for the Experimentalist*“ (Hrsg. R. B. Bernstein). Plenum Press, New York and London 1979, S. 111.

[53] Mott, N. F., Massey, H. S. W.: „*The Theory of Atomic Collisions*“. Clarendon Press, Oxford 1965.

[54] Karny, Z., Zare, R. N.: J. chem. Phys. **68** (1978), 3360.

KARNY, Z., ESTLER, R. C., ZARE, R. N.: J. chem. Phys. **69** (1978), 5199.

[55] KARPLUS, M., PORTER, R. N., SHARMA, R. D.: J. chem. Phys. **43** (1965), 3259.

[56] BUNKER, D. L.: Advances Comput. Phys. **10** (1971), 287.

[57] POLANYI, J. C., SCHREIBER, J. L.: „*The Dynamics of Bimolecular Reactions*“ in: „*Physical Chemistry. An Advanced Treatise*“, Vol. VI A (Hrsg. H. EYRING, D. HENDERSON, W. JOST). Academic Press, New York 1974.

[58] PORTER, R. N., RAFF, L. M.: „*Classical Trajectory Methods in Molecular Collisions*“ in: „*Modern Theoretical Chemistry*“ (Hrsg. W. H. MILLER), Vol. 2; „*Dynamics of Molecular Collisions*“, Part B. Plenum Press, New York and London 1976, S. 1.

[59] GEDDES, J., KRAUSE, H. F., FITE, W. L.: J. chem. Phys. **56** (1972), 3298.

[60] BRUMER, P., KARPLUS, M.: J. chem. Phys. **54** (1971), 4955.

[61] KNEBA, M., WOLFRUM, J.: Annual Rev. phys. Chem. **31** (1980), 47. SCHATZ, G. C.: „*Overview of Reactive Scattering*“ in: „*Potential Energy Surfaces and Dynamics Calculations*“ (Hrsg. D. G. TRUHLAR). Plenum Press, New York and London 1981, S. 287.

[62] a) CHUPKA, W. A., BERKOWITZ, J., RUSSELL, M. E.: Abstracts of Papers, VI ICPEAC, Cambridge Mass. 1969.
D'AMICO, P. M.: Ion-Molecule Reactions, ACM Student Report 1968.
b) PACÁK, V., BIRKINSHAW, K., HERMAN, Z.: Abstracts of Papers VIII ICPEAC, Beograd 1973.

[63] a) SCHNEIDER, F., HAVEMANN, U., ZÜLICKE, L.: Z. phys. Chem. (Leipzig) **256** (1975), 773.
b) SCHNEIDER, F., HAVEMANN, U., ZÜLICKE, L., PACÁK, V., BIRKINSHAW, K., HERMAN, Z.: Chem. Phys. Letters **37** (1976), 323.
c) ZUHRT, Ch., SCHNEIDER, F., HAVEMANN, U., ZÜLICKE, L., HERMAN, Z.: Chem. Phys. **38** (1979), 205.
d) KUNTZ, P. J., WHITTON, W. N.: Chem. Phys. Letters **34** (1975), 340.
e) WHITTON, W. N., KUNTZ, P. J.: J. chem. Phys. **64** (1976), 3624.

[64] ZUHRT, Ch., SCHNEIDER, F., ZÜLICKE, L.: Chem. Phys. Letters **43** (1976), 571.
TANG, K. T., YUNG, Y. Y., CHOI, B. H., POE, R. T.: Abstracts of Papers, XII ICPEAC, Gatlinburg Tenn. 1981.

[65] BEN-SHAUL, A., HAAS, Y., KOMPA, K. L., LEVINE, R. D.: „*Lasers and Chemical Change*“ (Springer Series in Chemical Physics, Vol. 10). Springer-Verlag, Berlin/Heidelberg/New York 1981.

[66] a) MUCKERMAN, J. T.: J. chem. Phys. **54** (1971), 1155; ibid. **56** (1972), 2997.
b) WILKINS, R. L.: J. chem. Phys. **57** (1972), 912; ibid. **58** (1973), 3038; J. phys. Chem. **77** (1973), 3081.

c) BLAIS, N. C., TRUHLAR, D. G.: J. chem. Phys. **58** (1973), 1090.
d) JAFFE, R. L., ANDERSON, J. B.: J. chem. Phys. **54** (1971), 2224.
e) POLANYI, J. C., WOODALL, K. B.: J. chem. Phys. **57** (1972), 1574.

[67] POLANYI, J. C., SCHREIBER, J. L.: Faraday Disc. Chem. Soc. **62** (1977), 267.

[68] a) KUNTZ, P. J.: „*Features of Potential Energy Surfaces and Their Effect on Collisions*" in: „*Modern Theoretical Chemistry*" (Hrsg. W. H. MILLER), Vol. 2: „*Dynamics of Molecular Collisions*", Part B. Plenum Press, New York and London 1976, S.53.
b) ZÜLICKE, L.: „*Potential Energy Surfaces and Some Problems of Energy Conversion in Molecular Collisions*" in: „*Energy Storage and Redistribution in Molecules*" (Hrsg. J. HINZE). Plenum Press, New York and London 1983, S. 357.

[69] SULLIVAN, J. H.: J. chem. Phys. **46** (1967), 73.

[70] RAFF, L. M., THOMSON, D. L., SIMS, L. B., PORTER, R. N.: J. chem. Phys. **56** (1972), 5998.

[71] PAULY, H.: „*Collision Processes, Theory of Elastic Scattering*" in: „*Physical Chemistry. An Advanced Treatise*", Vol. VIB. (Hrsg. H. EYRING, D. HENDERSON, W. JOST). Academic Press, New York 1975, S. 553.

[72] a) MAZUR, J., RUBIN, R. J.: J. chem. Phys. **31** (1959), 1395.
b) MCCULLOUGH, E. A., WYATT, R. E.: J. chem. Phys. **54** (1972), 3578, 3592.
c) ZUHRT, Ch., KAMAL, T., ZÜLICKE, L.: Chem. Phys. Letters **36** (1975), 396.

[73] JOHNSON, B. R.: Chem. Phys. Letters **13** (1972), 172.

[74] SCHATZ, G. C., BOWMAN, J. M., KUPPERMANN, A.: J. chem. Phys. **58** (1973), 4023.

[75] BERNSTEIN, R. B., LEVINE, R. D.: Chem. Phys. Letters **29** (1974), 314.

[76] a) SCHATZ, G. C., KUPPERMANN, A.: Phys. Rev. Letters **35** (1975), 1266; J. chem. Phys. **65** (1976), 4642, 4668.
b) WALKER, R. B., STECHEL, E. B., LIGHT, J. C.: J. chem. Phys. **69** (1978), 2922.
c) SCHATZ, G. C.: Chem. Phys. Letters **94** (1983), 183.

[77] REDMON, M. J., WYATT, R. E.: Internat. J. Quantum Chem. Symposium **9** (1975), 403; ibid. Symposium **11** (1977), 343; Chem. Phys. Letters **63** (1979), 209.

[78] LATHAM, S. L., MCNUTT, J. F., WYATT, R. E., REDMON, M. J.: J. chem. Phys. **69** (1978), 3746.
WYATT, R. E., MCNUTT, J. F., REDMON, M. J.: Ber. Bunsenges. phys. Chem. **86** (1982), 437.

[79] POLLAK, E., CHILD, M.: Chem. Phys. **60** (1981), 23.
POLLAK, E.: J. chem. Phys. **76** (1982), 5843.

[80] SUN, J. C., CHOI, B. H., POE, R. T., TANG, K. T.: J. chem. Phys. **78** (1983), 4523.

[81] HORNSTEIN, S. M., MILLER, W. H.: J. chem. Phys. **61** (1974), 745.

[82] BAER, M.: Advances chem. Phys. **49** (1982), 191.
BAER, M.: Ber. Bunsenges. phys. Chem. **86** (1982), 448.

[83] LANDAU, L. D.: Phys. Z. Sowjetunion **2** (1932), 46.
ZENER, C.: Proc. Royal Soc. (London) **A137** (1932), 696.
STUECKELBERG, E. C. G.: Helv. Phys. Acta **5** (1932), 369.

[84] TULLY, J. C.: „*Nonadiabatic Processes in Molecular Collisions*" in: „*Modern Theoretical Chemistry*" (Hrsg. W. H. MILLER). Vol. 2: „*Dynamics of Molecular Collisions*", Part B. Plenum Press, New York and London 1976, S. 217.
CHILD, M. S.: „*Electronic Excitation: Nonadiabatic Transitions*" in: BERNSTEIN, R. B. (Hrsg.): „*Atom-Molecule Collision Theory. A Guide for the Experimentalist*". Plenum Press, New York and London 1979, S. 427.

[85] NIKITIN, E. E.: Uspekhi khimii **43** (1974), 1905 (in Russ.).

[86] STINE, J. R., MUCKERMAN, J. T.: J. chem. Phys. **65** (1976), 3975.

[87] PRESTON, R. K., TULLY, J. C.: J. chem. Phys. **54** (1971), 4297; ibid. **55** (1971), 562.
KRENOS, J. R., PRESTON, R. K., WOLFGANG, R., TULLY, J. C.: J. chem. Phys. **60** (1974), 1634.

[88] BENDAZZOLI, G. L., RAIMONDI, M., GARETZ, B. A., GEORGE, T. F., MOROKUMA, K.: Theoret. chim. Acta (Berlin) **44** (1977), 341.

[89] KOMORNICKI, A., GEORGE, T. F., MOROKUMA, K.: J. chem. Phys. **65** (1976), 48.

[90] NIKITIN, E. E., UMANSKY, S. Ya.: Khim. plasmy **1** (1974), 8 (in Russ.).

[91] LIGHT, J. C.: Discuss. Faraday Soc. **44** (1967), 14.

[92] HASE, W. L.: „*Dynamics of Unimolecular Reactions*" in: „*Modern Theoretical Chemistry*" (Hrsg. W. H. MILLER). Vol. 2; „*Dynamics of Molecular Collisions*", Part B. Plenum Press, New York and London 1976, S. 121.
HASE, W. L.: „*Overview of Unimolecular Dynamics*" in: „*Potential Energy Surfaces and Dynamics Calculations*" (Hrsg. D. G. TRUHLAR). Plenum Press, New York and London 1981, S. 1.

[93] TROE, J.: „*Unimolecular Reactions: Experiments and Theories*" in: „*Physical Chemistry. An Advanced Treatise*", Vol. VIB (Hrsg. H. EYRING, D. HENDERSON, W. JOST). Academic Press, New York 1975, S. 835.

[94] PECHUKAS, P.: „*Statistical Approximations in Collision Theory*" in: „*Modern Theoretical Chemistry*" (Hrsg. W. H. MILLER). Vol. 2; „*Dynamics of Molecular Collisions*", Part B. Plenum Press, New York and London 1976, S. 269.

[95] QUACK, M., TROE, J.: Ber. Bunsenges. phys. Chem. **78** (1974), 240.

[96] a) GARRETT, B. C., TRUHLAR, D. G.: J. phys. Chem. **83** (1979), 1052.
b) ibid. **83** (1979), 1079.

[97] Ben-Shaul, A.; Chem. Phys. **22** (1977), 341.
[98] Robinson, P. J., Holbrook, K. A.: „*Unimolecular Reactions*". J. Wiley & Sons, London 1972.
Forst, W.: „*Theory of Unimolecular Reactions*". Academic Press, New York 1973.
[99] Levine, R. D., Bernstein, R. B.: Acc. chem. Res. **7** (1974), 393.
Bernstein, R. B., Levine, R. D.: J. chem. Phys. **57** (1972), 434.
[100] Nikitin, E. E.: Teor. i eksp. khim. **1** (1965), 83, 275.
[101] Light, J. C.: J. chem. Phys. **40** (1964), 3221.
[102] Eyring, H.: J. chem. Phys. **3** (1935), 107.
[103] Pelzer, H., Wigner, E.: Z. phys. Chem. **B15** (1932), 445.
Wigner, E.: Trans. Faraday Soc. **34** (1938), 29.
[104] Pollak, E., Pechukas, P.: J. chem. Phys. **69** (1978), 1218.
[105] Miller, W. H.: J. chem. Phys. **61** (1974), 1823; ibid. **62** (1975), 1899.
[106] Pollak, E.: J. chem. Phys. **74** (1981), 6765.
[107] Miller, W. H.: J. chem. Phys. **65** (1976), 2216.
Pollak, E., Pechukas, P.: J. chem. Phys. **70** (1979), 325.
[108] Case, D. A., Herschbach, D. R.: J. chem. Phys. **64** (1976), 4212.
[109] Bernstein, R. B., Levine, R. D.: Advances at. mol. Phys. **11** (1975), 215.
[110] Levine, R. D., Bernstein, R. B.: „*Thermodynamic Approach to Collision Processes*" in: „*Modern Theoretical Chemistry*" (Hrsg. W. H. Miller). Vol. 2: „*Dynamics of Molecular Collisions*", Part B. Plenum Press, New York and London 1976, S. 323.
[111] Quack, M., Troe, J.: Ber. Bunsenges. phys. Chem. **80** (1978), 1140.
[112] Delves, L. H.: Nuclear Phys. **9** (1959), 391; ibid. **20** (1960), 275.
[113] Kuppermann, A.: Chem. Phys. Letters **32** (1975), 374.
[114] Hauke, G., Manz, J., Römelt, J.: J. chem. Phys. **73** (1980), 5040.
[115] Marcus, R. A.: J. chem. Phys. **49** (1968), 2610.
[116] Miller, W. H., Handy, N. C., Adams, J. E.: J. chem. Phys. **72** (1980), 99.

10. Sachverzeichnis